大学科普丛书

第一辑 潘复生主编

The World of Plastic

塑料的世界

魏昕宇◎著

科学出版社

北 京

图书在版编目(CIP)数据

塑料的世界 / 魏昕宇著. —北京：科学出版社，2019.5
ISBN 978-7-03-060991-5
（大学科普丛书）

Ⅰ. ①塑… Ⅱ. ①魏… Ⅲ. ①高分子材料-普及读物 Ⅳ. ①TB324-49

中国版本图书馆 CIP 数据核字（2019）第 067095 号

丛书策划：侯俊琳
责任编辑：牛 玲 / 责任校对：韩 杨
责任印制：吴兆东 / 封面设计：有道文化

编辑部电话：010-64035853
E-mail: houjunlin@mail.sciencep.com

科学出版社 出版
北京东黄城根北街 16 号
邮政编码：100717
http://www.sciencep.com
北京厚诚则铭印刷科技有限公司印刷
科学出版社发行　各地新华书店经销
*
2019 年 5 月第　一　版　开本：720 × 1000　1/16
2025 年 3 月第七次印刷　印张：17 1/2
字数：210 000
定价：58.00元
（如有印装质量问题，我社负责调换）

总　序

　　人类历史是一部探索自然和社会发展规律的编年史。无论是混沌朦胧的原始社会，还是文明开化的现代社会，人类对自身的所处所在都充满了与生俱来的天然好奇心。在历史发展的长河中，通过不断地传承、质疑、探索、扬弃，人类在认知自我、认知自然、认知社会的过程中集聚了强大的思想动能，为凸显人类理性光辉、丰富人类精神生活、推动人类社会持续进步提供了有力的精神武器。科学，作为运用范畴、定理、定律等形式反映现实世界各种现象的本质、特性、关系和规律的知识体系，既可以解释已知的事实，也可以预言未知的新的事实，在人类文明发展中始终扮演着重要的角色，随着人类对未知世界深入探索，在当今以至未来社会，科学知识的普及和传播必将发挥越来越重要的作用！

　　2016 年 5 月 30 日，习近平总书记在全国科技创新大会、两院院士大会、中国科学技术协会第九次全国代表大会上发表重要讲话，提出了"到新中国成立 100 年时使我国成为世界科技强国"的奋斗目标。总书记还强调，"科技创新、科学普及是实现创新发展的两翼，要把科学普及放在与科技创新同等重要的位置。没有全民科学素质普遍提高，就难以建立起宏大的高素质创新大军，难以实现科技成果快速转化。希望广大科技工作者以提高全民科学素质为己任，把普及科学知识、弘扬科学精神、传播科学思想、倡导科学方法作为义不容辞的责任，在全社会推动形成讲科学、爱科学、学科学、用科学的良好氛围，使蕴藏在亿万人民中间的创新智慧充分释放、创新力量充分涌流。"从中可以看出：科学普及不仅是推动经济发展、提升公民科学素养的必要手段，而且也应该成为高等院校和科研机构服务社会的重要职责。

　　在当前国内科普图书市场上，原创科普佳作依然难得一见，广受关注和好评的还多数是引进版，这与我国科研水平快速提升的现状极不相称。近年来，科学普及受到全球各国政府、社会组织以及公众的高度重视，形成了快速发展态势，科学普及工作也有了很多新的变化。在现代科学传播理念的指引下，科学普及既要关注科学的产生、形成、发展及其演变规律，包括人类认识自然和改造自然的历史；也要关注自然界的一般规律、科学技术活动的基本方法和科学技术与社会的相互作用等问题。科学普及不仅要传播自然科学和人文社会科学知识，更要积极引导公众在德、智、体、美等方面的全面发展。因此，需要不断创新，务求实效。

由重庆市科学技术协会主管、重庆市大学科学传播研究会主办、面向全国的《大学科普》杂志，自 2007 年创刊以来，始终以"普及科学知识，创新科学方法，传播科学思想，弘扬科学精神，恪守科学道德"为己任，致力于推动大学与社会的结合，通过组织全国科学家解读科学发现和技术发明，创作高水平的科普文章和开展丰富多彩的科普活动，激发公众的科学热情，传播科学精神和创新精神，在全国科普界独树一帜，影响深远，为提升全民科学素养做出了积极的贡献。

十年磨一剑，砺得梅花香。《大学科普》杂志围绕广受公众关注的科技话题，通过严谨而细致的长期打磨，积累了丰富的高校科普资源，全国一大批科技工作者由此走上科普创作之路，在此基础上，组织一套原创科普佳作可谓水到渠成。科学出版社对科普工作高度重视，双方经过一年多的合作策划，形成了明确的丛书组织思路，汇集了全国众多来自高等院校和科教机构的优秀科普专家，以科学技术史、科技哲学、科学学、教育学和传播学等学科为支撑，将自然科学、工程技术科学和人文社会科学等融合传播，力求带给读者全新的科学阅读体验，真正起到激发科学热情、传播科学思想、弘扬科学精神的作用。在此，我们也热忱期待有更多科学家和科普工作者加入这一行列，为全民科学素养的提升、为国家创新发展贡献出智慧和力量！

中国工程院　院　士
中国材料研究学会　理事长
吉林大学　校　长

2017 年 3 月 20 日

序 言

科学出版社的编辑前不久找到我，希望我能够为即将出版的《大学科普》丛书中的一本关于高分子材料的科普作品——《塑料的世界》作序，但又担心我工作繁忙没有时间。我说，请你们放心，我很高兴看到关于高分子的科普作品面世，一定会抽出时间完成这个任务。

高分子材料自古以来就是人类生活中不可或缺的一部分。木材、纸张、羊毛等天然高分子材料的重要性自不必说，以塑料为代表的合成高分子材料，诞生不过一百多年，却迅速取代了大量的传统材料，给人类带来了堪称翻天覆地的变化。毫不夸张地说，我们正生活在一个"高分子时代"。在21世纪，随着经济发展带来的资源紧张、环境污染等问题日益严峻，对可持续发展的呼声日渐高涨，高分子材料还将发挥着更加重要的作用。

然而，近些年来，虽然我国高分子科学领域的教学科研飞速发展，高质量的论文、专著和教材层出不穷，面向普通读者的普及性作品却似乎难觅踪影，偶尔遇到一些，很多是翻译国外的科普作品，这不能不说是非常令人遗憾的。由于相关科普的缺失，普通民众对于高分子材料往往缺乏充分和正确的了解，而媒体在报道相关的话题时，也大多仅仅关注甚至渲染"白色污染""添加剂危害"等负面的内容，却全然没有意识到，如果没有高分子材料，我们的生活将会是多么的黯淡无光。

正因为如此，当这本《塑料的世界》科普读物摆在我面前时，我感到眼睛为之一亮：这真是一本来得及时的好书。全书虽然篇幅不长，内容却十分翔实丰富，既介绍了高分子科学的重要基本概念，又普及了常见高分子材料的性能、特点和发展简史，还解读了3D打印、智能高分子材料等高分子科学的发展前沿。尤为可贵的是，对于高分子材料发展和应用中产生的资源、环境、健康等问题，作者也没有回避，而是为读者进行理性的分析。虽然涉及大量的专业知识，作者却总能用通俗的语言将其阐述清楚，并且用清晰的脉络将复杂的内容贯穿起来，由此可见作者扎实的专业基础和深厚的写作功底。

　　关于本书作者魏昕宇博士，我此前不曾了解，只是从科学出版社编辑那里得知他是一位热心科普的年轻人，在从事本专业研究工作之余，撰写了不少科普文章，这是他第一次出版科普图书。作为一名从事了几十年科研工作的"老兵"，我深知科研人员特别是年轻的研究人员常常要面对沉重的工作和生活的压力，能够抽出额外的时间坚持科普创作实属不易，需要极大的热忱和毅力。我想魏博士一定也是为这本书付出了很多努力，从他的字里行间，我看到了他对于高分子科学的热爱。我为有这样一位积极献身科普事业的同行感到骄傲，希望他再接再厉，创作出更多优秀的科普作品。同时，我也希望有更多的青年科研工作者能够投身科普，为科学知识的传播尽自己的一份力量。

　　最后，我真诚地希望每位读者都能够认真地读一读这本书，更好地了解与我们生活休戚相关的高分子材料，了解整个高分子科学界为了人类社会发展所付出的汗水和智慧。

中国石化集团首席科学家

乔金樑　研究员

前 言
假如没有塑料

2017年7月的一天，我像往常一样打开科技新闻的网站，一则消息吸引了我的注意：自20世纪50年代至2015年，人类已经生产了83亿吨塑料，其中的63亿吨已成为垃圾。如果按照这样趋势推算，在未来的30多年中，将有3倍于此的塑料垃圾产生在我们这个星球上。

的确，随着塑料制品的日益普及，塑料带来的环境问题也日益严峻：众多的塑料制品在使用完毕后被随手丢弃，成为令人头疼的"白色污染"；进入海洋中的塑料垃圾严重威胁着各种海洋生物的生存；塑料的生产加工消耗了石油、煤炭等不可再生的化石能源，同时排放出大量的温室气体二氧化碳，成为造成全球气候变暖影响因素之一。正因为如此，近些年来，少用塑料甚至不用塑料的呼吁或者倡议时常见诸各种媒体。

然而，你是否想过，如果没有了塑料，我们的生活会变成什么样子呢？你可能对此不以为意：塑料的诞生发展也就是一百多年的事，在此之前的几千年，没有塑料，人类不也是过得好好的嘛。真的是这样吗？让我们不妨选取日常生活中的一个片段，来看看塑料对我们的影响究竟有多大吧。

设想某天傍晚，华灯初上，你完成了一天的工作，收拾好东西准备离开办公室。不过你还不能马上回家，因为有三件事需要完成：首先，家中的冰箱已经差不多空了，你需要去超市采购食品和其他日用品；其次，回家的路上要路过一家医院，你的一位老友最近正在那里住院，你打算顺路去看望他；最后，你还打算到健身房去锻炼一下身体。不过，你最先要做的是给自己的汽车加满汽油。

在加油站，看着工作人员递上来的账单，你忍不住摇头：这辆汽车是上个月刚刚购买的，当时厂家宣传说这款新车的燃油经济性有了显著的提高，所以你最终相中了它。可是看起来似乎没怎么省油嘛，莫非是厂家在骗你？这还真不能怪厂家。有研究表明，如果车身重量减少 10%，燃油经济性就能够提高 6% ～ 8%。现在没有了塑料及基于塑料的复合材料，汽车中的零部件只能用金属来代替，车身重了不少，能省油才怪呢。

给汽车加完油，你走进超市，来到摆满饮料的货架前准备买一些碳酸饮料。往常这些饮料大都是装在塑料瓶里，现在没有塑料，很多饮料只能装在玻璃瓶里。当你把一箱饮料从货架上搬到购物车里时，你觉得货物怎么重了许多。没错，同样尺寸的塑料瓶要想换成玻璃瓶，重量至少要增加100 克，现在买了几十瓶饮料，你自己算算包装会增加多少重量吧。而且要想把这几十瓶玻璃瓶装的饮料运回家，开车时还得格外小心。万一瓶子碎了饮料洒出来，买饮料的钱打了水漂儿还是小事，要是把新买的车弄脏了，那就实在不妙了。当然了，你也可以选择装在铝制易拉罐里的饮料，这样就不用担心瓶子摔碎的问题了。然而铝的生产需要耗费大量电力来电解氧化铝，因此铝是臭名昭著的耗能"大户"，提炼铝矿石过程中产生的污染就更不用提了。想到这里，你是否有些怀念塑料饮料瓶了呢？

买完饮料，你走到超市的生鲜区。往常各式各样的农产品总是让你目不暇接，但今天你似乎感觉果蔬的品种少了许多。没错，离开了塑料，地膜、温室大棚等重要的农业生产手段都无从谈起，即便有了先进的育种技术、发达的物流，我们的口福仍然很可能要大打折扣。如果你像笔者一样来自北方，冬天一到，你很可能又要像我们的父辈一样，忍受没有新鲜蔬菜水果，只能吃冬储大白菜甚至咸菜的生活呢。

采购完毕，该付账了。你拿出钱包寻找里面的信用卡，却发现它们都不翼而飞了。信用卡的主要材质是塑料，没有了塑料，你怎么会有信用卡可用呢？那用手机支付？别逗了，没有塑料，手机能不能顺利地造出来还不好说呢。这些支付方法都不能用，你多半只能老老实实地用现金付账了。钱包里放那么多纸币，既不方便也不安全，但没办法，没有塑料，你只能选择忍耐了。

离开超市，你来到医院，这时护士正准备给你的朋友输液。这本是一项再简单不过的操作，护士却犯了难。因为没有了聚氯乙烯这种常见塑料，我们找不到合适的材料来制成轻柔且又不失牢固的输液管。旁边一位患者的情况更为糟糕，他的情况危急，需要立刻输血，可是没有聚氯乙烯，如何生产血浆袋也成了问题。你想起昨天才看到一篇文章，提到聚氯乙烯制品中的增塑剂会逐渐从塑料中游离出来，进入人体后会危害健康，所以应当远离聚氯乙烯云云。然而正是这种"声名狼藉"的塑料在为保护我们的健康做贡献。此时此刻，你是否觉得需要重新审视一下塑料的价值了呢？

探望完朋友，你来到健身房，准备好好地活动一下。你从小就喜爱运动，但自从用眼过度导致近视，不得不佩戴眼镜之后，每次运动时你总是要提心吊胆。你至今还清楚记得初中某次体育课上，你和同学一起踢球，飞过来的足球刚好砸到你的眼镜上，瞬间就让玻璃镜片粉身碎骨。不过好在碎玻璃没有伤到眼睛，算是不幸中的万幸了。后来，你把玻璃镜片换成了更加轻便且耐冲击的塑料树脂镜片，就再没有这方面的烦恼了，但框架眼镜在运动中仍然会不时掉落，让你觉得不够尽兴，于是你又配了一副隐形眼镜，从此在运动场上挥洒自如。然而如果没有塑料，无论是树脂镜片还是隐形眼镜都只能存在于科幻作品中。看着你重新戴上"瓶子底"镜片走上运动场，还真让人不得不为你捏一把汗呢。

从上面这个很小的生活片段中我们不难看出，塑料制品的使用极大地改善了我们的生活。如果离开了塑料，我们的生活或许仍然能够继续，但会失去很多方便和舒适。如果把与塑料同属高分子材料的合成橡胶、合成纤维等也算上，我们就更离不开它们了。当然，强调塑料对人类的重要性，并不意味着忽视甚至否认塑料对环境造成的负面影响。的确，目前塑料制品从生产、使用到废弃和再利用的各个环节都存在着许多不尽如人意之处。例如笔者在文章开头提到的研究就指出，目前的塑料废弃物中只有9%被回收再利用，12%以焚烧的形式产生能量，剩下的近80%作为废弃物全部都进入了垃圾填埋场或者环境中。如果我们将塑料垃圾回收再利用的比例哪怕提高几个百分点，由此带来的环境收益都是不可估量的。同样，通过改进塑料生产和加工的工艺，提高对原材料和能源的利用率，我们完全有可能进一步减轻塑料对环境的负面影响。

但笔者需要指出的是，解决塑料带来的环境问题，需要从技术到管理的方方面面的努力，而不是一味地妖魔化塑料或者不切实际地号召人们远离塑料，这样做的结果只会是适得其反。事实上，塑料及其他高分子材料的使用对保护环境所做出的贡献是相当可观的。有研究指出，如果将日常用品中的塑料全部替换成其他类型的材料，我们将要付出的环境方面的代价会增加到现有水平的近四倍。这个数字虽然听起来极不合理，实际上却并不出乎意料：由于塑料轻便耐用的特点，将它们替换成其他材料后，我们往往需要更多的材料才能完成相同的任务，这就意味着需要消耗更多的资源。因此，塑料虽然对环境有着不可忽视的负面影响，但是塑料也是我们解决环境问题，更好地实现可持续发展的重要武器。

我们人类从诞生的那一天起，就没有停止过追求更加美好的生活，而这就使得我们不可避免地在环境中留下了越来越多的印记。面对不断出现的问题，我们应该做的是正视问题、解决问题，而不是一味地倒退。我们担心化石能源的消耗造成全球气候变暖，但如果没有电力，绝大部分人恐怕都无法忍受；我们抱怨汽车的大量使用造成城市交通拥堵、空气质量下降，但也没有谁真的想回到必须依靠走路和马车出行的年代。同样，对于塑料，我们为什么不能积极客观地去面对它呢？这也正是笔者写作此书的重要缘由。

笔者从 2013 年起，陆续写了一些关于塑料和其他高分子材料的科普文章。此次在这些文章的基础上加以整理和补充，使之成为更加连贯和完整的科普图书。笔者希望通过这本书，能够让更多的读者认识身边的高分子材料，了解高分子科学的一些重要概念和发展历程，以及高分子材料对我们生活的改变和影响。由于时间和能力所限，书中难免有一些错漏之处，还望广大读者指正。

魏昕宇

2018 年 12 月

目　录

第一章
能塑: 千变万化的塑料

第一节 了解高分子，从这个问题开始

塑料、橡胶、合成纤维等形形色色的高分子材料在我们的生活中发挥着越来越重要的作用，这已是不争的事实。那么究竟什么是高分子材料呢？相信稍有化学知识的朋友都不难回答：高分子材料就是以高分子化合物为基础所构成的材料，而高分子化合物（简称高分子）一般指相对分子质量高达几千到几百万的化合物。

不过接下来这个问题恐怕就没那么容易回答了：怎么证明高分子化合物的分子真的有那么大呢？

有的朋友可能会说："我确实不知道怎么回答，但化学家们应该知道答案吧。"这个问题对于现在的化学家来说当然是小菜一碟，但如果时光倒流到一百多年前，当时的化学家面对这个问题，多半会回答道："不用证明，这么大的分子根本就不存在。"

是因为那时的人们没见过高分子化合物吗？当然不是。我们的祖先很早就学会将纤维素、蛋白质等天然存在的高分子作为材料使用，木材、纸张、棉纱、蚕丝等就是很好的例证。到了19世纪末20世纪初，随着现代科学特别是化学的发展，人们不仅学会对天然存在的高分子材料进行改造使之性能更加优越，而且还开始尝试完全人工合成高分子材料。19世纪下半叶，第一种塑料——由纤维素改性而来的赛璐珞走进人们的视野。1907年，第一种完全人工合成的塑料——酚醛树脂问世。毫不夸张地说，当时材料科学的一场新的变革已是呼之欲出。但就在这个关键的时刻，大多数化学家仍然固执地认为，在这个世界上根本不可能存在如此庞大的分子。

然而像纤维素、天然橡胶这样的高分子材料毕竟真真切切地摆在眼前，并且呈现出与小分子化合物截然不同的性质，如更高的机械强度，这又该如何解释呢？当时的化学家认为，这归功于分子间作用力。分子间作用力，顾名思义，就是分子之间的相互作用力，它包括了广泛存在于任意两个分子之间的范德瓦耳斯力，即由于分子极化产生的分子间静电作用，以及存在于特定分子之间的特殊相互作用，如氢键。分子间作用力的强度远远弱于分子内部将原子连接起来的共价键，但它仍然具有相当重要的意义。如果没有分子间作用力提供的相互吸引，大部分物质都只能以气体形式存在，我们眼前的图景将变得截然不同。

不幸的是，正是这种重要的相互作用让科学家们在很长时间里"误入歧途"，认为所谓的高分子化合物，不过是小分子通过分子间作用力形成的聚集体罢了，一个典型的例子是关于天然橡胶结构的推断。

一、天然橡胶的结构究竟是什么样的

每当我们遇到一种未知的化学物质，鉴定它的结构总是第一要务。现在，这一任务可以通过质谱、色谱、核磁共振等仪器设备来完成，但在一百多年前，这些先进的分析手段还没有诞生，化学家们不得不依赖于更为原始和间接的方法，其中一种常用的手段就是让未知物质和已知的化合物发生化学反应，然后从反应产物来推断未知物的结构。例如，德国化学家卡尔·哈里斯（Carl Harries）就经常用臭氧与其他化合物反应，以此来推断未知的有机物中是否存在碳碳双键这种结构（附录 -1[①]）。

为什么通过这样一个反应就可以推断未知物的结构呢？我们不妨打个比方：假设有一根铁链，你想看看这根铁链究竟有多长，上面的每个铁环都是什么颜色。我说，对不起，现在不能直接给你看，但可以先用我的剪刀剪一下再给你看，而我的剪刀有个特点，那就是只能把红色的铁环一分为二。结果剪过之后，我们得到了两条断链，其中一边是两个绿色环和半个红色环依次相连，而另外一边是三个蓝色环

---

① 为方便不同层次的读者的阅读，书中涉及的若干化学结构式和反应式统一附于书后，供有兴趣的读者查阅。

和半个红色环相连，那么你就可以推断出：这个铁链原本由六个铁环组成，它们的颜色依次是"绿－绿－红－蓝－蓝－蓝"。在哈里斯的实验中，臭氧就相当于这把剪刀，而碳碳双键这种结构就是被它剪断的红色铁环。

现在我们用这把剪刀去剪另一根铁链，结果发现，得到的断链只有一种：两个彼此相连的蓝色环前后两端分别连着半个红色环。为什么会出现这种结果呢？一种可能是这根铁链不仅非常长，而且在它的链条上反复出现"红－蓝－蓝"的组合，当我们用剪刀去剪它时，所有的红色环都会被剪断，自然形成了刚才说的这种断链。哈里斯用臭氧处理天然橡胶时，就遇到了这种情况——得到的产物只有一种，名为乙酰丙醛，它的结构表明这个分子的两端都应该被臭氧"剪"过（附录-2）。根据这个结构，我们不难推断，天然橡胶是含有大量碳碳双键结构的天然高分子化合物。

然而哈里斯并不相信高分子化合物真的存在，因此他想到了另外一种可能：原先的这根铁链实际上是六个铁环按照"红－蓝－蓝－红－蓝－蓝"的顺序首尾相连，形成一个圈。由于这个圈的结构左右对称，当我们用剪刀剪断红色环时，自然只会看到一种断链。据此，哈里斯认为天然橡胶是由无数含有碳碳双键的环状分子——二甲基环辛二烯形成的聚集体（附录-2）。可是怎么解释天然橡胶有很强的机械性能呢？哈里斯认为，这是由于碳碳双键的存在导致二甲基环辛二烯的分子间作用力较一般分子更强。

哈里斯发表了他的研究结果后，真的有人试图通过合成二甲基环辛二烯来生产天然橡胶，结果自然是以失败而告终。如果一直用这样的错误结构去指导生产实践，那真可谓以其昏昏使人昭昭，不知道要走多少弯路呢。幸运的是，一些研究人员开始意识到，当时人们对于高分子化合物的认识或许是不正确的。德国化学家赫尔曼·施陶丁格（Hermann Staudinger）正是其中的一员。

二、有机化学界的"叛逆"

施陶丁格 1881 年 3 月 23 日出生于莱茵河畔的德国城市沃尔姆斯

（Worms）。年轻时的施陶丁格非常喜欢植物，因此在高中毕业后进入德国哈雷大学就读时，他最初选择的专业为植物学。但他的父亲建议他选修一些化学课程，这样可以加深对植物的理解。这一建议改变了施陶丁格的人生轨迹，他很快对化学特别是当时正蓬勃发展的有机化学产生了浓厚的兴趣。1905 年，年仅 22 岁的施陶丁格获得哈雷大学博士学位。同年，他前往斯特拉斯堡大学担任实验助理，正式开始了自己的科研生涯。

赫尔曼·施陶丁格（1881—1965）

　　初出茅庐的施陶丁格很快在有机化学领域崭露头角，做出了许多重要的发现，1907 年，施陶丁格获得了"特许任教资格"[①]，同年任卡尔斯鲁厄理工大学的有机化学助理教授。1912 年，年仅 31 岁的施陶丁格又被苏黎世联邦理工学院聘为教授。在这两所大学，施陶丁格继续从事有机化学方面的研究，并取得了丰硕的成果。例如，他带领的研究小组成功地从除虫菊中分离出具有杀虫作用的活性成分，并对其结构进行了初步的鉴定，从而为除虫菊酯这一天然杀虫剂的应用奠定了基础。在第一次世界大战期间，为了应对农作物原材料的短缺，施

① 即 habilitation，是存在于一些欧洲国家大学中的制度。候选人在取得博士学位后需撰写特许任教资格论文并通过答辩后方可取得在大学中任教的资格。

陶丁格带领研究人员成功合成出具有胡椒和咖啡香味的化合物。

进入 20 世纪 20 年代，不到 40 岁的施陶丁格已经是有机化学界一颗耀眼的明星，真可谓前途无量。然而正是在这一时期，他做出了令许多同行感到困惑不解的决定：将研究重心转向高分子化合物。在 1920 年，他发表了题为《关于聚合反应》的论文。在这篇具有里程碑意义的文章中，他明确指出多种有机化学反应可以将小分子通过共价键连接起来，得到分子量很高的化合物。不久，他又提出了高分子或者大分子（macromolecules）的概念，用以描述这一类化合物[①]。1926 年，他应邀前往德国弗莱堡大学担任化学实验室的负责人。在弗莱堡大学，他进一步将大量精力投入高分子化合物的研究。

施陶丁格的一系列新主张在化学界引起了轩然大波，许多化学家激烈地反对他提出的大分子的概念。施陶丁格后来回忆，德国著名化学家、1927 年诺贝尔化学奖得主海因里希·奥托·威兰（Heinrich Otto Wieland）曾经劝告他说："亲爱的同事，放弃你的大分子的想法吧，分子量超过 5000 的有机化合物是不存在的。把你的诸如天然橡胶之类的产物提纯，它们就会结晶，从而表明自己是小分子化合物。"

施陶丁格非常清楚，自己的主张之所以不被化学界认可，一个重要的原因是缺乏有说服力的实验证据。也就是说，他必须能够回答文章开头提出的问题：怎么证明高分子的分子真的有那么大？

三、寻找最关键的证据

为了寻找问题的答案，施陶丁格设计了一系列精巧的实验，其中有代表性的是关于天然橡胶的研究。在前面我们提到，哈里斯等研究者认为，天然橡胶是无数二甲基环辛二烯分子凭借碳碳双键之间的相互作用形成的聚集体。按照这个思路，如果让二甲基环辛二烯与氢气

---

① 另一个经常用于描述高分子化合物的名词 polymer（中文通常译为"聚合物"）则早在 19 世纪就被瑞典化学家永斯·贝尔塞柳斯（Jöns Jacob Berzelius）提出，但当时 polymer 的含义与现在完全不同，指的是所含元素比例相同，但分子量不同的一系列化合物。例如，按照最初的定义，葡萄糖（分子式 $C_6H_{12}O_6$）可以视为甲醛（分子式 CH_2O）的"聚合物"，但甲醛并不能聚合得到葡萄糖。

反应，环状的分子结构还在，碳碳双键消失，基于碳碳双键的特殊的分子间相互作用自然也不复存在。因此，天然橡胶的性质应该发生比较大的变化。然而实验结果却是：与氢气反应后，天然橡胶的很多性质并没有明显的变化。显然，天然橡胶并不是哈里斯设想的这种结构，而更有可能是非常庞大的分子。施陶丁格还通过测量溶液黏度、渗透压等方法测定了一系列高分子化合物的分子量，并且同一化合物通过不同方法得到的分子量数值吻合得相当好，这也进一步证明这些化合物不应该是小分子的聚集体。

另一份令人信服的证据来自 X 射线晶体学的研究。在 20 世纪初期，马克斯·冯·劳厄（Max Von Laue）、威廉·亨利·布拉格（Sir William Henry Bragg）及其子威廉·劳伦斯·布拉格（William Lawrence Bragg）等物理学家通过大量的研究表明，X 射线在穿过晶体时会呈现出规则的衍射图案，通过分析衍射图案可以推断出晶体的结构。由此，X 射线衍射成为分析物质结构的重要手段。

然而颇具讽刺意味的是，X 射线晶体学诞生后，一度被当成证明高分子化合物不可能存在的重要证据。众所周知，晶体是原子、离子或者分子按照一定的规律在空间中周期性排列得到的结构，其最基本的几何单元被称为晶胞。例如，在氯化铯的晶胞中，铯离子占据立方体的中心，而氯离子则占据立方体的顶点。这样的结构不断重复，就形成了氯化铯的晶体。通过 X 射线晶体学所提供的信息，我们可以计算出晶胞的形状和尺寸。

当时很多科学家认为，如果像纤维素、天然橡胶这样的材料真的是高分子化合物，那么当它们结晶时，整个分子都必须要被压缩到狭小的晶胞内，这就像是让 100 个人挤进一辆只能坐 10 个人的汽车，怎么可能呢？因此，大分子化合物必定是不存在的。然而当新的实验证据不断浮出水面后，人们才意识到这种想法是多么荒谬。在这一过程中起了关键作用的是化学家赫尔曼·弗朗西斯·马克（Herman Francis Mark）。

赫尔曼·弗朗西斯·马克（1895—1992）

　　马克 1895 年出生于维也纳。他的父亲是一名医生，经常邀请著名的学者来家中吃晚餐。家庭环境的熏陶使得马克自幼就对自然科学产生了浓厚的兴趣。由于当时的奥地利有一年的义务兵役的要求，1913 年高中毕业后，马克决定先服兵役，之后再完成大学学业。没想到一年后第一次世界大战爆发，马克不得不暂时收起自己的大学梦，走上了前线。在战场上，马克作战勇敢，多次立功。在战争即将结束时，马克不幸被俘，在战俘营中他自学了多门课程。1919 年 8 月他终于重获自由，进入维也纳大学学习化学。为了弥补逝去的光阴，马克发奋苦读，两年后就获得了博士学位。博士毕业后，马克先是在柏林大学任教，1921 年加盟德国威廉皇帝科学研究所下属的纤维研究所，1926 年又应邀前往德国著名化工和制药企业法本公司工作。

　　早在任职威廉皇帝科学研究所期间，马克就接触到了新兴的 X 射线晶体学技术，并很快熟练掌握了这一技术，用它来分析不同物质的结构。当时匈牙利学者迈克尔·波拉尼（Michael Polanyi）已经获得了纤维素等天然高分子化合物的 X 射线晶体衍射图，证明了晶体的存在，但未能给出正确的结构。马克经过大量的分析，终于证明在纤维素中，组成晶胞的并非整个分子，而是分子中若干重复的结构单元，这使得晶胞尺寸限制导致大分子不存在的说法不攻自破。除了测定高分子化合物的晶体结构，马克还在施陶丁格研究的基础上进一步阐述了高分子化合物的分子量与其溶液黏度的关系。

有趣的是，马克虽然支持施陶丁格的高分子学说，二人却在对高分子化合物结构的认识上产生了明显分歧，并为此争论不休。施陶丁格认为高分子化合物的分子应该是一根根颇具刚性的"棍子"，而马克则认为这些分子更像柔软的线条。那么究竟谁的观点正确呢？在后面的章节中我们将揭开谜底。

四、从头开始，合成高分子

在施陶丁格、马克等人的努力下，越来越多的证明高分子化合物存在的实验证据被发掘出来。这些研究结果虽然颇令人信服，但许多人还期待着证据链上的另外一环，那就是能否根据施陶丁格的主张，从小分子出发合成出大分子化合物。如果这一目标能够实现，无疑会无可辩驳地证实高分子理论的正确性。

人工合成高分子化合物在实际应用中也有着非常重要的意义。这是因为随着经济的发展和民众生活水平的提高，天然的高分子材料逐渐变得供不应求。例如，在 19 世纪，台球主要由象牙制成。然而随着人们生活水平的提高，越来越多的人有条件玩台球，象牙变得供不应求，以致当时有人出重金征集能够替代象牙的材料，由此促使了赛璐珞的问世。另外，当时主要的工业国家往往与一些重要的天然高分子材料的产地相距甚远，一旦出现国际政治形势变化等原因，与原材料产地的联系被切断，就会让原本就紧张的供应雪上加霜。从这个角度来说，寻找天然高分子材料的替代品甚至已经上升到保障国家安全的战略高度。

施陶丁格、马克等研究人员也深知实现这一目标对于高分子科学理论的建立和发展的重要性，因此从涉足高分子科学领域开始就致力于人工合成高分子化合物的研究，并取得了许多重要成果。例如，施陶丁格在聚甲醛和聚苯乙烯的合成方面都做出了颇有影响力的研究。不过在这方面，影响更大的要数来自大洋彼岸的一位年轻人，他就是被后人誉为"尼龙之父"的美国化学家华莱士·卡罗瑟斯（Wallace Carothers）。

　　卡罗瑟斯 1896 年 4 月 27 日出生于美国艾奥瓦州的小城伯灵顿（Burlington）。进入大学后，卡罗瑟斯最初选择英文专业，但很快被化学所吸引而更换了专业。1922 年，卡罗瑟斯在美国伊利诺伊大学获得博士学位。博士毕业后，卡罗瑟斯先后在伊利诺伊大学和哈佛大学从事有机化学教学工作。虽然供职于世界知名学府，卡罗瑟斯却总觉得自己得不到充分施展拳脚的机会。恰在此时，时任杜邦公司研发部门负责人的查尔斯·斯泰恩（Charles Stine）博士认为公司应当加强对基础科学研究的投入，并提出了包括有机合成和高分子化学在内的若干研究方向。为了实现他的计划，斯泰恩到处物色优秀的科研人员，而当时在哈佛大学任教的卡罗瑟斯进入了他的视野。

华莱士·卡罗瑟斯（1896—1937）

　　由于担心进入工业界后会受到更多的束缚，卡罗瑟斯最初并没有接受杜邦公司的邀请。为了打消他的顾虑，杜邦公司的高管亲赴哈佛大学，不仅开出几乎是他在哈佛大学工资两倍的优厚薪水，还向卡罗瑟斯保证，他加盟杜邦公司后可以选择任何自己感兴趣的领域进行研究，并且杜邦公司会为他提供助手和充足的科研经费。最终，卡罗瑟斯被杜邦公司的诚意打动，于 1928 年正式在杜邦公司就职。不久，杜邦公司又招来多位化学博士，组建了一个由卡罗瑟斯领导的团队。很快，卡罗瑟斯就带领着团队开始专注于高分子材料领域的研究。

卡罗瑟斯是施陶丁格的高分子理论的坚定支持者，对于施陶丁格提出的通过化学反应可以将小分子转化为大分子的主张，他十分认同。那么如何从小分子出发得到高分子化合物呢？

卡罗瑟斯想到，酸和醇这两种化合物在合适的条件下会通过酯这种结构相连，从而变成一个分子，这个过程可以用通式表示为 $A+B \longrightarrow AB$。例如，乙酸（醋酸）和乙醇（酒精）这两种分子可以转化为乙酸乙酯（附录 -3）。乙酸乙酯的分子比乙酸和乙醇的分子都要大一些，但它仍然是个小分子。

但如果其中一个分子中带有两个而不是一个酸的结构，如把乙酸换成乙二酸，那么它就可以同时和两个乙醇分子反应。如果进一步用含有两个醇结构的分子参与反应，如用乙二醇代替乙醇，那么会发生什么样的反应呢？显然，只要双方数目相同，它们可以一直反应下去，互相连接成长长的链条，也就是形成了高分子化合物。如果用通式表示，就是 $n\mathrm{AA}+n\mathrm{BB} \longrightarrow [\mathrm{AA\text{-}BB}]_n$。卡罗瑟斯提出的正是今天许多高分子材料赖以形成的基本途径之一。由于在这个过程中，无数的小分子"聚"在一起形成高分子化合物，因此这样的反应得名聚合反应。对应地，高分子化合物也经常被称为聚合物，而参与聚合反应形成聚合物的小分子，则被称为单体。

根据这一构思，卡罗瑟斯和他带领的研究团队很快得到了相应的高分子化合物。由于这种化合物中存在大量的酯的结构，因此被称为聚酯。随后，卡罗瑟斯的一位团队成员偶然间发现，聚酯可以加工成像棉线和蚕丝那样的纤维，而且这种纤维的机械性能相当棒。用合成纤维取代天然纤维看上去指日可待。

然而胜利的喜悦没有持续多久，卡罗瑟斯很快发现了问题：他们得到的聚酯一遇到热水就变成黏糊糊的一团，这意味着如果用它做衣物，洗衣将成为一大难题，而且这种材料很容易溶解于许多有机溶剂，这大大限制了它的应用。卡罗瑟斯和他的团队尝试了不同的原材料，但是问题依旧。最终他们得出结论：聚酯不是一种有前途的高分子材料。到 1933 年，这个项目逐渐被放弃。

卡罗瑟斯遇到的这个问题直到多年以后才由英国化学家约翰·温菲尔德（John Whinfield）和詹姆斯·迪克逊（James Dickson）解决。卡罗瑟斯使用过的大部分二元酸的分子链都过于柔软，这导致相应的聚酯熔点太低。而英国科学家们使用了另一种二元酸——对苯二甲酸。由于苯环的存在，对苯二甲酸的分子骨架变得更加坚硬，从而提高了聚酯的熔点和耐溶剂性能。将它与乙二醇反应，就得到了现在广泛应用的聚对苯二甲酸乙二醇酯（PET）（附录 -4），PET 纤维也就是俗称的涤纶。很快，这种材料不仅成了重要的化学纤维，大量用于生产服装，还用于更多的场合，其中最为著名的要数制造碳酸饮料的包装瓶。如今，聚酯已经成了一种非常重要的高分子材料。

有趣的是，卡罗瑟斯和他的团队曾经尝试过与对苯二甲酸化学结构非常接近的二元酸——邻苯二甲酸，但是效果不佳，至于他们为什么没有继续尝试对苯二甲酸就不得而知了。总之，卡罗瑟斯在距离成功只有一步之遥的地方停下了脚步，不得不说这是一件非常遗憾的事情。但尽管如此，他的工作仍然为聚酯的开发做出了重要的贡献。几年之后，他牢牢地抓住机会，再没有让成功和自己擦肩而过。

五、他们开启了新的时代

1934 年，在杜邦公司新任主管埃尔默·博尔顿（Elmer Bolton）博士的鼓励下，卡罗瑟斯重新开始了寻找合成纤维的努力。吸取了之前的教训，卡罗瑟斯这一次将目光投向另一类化合物——胺。就像醇和酸反应生成酯，胺也可以与酸反应，生成的化合物叫作酰胺。这个名字听上去有些陌生，但实际上它存在于我们每一个人的身体中。生物体内的构成生命活动基础的蛋白质和多肽就是氨基酸通过互相反应生成酰胺结构，即通常所说的肽键，而连接起来。

卡罗瑟斯仍然采取了类似的思路：如果让分子中同时具有两个胺结构的分子，即所谓二元胺，和二元酸反应，或者直接让氨基酸与自身反应，持续不断的酰胺化反应就会把小分子一个个连接起来，最终得到高分子材料——聚酰胺（附录 -5）。他预计，由于聚酰胺分子之间的相互作用要比聚酯更强，因此聚酯的熔点低、易溶于有机溶剂等问题都可以得到解决。

实验结果证实了卡罗瑟斯的预测，聚酰胺的熔点大大高于之前合成出的聚酯。他们尝试了许多不同的单体组合，其中由己二酸和己二胺反应得到的聚酰胺不仅性能优越，原材料也易于获得，被杜邦公司相中进行进一步研究并力图实现工业化生产。由于己二酸和己二胺的分子中分别含有 6 个碳原子，卡罗瑟斯最初将基于这两种单体的聚酰胺命名为"纤维66"。如此土气的名字显然不适合向大众推广，于是杜邦高层筛选了几百个备选的商品名称，最终觉得"nylon"这个词好听又好记，音译成中文就是"尼龙"。"尼龙"这个词本身没有什么特殊的含义，但这不妨碍人们对它进行千奇百怪的解读。例如，一种流传很广的说法称"nylon"这个词是由纽约和伦敦这两个城市的英文名结合而来。又如，由于日本在当时是蚕丝的重要生产国，在纺织品市场上和美国进行着激烈的竞争，同时两国的外交关系也日趋紧张，因此有人怀疑这个词是"Now You've Lost, Old Nippon"（现在你输了，日本佬）的缩写。

1938 年，在克服了诸多技术难关之后，杜邦公司成功实现了尼龙的商业化，并以尼龙丝袜为主打产品向公众推介。尼龙刚一面世就获得了巨大的成功。杜邦公司先是在公司所在地威尔明顿小规模发售尼龙制品，结果 4000 双丝袜在 3 个小时内被一抢而空。1940 年，杜邦公司进一步面向全美国发售尼龙制品，更是创下了 4 天内卖出 400 万双丝袜的记录。

由于施陶丁格、马克和卡罗瑟斯等科学家的杰出工作，进入 20 世纪 30 年代后，高分子科学理论越来越普遍地为研究人员所接受，成为学术界的主流观点。正确理论的确立使得合成高分子材料迎来了井喷式的发展：在 20 世纪三四十年代，聚乙烯、聚苯乙烯、聚甲基丙烯酸甲酯（有机玻璃）、聚四氟乙烯、聚氨酯等一大批重要的高分子材料都实现了工业化生产。连同前面提及的尼龙等材料，这些新型高分子化合物甫一问世就凭借着优越的性能迅速取代了许多传统的材料，给人们的生活带来了极大的便利。

毫无疑问，以施陶丁格、马克和卡罗瑟斯为代表的一大批科学家为高分子科学的建立和发展做出了不可磨灭的贡献。然而，这三位先驱都先后经历了颇为坎坷曲折的历程，让人不得不感叹人生之艰辛。

六、历尽坎坷，迎来荣耀

在三人之中，最令人唏嘘的恐怕要数卡罗瑟斯了。卡罗瑟斯长期受到抑郁症的折磨。在杜邦公司工作期间，工作上的压力加上来自家庭的种种矛盾使得他的抑郁症病情不断加重，以致尼龙后期的研发工作不得不改由他人领导。1937年4月29日，刚刚过完41岁生日的卡罗瑟斯在美国费城一家旅馆的房间里喝下了掺有氰化物的果汁，一代科学奇才在事业的巅峰期却匆匆告别了这个世界，留下了无尽的遗憾。

与此同时，在大洋彼岸的欧洲大陆，日趋紧张的政治局势几乎让每个人都难以置身事外，施陶丁格和马克自然也不例外。早在第一次世界大战时期，施陶丁格就抱有反战倾向，因此成为许多德国人眼中的另类，在职业生涯中不时受到责备和刁难。1926年，他应邀前往弗莱堡大学任教之前，就被要求首先申明自己的政治立场。纳粹党上台后，施陶丁格的日子更加不好过。1934年，时任弗莱堡大学校长的著名哲学家马丁·海德格尔（Martin Heidegger）向德国政府提议开除施陶丁格。后来施陶丁格同意不再公开质疑纳粹政府，他的教职才得以保留，但学术研究仍然受到很大限制。另一方面，施陶丁格亲手创建的欧洲第一家专门从事高分子科学研究的机构——位于弗莱堡大学内的大分子科学研究所在1944年11月27日于盟军的空袭中全部化为废墟，这对他来说不啻一次巨大的打击。

由于具有犹太血统，马克的处境就更为糟糕。早在1932年，纳粹还未全面掌权时，他就被公司高层告知，由于他的犹太人和外国人身份，他即便不被开除，日后也不可能晋升。无奈之下，马克离开公司回到家乡，在维也纳大学谋得一份教职。然而，奥地利也不是世外桃源，1938年德国入侵并吞并奥地利后，马克很快被逮捕。等待他的，或许将是和千千万万犹太人一样，死在集中营的悲惨命运。

幸运的是，马克对即将到来的劫难早有防备。1937年，马克在一次学术会议上遇到了加拿大国际纸浆和造纸公司（Canadian International Pulp and Paper Company）的代表，对方希望马克能够作为研发主管加盟公司。马克当时没有接受邀请，但颇有心计的他意识到这可能会是发生不测时逃出生天的一条途径，因而也没有彻底回绝，而是答应会抽空拜访该公司并提供技术指导。在被逮捕前，他就购买了在当时价值约5万美元的铂丝并制成挂衣钩，以便伪装偷运出境。被捕后，马克花了相当于自己一年薪水的重金贿赂政府官员，很快就重获自由。随后，他迅速致电加拿大国际纸浆和造纸公司，同意接受研发主管的职位。1938年4月底，马克夫妇带着两个年幼的孩子成功逃出奥地利进入瑞士，随后几经辗转于当年秋天抵达加拿大。1940年，马克又应邀前往位于美国纽约的布鲁克林理工学院任教。在这里，马克为美国培育了一大批高分子科学领域的专业人才，可谓桃李满天下。

当第二次世界大战结束，和平重新到来后，两位科学家不仅得以见证高分子科学带来的更多变革，也迎来了属于自己的更大的荣誉。1953年，诺贝尔化学奖授予施陶丁格，以表彰他在高分子领域的重要发现。马克虽然无缘诺贝尔奖，但他获得了包括美国国家科学奖章、沃尔夫奖在内的一系列重要奖励，也可谓极具殊荣。

三位科学家开启了新的时代，但更多的问题仍然有待后继者去解决，而我们的探索之旅也刚刚开始。接下来，让我们去了解塑料更多的秘密吧。

第二节 最重要的塑料，最不平凡的历程

假如有一天，各种塑料齐聚一堂来个"英雄排座次"，可能会出现这样的场景。

首先出来毛遂自荐的大概要数聚乙烯了："我聚乙烯不仅在塑料市场上占有的份额最高——超过30%，而且你们看，从塑料购物袋、塑料膜到塑料瓶、塑料水桶等，哪一样离得开我？这龙头老大的交椅非我莫属。"

话音刚落，不服气的聚丙烯站出来了："虽然我的市场份额不如你，只有20%多，可是别忘了，你聚乙烯是包括高密度聚乙烯和低密度聚乙烯两种的，要是单独拎出来，别说比不过我，可能你们还拼不过排在我后面的聚氯乙烯呢。这样比较可不公平，第一把交椅明明该我来坐才对。"

聚乙烯听罢反驳道："大家都知道，没有高密度聚乙烯，哪来的你聚丙烯呢？你不感激我也就罢了，居然还要和我争功，真是岂有此理！"

聚乙烯和聚丙烯吵得不可开交之际，聚对苯二甲酸乙二醇酯出来劝架了："两位别争了，你们都是重要的塑料，应该携手合作，共同造福于人类才对。要我说，你们都是由来自于石油的烯烃聚合而来，不如说塑料界的老大属于聚烯烃吧。"聚乙烯和聚丙烯听罢都觉得很有道理，于是握手言欢。

听罢这段虚构的争论，许多读者朋友可能一头雾水：为什么聚乙烯要分成高密度聚乙烯和低密度聚乙烯，为什么又说没有高密度聚乙烯就没有聚丙烯呢？这背后是这两种最为常见的塑料的颇为曲折的发现过程。

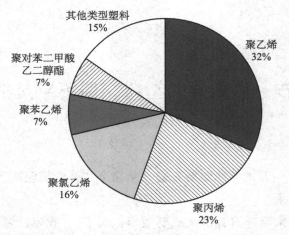

其他类型塑料 15%

聚乙烯 32%

聚对苯二甲酸乙二醇酯 7%

聚苯乙烯 7%

聚氯乙烯 16%

聚丙烯 23%

2015 年全球塑料市场中不同类型塑料所占的份额

一、"三缺一"造就的塑料王国

上一节中我们提到，高分子科学的先驱之一卡罗瑟斯主要专注于通过 AA+BB 式的聚合反应来得到高分子材料，但实际上要想得到聚合物还有另外一条重要的途径，那就是我们在探讨天然橡胶结构时曾经介绍过的碳碳双键。

我们知道，在有机物中，碳有"四只手"，即可以分别和四个原子形成共价键。例如，乙烷中的两个碳原子先是分别和三个氢原子相连，各自剩下的一只"手""抓住"彼此，即形成碳碳单键。但两个碳原子之间也可以用两只"手"相连，即形成碳碳双键，这样一来，每个碳原子就只能再和两个氢原子相连，乙烷也就转化成了乙烯。但实际上在形成碳碳双键的两只"手"中，有一只并不那么牢固，如果我们提供合适的反应物和反应条件，如把乙烯和氢气放在一起，那么在适当的条件下，碳碳双键中相对不牢固的那只"手"就会"松开"，两个碳原子分别再和一个氢原子结合，乙烯也就又转化为乙烷。相反，如果把乙烷和氢气放在一起，它们之间并不会擦出火花，因为乙烷分子中的碳原子已经不能形成更多的共价键了。

从上面这个例子可以看出，碳碳双键的存在往往意味着有机物有着更高的反应活性，而这也是一大类高分子化合物赖以形成的关键。

例如，有一类被称为引发剂的化合物，如果让它们在合适条件下与乙烯混合，它们就会迅速破坏乙烯中的碳碳双键，让自己与乙烯分子中的碳原子相连。

但事情到这里还不算完。刚才我们说了，在有机物中，每个碳原子要形成四个共价键。本来乙烯是满足这一要求的，但现在引发剂把碳碳双键弄没了，自己却又只和两个碳原子中的其中一个结合，让另外一个碳原子变成了"三缺一"——只形成了三个共价键，这样的结构就不稳定了，该怎么办？缺了一个共价键的这个碳原子于是把目光投向另一个乙烯分子，让自己和后者分子中的一个碳原子相连。这样一来，第二个乙烯分子中又出现了同样的情况：其中一个碳原子形成了四个共价键，而另外一个碳原子却只有三个共价键，于是它寻找下一个乙烯分子作为"作案目标"。随着越来越多的乙烯分子沦为"受害者"，乙烯就变成了聚乙烯。如果我们保持乙烯分子中的碳碳双键不变，将其中的一两个氢原子替换成其他结构，由此得到的新的化合物仍然可以进行聚合。

根据这一思路，研究人员们按图索骥。到了 20 世纪上半叶，不仅聚氯乙烯、聚苯乙烯、聚甲基丙烯酸甲酯等一系列我们耳熟能详的塑料被相继开发出来，甚至连绰号"塑料王"的聚四氟乙烯也走入公众的视野。聚四氟乙烯的发现相当偶然：1938 年的一天，杜邦公司的研究人员罗伊·普伦基特（Roy J. Plunket）博士和下属准备使用一瓶储存了四氟乙烯气体的钢瓶进行实验时，意外发现没有任何气体从钢瓶中流出，然而钢瓶的总重量并没有减少，说明钢瓶并没有漏气。后来他们将钢瓶锯开，才发现瓶内有大量的白色粉末——聚四氟乙烯。随后的测试表明聚四氟乙烯有着极耐酸碱腐蚀等特殊性质。经过几年的摸索，杜邦公司以"Teflon®"为商品名正式将聚四氟乙烯推向市场。

然而偏偏是这一系列聚合物中结构最简单的两种——聚乙烯和聚丙烯，给研究人员带来了不小的麻烦。聚乙烯虽然在 20 世纪 30 年代就实现了工业化生产，但乙烯的聚合反应必须在极高的压强下才能进行，这无疑增加了生产成本。更为关键的是，聚乙烯的机械性能与人们的预期有着不小的差距。更大的挑战存在于聚丙烯的开发过程中。将乙烯中的一个氢原子替换成甲基，就得到了丙烯。按道理说，丙烯也应该能够聚合成高分子化合物，但实际上面对引发剂的"诱惑"，它完全无动于衷。那么问题出在哪儿呢？此时我们需要了解一个重要的概念——聚合度。

二、控制是一门学问

所谓聚合度，指的是一个聚合物分子中重复的单元的个数，例如由 100 个乙烯分子聚合得到的聚乙烯，其聚合度就是 100。聚合度之所以重要，是因为它与高分子材料的诸多性质（尤其是机械强度）有着极为密切的联系。一方面，如果高分子材料的聚合度太低，分子不够大，彼此之间的分子间作用力就会比较弱，从而导致材料"弱不禁风"。另一方面，聚合度太高也不见得是好事，因为此时机械性能的提升已经相当有限，而过大的分子可能反而带来加工困难等问题。因此，在高分子材料的合成过程中，我们必须学会有效地控制聚合度。这往往不是易事。

例如，卡罗瑟斯最初合成聚酯时，产物的聚合度就死活上不去，导致材料缺乏足够的强度。问题出在哪儿呢？酸和醇反应会生成酯。但这个反应其实是可逆的，也就是说生成的酯还可以重新分解成酸和醇。因此，当我们把乙二酸和乙二醇或者类似的二元酸和二元醇放在一起时，当小分子被连接成高分子的同时，也有一部分高分子又分解成小分子，总的结果就是平衡在较低的分子量，再也无法增长。

卡罗瑟斯是如何克服这个难题的？酸和醇在发生酯化反应的同时，会生成副产物——水。如果不停地把水移走，那么反应就能朝着生成酯的方向进行，因为聚酯得不到足够的水分子来重新分解成酸和醇。卡罗瑟斯和他的团队正是采取了这个思路，改进了实验装置，将反应生成的水移除出去，使得所合成聚酯的分子量大幅提高。伴随着更高分子量而来的自然是更加优异的机械性能。

现在让我们回过头来说说聚乙烯。假设有 1000 个小珠子需要串成项链，要求每根项链上有 100 个小珠子，总共需要多少根绳子？

你当然会不假思索地回答10根。乙烯等含有碳碳双键的有机物聚合成高分子的过程也可以看成用绳子去穿小珠子。如果将10个引发剂分子和1000个单体分子放在一起，最终应该得到10个聚合度为100的聚乙烯分子。另外，如果聚合反应完成后，你突然觉得你想要的聚合度不是100而是200，只需要再加入1000个单体分子，之前形成的聚合物分子还会继续变长。换句话说，在理想情况下，这一类的聚合反应可以做到"永生"。

但实际情况要复杂得多。如果把刚才这个例子中的10个引发剂分子看成起跑线上的运动员，理想情况下，随着发令枪响，它们应该一齐冲出起跑线。但实际上呢，很可能其中2个分子先与单体反应，剩下8个分子在那里按兵不动。那是不是这2个引发剂分子会把1000个单体分子瓜分，最终得到的高分子材料聚合度为500呢？也未必。这种聚合过程太活跃了，因此经常出现许多"意外事故"。假如这2个引发剂分子分别与70个单体分子相连后，不小心迎头撞上了。相撞的结果可能是双方都"寿终正寝"了——不再能够继续与单体反应，于是最终得到的高分子材料的聚合度就只有70；也有可能是通过相撞而连在了一起，于是就得到了一个聚合度为140的聚合物分子。

但即便考虑了这些因素，最终得到的高分子的聚合度仍然与预测的结果对不上号。例如，我们把1个引发剂分子和1000个单体分子放在一起，按理说最终应该得到一个聚合度为1000的聚合物分子，但实际上却得到了若干个聚合度只有几十的聚合物分子。这是怎么回事呢？原来，还有另外一个重要的因素被我们忽略了，那就是链转移。

三、链转移：原来是你捣的鬼

上文中我们提到，像乙烯这样的分子之所以能够在引发剂作用下聚合，是因为在这个不断增长的聚合物分子的一端，总是有一个碳原子缺少一个共价键，因此要不断地寻找单体分子与之发生反应。但有的时候，这个聚合物分子会"剑走偏锋"。例如，很多这样的聚合反应都是在溶液中进行，于是聚合物分子中这个差一个共价键的碳原子就瞄准了溶剂分子，硬生生从对方那里抢来一个原子和自己形成共价键。这样一来，这个碳原子形成了四个共价键，达到了稳定结构，不再能够与单体分子反应。可是溶剂分子却因此变得结构不稳定，怎么办呢？最简单的办法自然还是找单体分子"发泄"。于是原本惰性的溶剂分子变得像引发剂一样，可以引发单体聚合，于是形成了一个新的聚合物分子。这个新形成的聚合物分子增长了一段时间，很可能又和一个溶剂分子搅和在一起，重复前面的过程。结果我们虽然只加入了一个引发剂分子，却得到了很多聚合物分子。这就好比在马拉松比赛中，一位选手起跑后没多久就累了，把自己的号码牌转交给一位路人，这位路人跑了没多久又让另外一位围观者替自己跑，结果虽然看上去这位选手到了终点，但他实际上根本没跑完全程。像这样"节外生枝"的过程，我们就称之为链转移。

那么如果把溶剂从反应过程中移除，链转移是否就可以被消除了？非也。即便没有溶剂，缺少一个共价键的那个碳原子也会选择其他的"猎物"。例如，在乙烯的聚合过程中，缺少一个共价键的这个碳原子经常"昏了头"，对准聚合物自身就是"一口"。结果呢，这个碳原子找到了缺少的那一个共价键，聚合物中间某个碳原子却少了一个共价键，因此可以引发乙烯分子进行聚合。但这样一来，原本应该是一条直线的聚乙烯分子出现了许多分叉。完全线性的聚乙烯分子本应紧密地排列在一起，形成坚固的晶体，然而众多"枝丫"的存在妨碍了聚乙烯分子互相靠近，导致聚乙烯的结晶度下降，分子之间的吸引作用大打折扣，聚乙烯的机械强度自然达不到预想的目标。

导致丙烯无法聚合的"罪魁祸首"同样是链转移。丙烯聚合过程中，增长中的分子链条可以和丙烯单体发生链转移，而生成的产物又异常稳定。也就是说，原有的链条的增长停止了，新的链条增长又迟迟不能启动，最终的结果就是很难得到聚合度足够高的聚丙烯。

最早系统阐述链转移对于链式聚合反应中高分子材料聚合度和分子结构影响的是卡罗瑟斯团队中的一位年轻人保罗·弗洛里（Paul Flory）。弗洛里 1910 年出生于美国伊利诺伊州的斯特林（Sterling），1934 年在俄亥俄州立大学获得博士学位，同年加入杜邦公司。当时美国仍然处于大萧条时期，得到一份工作相当不易，因此弗洛里感到自己是个幸运儿。让他感到更为幸运的是他被分配到卡罗瑟斯的团队中，从而有机会接触蓬勃发展的高分子科学。在卡罗瑟斯的指导下，弗洛里开展了对聚合反应的机理的研究。1937 年，弗洛里在知名化学类学术刊物《美国化学会志》上发表了论述链转移的论文，受到了学术界的关注。

保罗·弗洛里（1910—1985）

　　不幸的是，就在论文发表的同一年，卡罗瑟斯自杀辞世。大概是感到失去了一位伟大的导师，弗洛里对继续留在杜邦公司也失去了兴趣。一年后，弗洛里前往辛辛那提大学任教，此后又相继在多家高校和化工企业从事研究工作。在几十年研究生涯中，他又在高分子化合物体系的许多方面做出了重要的贡献，并由于这些杰出的研究获得1974 年的诺贝尔化学奖。这也是继施陶丁格之后，高分子科学家第三次站在诺贝尔奖的领奖台上。

　　细心的读者可能要问了，第二次获得诺贝尔奖的高分子科学家是谁呢？答案是两位来自欧洲的化学家齐格勒和纳塔。而他们之所以获奖，正是由于最终解决了聚乙烯和聚丙烯的难题。

四、齐格勒让聚乙烯焕发新的生机

卡尔·齐格勒（Karl Ziegler），1898 年 11 月 26 日出生于德国黑尔萨（Helsa），1920 年获得德国马尔堡大学的博士学位，随后相继在马尔堡大学和法兰克福大学担任讲师。1926 年，齐格勒成为德国最古老的大学——海德堡大学的一名教授，在那里度过了 10 年的时光。1936 年，他应邀担任德国哈雷大学化学研究所主任。1943 年，他又担任了德国马克斯·普朗克学会煤炭研究所的所长，直至 1969 年。

卡尔·齐格勒（1898—1973）

齐格勒最初的研究主要集中于金属有机化合物，即分子中含有金属原子的有机物。早在 20 世纪 20 年代，齐格勒就发现，一些金属有机物能够与含有碳碳双键的化合物发生反应，这促使他思考：金属有机化合物能否引发这些分子发生聚合反应，从而得到高分子化合物呢？

为了回答这个问题，齐格勒和合作者进行了大量的实验，并取得了许多重要的进展。1953 年，最为激动人心的发现到来了。齐格勒和同事首先将液态的金属有机化合物添加到有机溶剂中，然后向反应容器中通入乙烯。在一个小时之内，体积只有 2 升的溶液竟然吸收了近 400 升的乙烯，与此同时，固体粉末不断从溶液中沉淀出来。反应进行到后面，由于沉淀出的固体实在太多，溶液已经很难搅拌了。当金属有机化合物和溶剂被除去之后，雪白的粉末展现在齐格勒的面前，他成功合成了聚乙烯。

刚才我们提到，乙烯的聚合要在极高的压强下才能实现，然而齐格勒的新方法却只需在较低的压强（甚至大气压条件）下就可以得到聚乙烯，这对于工业生产来说无疑是极大的福音。不仅如此，新方法得到的聚乙烯的机械强度也更上一层楼。一个直观的比较是，如果把用两种方法得到的聚乙烯分别制成的塑料杯一同握在手上并用力挤压，用高压方法得到的聚乙烯的杯子会出现明显的变形，而另外一只聚乙烯杯子则会保持原样。

那么为什么会有如此显著的差别呢？简单来说，这些金属有机化合物在引发乙烯聚合时，对反应进程的控制力更强。正在增长的聚乙烯分子不是始终有一个碳原子缺少一个共价键么，金属有机化合物把尚未反应的乙烯分子一个一个地拿过来。溶剂？对不起，不准碰。回过头咬自己？那更是不可以。如果把之前的乙烯聚合过程看作一位心不在焉的体育老师放任自己的学生在操场上乱跑，金属有机化合物引发的乙烯聚合过程（即配位聚合）则像是一位认真负责的教练手把手地将学生排进队伍。

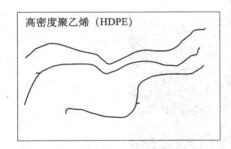
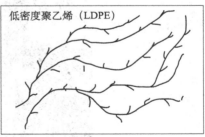

高密度聚乙烯（左）和低密度聚乙烯（右）结构的比较示意图

图片来源：Andrady A L，2003. Plastic and the environment. Hoboken：John Wiley & Sons

由于更强的控制力，原本家常便饭一般常见的链转移变得销声匿迹，聚乙烯分子中支链的数目于是大为减少，这使得相邻的聚乙烯分子变得更加容易紧密接触，从而更加容易结晶。结晶程度提高了，聚乙烯的机械强度也就上了一个新台阶，对酸碱和溶剂的耐受也有显著提升。结晶程度的提高也使得聚乙烯的密度得以增加，因此用齐格勒这种方法得到的聚乙烯被称为高密度聚乙烯（HDPE），而用此前的高压方法得到的聚乙烯则被称为低密度聚乙烯（LDPE）。由于生产更为简便且性能更加优异，高密度聚乙烯很快被广泛应用于各个领域。

齐格勒的这一重要发现让全世界的高分子科学研究者为之一振。当齐格勒成功的消息传到意大利时，一位名叫纳塔的化学家敏锐地抓住了其中蕴藏的更大的机会，最终开启了塑料时代的新篇章。

五、纳塔开启通向聚丙烯的大门

居里奥·纳塔（Giulio Natta），1903 年 2 月 26 日出生于意大利西北部的海滨城市因佩里亚（Imperia）。1924 年，纳塔于米兰理工大学获得化学工程专业博士学位，后来成为该校的一名教授。1933 年，他离开米兰理工大学，先后在帕维亚大学、罗马大学和都灵理工大学任教。1938 年，他又回到母校米兰理工大学任教，直至 1973 年退休。

居里奥·纳塔（1903—1979）

纳塔早期的研究包括通过 X 射线晶体学方法研究小分子有机物和聚合物的结构。他还通过研究化学反应的动力学改进了许多重要的工业生产过程。1938 年，应意大利政府和企业的邀请，他领导了合成橡胶项目的研究，并取得了一定的进展。

1952年，他参加了齐格勒主讲的一次学术讲座，对齐格勒在乙烯聚合方面取得的进展感到震惊。当时他正被意大利最大的化工企业蒙泰卡蒂尼（Montecatini）公司聘为顾问，他随即建议公司应当与齐格勒建立直接联系，以便更好地利用他的研究成果。很快，蒙泰卡蒂尼公司从齐格勒处获得了在意大利使用相关催化剂的许可，相关的研究随即在纳塔领导下展开。

在成功获得高密度聚乙烯后，齐格勒将下一步的工作重心放在如何打造出性能更加优异的催化剂上。而纳塔则从另一个角度思考：如果乙烯可以通过金属有机化合物的配位聚合变成聚乙烯，那么丙烯、丁烯、苯乙烯等结构类似的化合物是不是也可以如法炮制，变成相应的聚合物呢？

很快，一个震动高分子科学界的喜讯传遍了世界：1954年，纳塔和他的团队用配位聚合成功得到了聚丙烯！纳塔不仅实现了聚丙烯生产的零的突破，而且还有一个更加令人惊喜的发现，那就是配位聚合可以很好地控制聚合物的立构规整性（这一概念我们在后面的章节中还会详细解释）。简单地说，良好的立构规整性赋予了聚丙烯高机械强度、耐热等重要的优点，聚丙烯也一跃成为全球产量仅次于聚乙烯的第二大塑料。由于纳塔极大拓宽了齐格勒开发的催化剂体系的应用范围，这一催化体系如今被称为"齐格勒－纳塔催化剂"。除了用于塑料生产，齐格勒－纳塔催化剂在合成橡胶的生产中也发挥着重要的作用。

1963年，齐格勒和纳塔分享了当年的诺贝尔化学奖，这距离两人做出突破性的进展刚刚过去了不到10年，由此可见这一发现的重要性。有些遗憾的是，纳塔在获奖的4年前被确诊患有帕金森病，此时的他病情已经严重到需要他人辅助才能完成获奖演说的程度了。

值得一提的是，几乎与齐格勒和纳塔同时，在大洋的另一侧，来自美国菲利普石油公司的两位化学家保罗·霍根（J. Paul Hogan）和罗伯特·班克斯（Robert Banks）也独立破解了高密度聚乙烯和聚丙烯的秘密。菲利普石油公司意识到蕴藏在这一新发现中的重要商机，很快将这些新型高分子材料以"Marlex®"为商标推向市场。然而出乎意料的是，一开始的反响并不好，因为这些新材料虽然性能卓越，但菲利普石油公司最初只提供一个级别的产品，无法满足客户多元化的需求。

就在新产品眼看要夭折的时候，事情突然起了转机，一家玩具制造商用 Marlex 来生产儿童玩具呼啦圈大获成功，原本滞销的 Marlex 也被一抢而空，这让公司当时的总裁保罗·恩达科特（Paul Endacott）很是欣喜，以至于他把一只呼啦圈放在自己的办公室里，时不时给客人表演一下。菲利普石油公司抓住机会改进生产工艺并拓宽产品级别范围，获得了更大的成功。不过，由于齐格勒和纳塔抢先一步公布他们的发现，加之诺贝尔奖的巨大光环，霍根和班克斯常常被公众淡忘，甚至他们的相关专利也是经过了几十年的诉讼纷争才最终被认可。

好了，到此为止，常见的几种塑料都被成功合成出来了。你可能已经迫不及待地要将它们变成各式各样的塑料制品了吧。在这一步，还有许多挑战在等着大家呢。

第三节　让塑料变透明的秘密

　　各种各样的塑料制品之所以深受人们的欢迎，除了轻便、耐用等因素，透明也是一个不可忽视的优点。例如在超市购物时，透过透明的塑料包装，我们很容易判断里面食品的种类、样式和新鲜程度等。不过呢，如果你认为所有的塑料与生俱来就是透明的，那就大错特错了。比如下面这张照片中，上下两块塑料板的厚度相同，都在 3 毫米左右，材料分别是聚碳酸酯和聚丙烯，很显然，这两种塑料的透明程度有着天壤之别。

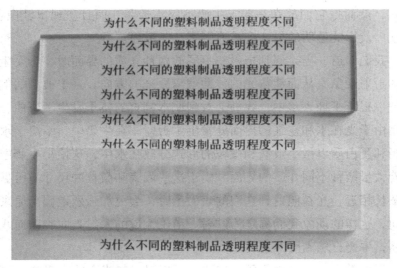

聚碳酸酯塑料和聚丙烯塑料透明度比较

　　同样是塑料，为什么有的透明，有的则是半透明甚至不透明呢？如果想要得到透明的塑料，该怎么做呢？

一、透明与不透明

在回答这个问题之前，我们必须搞清楚什么是透明。简单来说，透明就是入射的光线能够顺利穿透物体，到达物体的另一侧。如果入射光全部被物体吸收，也就是光能被转化为其他形式的能量，那自然是无法穿透物体。所以要想一块物体透明，该物体就不能对入射的光线有明显的吸收。当然这里有一个问题，那就是可见光并非单一波长的光，而是包含了波长为 390～760 纳米的光。一块物体可以只吸收可见光中某一种或者几种波长的光，而让其他波长的光顺利透过。这种情况下，我们往往仍然可以把它视为透明，因为只要物体的颜色不算太深，我们仍然可以透过它观察其他的物体。不过常见的塑料对可见光中所有波长的光都没有明显的吸收，所以我们就不再讨论"有色透明"这种特殊情况了。

但仅仅不能吸收光并不能保证透明。如果把牛奶中的各种成分逐一拎出来分析，我们会发现这些成分对可见光基本上都不会有明显的吸收，然而把它们放在一起，牛奶不仅不透明，而且呈现出乳白色。这就涉及影响透明的另一个重要因素——散射。

我们知道，当光遇到折射率不同的两种介质的界面时，会发生反射和折射现象，从而使得光的传播偏离原来的方向。一个典型的例子是把一根筷子插入水中，我们会看到原本笔直的筷子发生了弯曲，这正是由于光在水和空气的界面处发生了折射。在牛奶中，不溶于水的油脂和蛋白质以微小液滴和微粒的形式分散在水中，这使得牛奶中存在着大量两种不同介质的界面。由于这些液滴和微粒的尺寸与可见光的波长相近，光在照射到它们的表面上时，会更加强烈地偏离原来的方向，这样的现象我们称之为散射。由于大量的入射光向着四面八方传播，牛奶自然高度不透明。

不难看出，一个物体要想透明，不仅对入射光不能有吸收，更重要的是不能让入射光发生散射。而刚才我们已经提到，塑料通常不会吸收入射光，因此，造成塑料不透明的原因只可能是散射。那么塑料中的散射从何而来呢？这就要从塑料制品的加工过程说起。

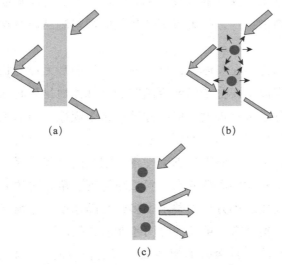

散射现象示意图解

（a）中散射现象不存在时，光能够完全透过物体，人眼会感觉此物体是透明的；（b）中散射的存在使得光不能完全穿透物体，造成半透明的效果；（c）中散射现象非常强烈时，所有光线都不能穿透物体，造成不透明的效果

二、散射：让塑料不透明的"元凶"

读完前两节关于聚合反应的介绍，有些朋友可能会在脑海中浮现出这样的画面：在化工厂里，操作人员在生产线的一端通入特定的单体，在另外一端，塑料做的水杯、饭盒、包装袋等就被源源不断地生产出来。实际上，塑料制品的生产加工过程要复杂得多。一般来说，生产塑料的企业只负责将单体聚合为对应的塑料，并将它们以粉末或者颗粒的形式交给塑料加工企业，这些企业才会将塑料转化成各式各样的制品。

那么塑料的粉末或者颗粒是如何再变成各种塑料制品呢？简单来说，塑料原料先被加热到一定的温度以上，这个时候原本坚硬的塑料会成为能够自由流动的液体，即通常所说的熔融态。接下来，熔融态的塑料在外力作用下通过特定形状的开口或者被注入特定的模具中，从而被赋予新的形状。随后温度降低，塑料重新变成固体，新的形状就被固定了下来。这样的过程被称为挤出成型或者注射成型，在全世界的各个塑料加工厂，每天有不计其数的塑料制品通过这种方法被生产出来。

我们都知道，在液体中，分子处于一种杂乱无章的状态，但当温度降低到熔点以下，分子们就会倾向于有规律地排列起来，即形成晶体。塑料的分子虽然很大，但同样遵循这个规律。当加工结束，温度降低时，它们也会结晶。然而与小分子相比，塑料及其他聚合物的结晶速度要慢得多。其原因也不难理解：结晶的过程需要分子具有一定的流动性，这样才能离开原来位置重新排列。聚合物的分子由于非常庞大，流动性比起小分子要差了很多，结晶速度自然很慢。因此，与小分子相比，塑料需要更长的时间才能形成晶体。

然而在时间就是金钱的塑料加工行业，我们往往等不了那么久。因此熔融的塑料一旦被赋予新的形状，就会被迅速冷却下来。随着温度的降低，塑料分子的流动性也越来越差。当温度降到足够低时，还没来得及结晶的塑料分子被彻底冻结住，它们虽然依旧无法有规律地排列起来，但也不再能够流动，这种状态被称为无定形态。塑料从液态到无定形态的转变被称为玻璃化转变，而所对应的温度就是玻璃化转变温度。大多数塑料的玻璃化转变温度都显著高于室温[1]，因此当塑料制品加工完毕冷却下来时，总是有相当一部分分子无法结晶。例如在"尼龙66"中，通常只有不超过40%的分子能够形成晶体。

当然，即便给予塑料分子充足的时间结晶，由于受其他因素的限制，塑料分子也很难全部形成晶体。例如在上一节我们提到，低密度聚乙烯由于具有较多的分支结构，分子之间难以紧密接触，因此结晶程度要显著低于分支结构较少的高密度聚乙烯。即便是结构更加规则的高密度聚乙烯，结晶程度也达不到100%。因此，在塑料中，晶体和无定形态总是会同时存在。不过我们并不会观察到一只塑料盒中

---

[1] 高分子化合物的熔点和玻璃化转变温度受样品制备过程和测量方法的影响，同一种材料不同资料给出的数值往往略有差异。本书涉及的高分子化合物熔点和玻璃化转变温度的数值主要引自何曼君、陈维孝、董西侠所编，复旦大学出版社1990年出版的《高分子物理（修订版）》一书。

两种状态泾渭分明——某个区域是结晶的塑料，而另一个区域则是无定形的。相反，塑料分子的晶体通常以直径几微米到几百微米的球形颗粒的形式分散在无定形态的塑料中。实际上这些球形颗粒也并非100% 由晶体组成，相邻的晶体片层之间存在着无定形态的塑料。

结晶态与无定形态的共存对于塑料的机械强度来说并不是坏事。完全结晶的塑料往往过于硬脆，而无定形态的存在则可以提高塑料的韧性，使得塑料在遇到外力冲击时不易破裂。然而对于塑料的光学性能来说，这往往意味着很大的麻烦。这是因为同一种塑料的晶体和无定形状态的化学组成虽然完全相同，折射率却往往有一定的差异。换句话说，对于光来说，它们是完全不同的两种介质。因此，当光照射到塑料上时，晶体的小颗粒就会造成强烈的散射，从而导致相当一部分入射光线不能顺利通过。这就会导致塑料的透明程度下降，甚至会变得不透明。

这么说来，所有的塑料都应该是"天生"不透明的，然而透明的塑料制品在我们的生活中又随处可见。那么，这些透明的塑料制品是如何被加工出来的呢？

三、解铃还须系铃人

既然散射是造成塑料不透明的根源，要想提高塑料的透明程度，就必须减弱甚至消除散射现象。由于散射发生在两种介质的界面上，那么消除散射的途径之一自然是消灭这些界面，让整个物体只包含一种介质。对于塑料来说，这就意味着整块塑料要么全部形成晶体，要么都处于无定形态。然而上文中已经提到，要想让所有塑料分子都形成晶体几乎不可能，因此只能设法让塑料完全处于无定形态。那么这一目标能否实现呢？让我们以聚乙烯为例分析一下。

聚乙烯不仅是我们非常熟悉的一种塑料，也是结构最为简单的一种塑料，它的分子结构相当于每个碳原子上连接了两个氢原子，然后不断重复。如果我们把所有的碳原子排列在一条直线上，直线两侧自然含有数目相同的氢原子。由于这种高度对称的结构，聚乙烯非常容易结晶。

现在让我们把聚乙烯的化学结构变一变，每隔一个碳原子，与碳原子相连的一个氢原子被苯环取代，于是聚乙烯就变成了聚苯乙烯。如果我们把聚苯乙烯分子主链上所有的碳原子排列成一条直线，随之而来的一个问题就是：分子中的这些苯环究竟分布在直线的哪一侧呢？这就是上一节我们提到的立体构型规整性问题。

不难看出，苯环的分布有三种不同的方式：第一种方式是所有的苯环全部位于直线的同一侧，这样的结构被称为全同式结构。第二种方式是苯环交替地位于直线的两侧，也就是说，如果某个苯环位于直线的一侧，它左右的两个苯环一定是位于直线的另一侧，这样的结构被称为间同式结构。无论是全同式还是间同式结构，苯环的位置总是有规律可循，因此它们常常被合称为立体构型规整的结构。如果苯环的位置完全随机，相邻的两个苯环既有可能位于直线的同一侧，也有可能位于直线的两侧，我们就得到了最后一种方式——无规式结构。

接下来结晶的时间到了。对于全同式和间同式结构的聚苯乙烯来说，这不是问题。但无规式结构的聚苯乙烯则不然，由于苯环的位置完全没有规律，让这样的分子有规律地排列起来是非常困难的，往往是这边排列好了，那边就变得不合适。因此，在无规式结构的聚苯乙烯中，我们找不到哪怕一丁点晶体的存在，这样一来，材料自然会变得非常透明。

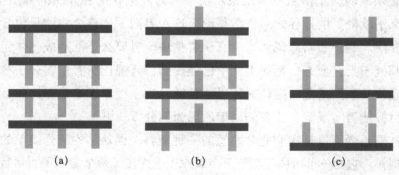

(a)　　　　　(b)　　　　　(c)

三种构型的聚苯乙烯结晶情况

与全同式（a）和间同式（b）结构相比，无规式结构（c）的塑料分子由于分子结构的不规则，难以形成晶体

我们通常见到的聚苯乙烯究竟是上述三种结构中的哪一种呢？简单来说，通过采用不同的方法，这三种形式都可以被合成出来，但较为常用的合成聚苯乙烯的方法得到的恰好是无规式结构。除了聚苯乙烯，聚氯乙烯和聚甲基丙烯酸甲酯等常见的塑料也具有类似的立体构型规整性问题，而且它们的无规式结构也可以很容易地得到。因此，这些塑料都是生产透明制品的很好的选择，例如聚苯乙烯制成的光盘盒就是典型的例子。这里面尤其值得一提的是聚甲基丙烯酸甲酯，其透明程度可以与玻璃相媲美，而其密度还不到玻璃的一半，韧性也要大大优于玻璃，不像玻璃那样稍微受撞击就裂成碎片。因此，聚甲基丙烯酸甲酯被大量用于取代玻璃，从而有了"有机玻璃"的美誉。顺便说一下，像无规式结构的聚苯乙烯、聚甲基丙烯酸甲酯等塑料，由于材料中根本不存在晶体，因此温度升高时自然不会发生晶体的熔化，但我们有时仍然习惯称这一过程为熔融。

四、打造透明饮料瓶，"火候"很重要

不难看出，调节塑料分子的立体构型规整性可以从根本上避免结晶的发生，因此堪称提高塑料透明度的"大杀器"。但并非所有的塑料都能提供这样的条件。例如，聚对苯二甲酸乙二醇酯这种塑料，分子结构也呈现出与聚乙烯类似的对称性，无所谓全同式、间同式或者无规式结构之分，因此聚对苯二甲酸乙二醇酯也可以达到一定的结晶程度，这就难免会降低材料的透明程度。然而聚对苯二甲酸乙二醇酯制成的透明容器又几乎遍布每个角落，如装矿泉水和碳酸饮料的塑料瓶大都是用它制成。那么这些透明容器是如何被加工出来的？答案在于"火候"两字。

刚才我们提到，塑料的结晶速度很慢，当它们被冷却到室温时，温度已经低于玻璃化转变温度，没来得及结晶的塑料分子只能以无定形态存在。如果我们让熔融态塑料以极快的速度降温，那么很有可能在降温至玻璃化转变温度之前，塑料分子没有任何的机会结晶，这样一来，自然可以得到非常透明的塑料。生产透明的聚对苯二甲酸乙二醇酯制品，正是利用了这种方法。

　　不过如果要用聚对苯二甲酸乙二醇酯生产软饮料瓶，到这里还不能算结束。因为这一步加工出的制品除了瓶口的螺纹部分与成品相同，瓶身要比成品小很多。因此它只是一个半成品，称为瓶坯。将瓶坯加工成塑料瓶成品还需要另外一个关键的步骤——吹塑成型。

　　在吹塑成型这一步中，瓶坯首先被放入另一个模具中，随后被加热，使得聚对苯二甲酸乙二醇酯的分子具有一定的流动性。紧接着，一根中空的圆柱被插入到瓶坯内部，圆柱的移动会使得瓶坯在纵向被拉伸。与此同时，压缩空气顺着圆柱中空的内部吹入瓶坯的内部。在空气的挤压下，瓶坯也向四周膨胀，直到与模具的内壁相遇为止。最后我们再将温度降低，并将模具撤除，饮料瓶的加工就完成了。

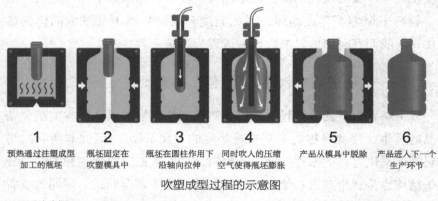

1	2	3	4	5	6
预热通过注塑成型加工的瓶坯	瓶坯固定在吹塑模具中	瓶坯在圆柱作用下沿轴向拉伸	同时吹入的压缩空气使得瓶坯膨胀	产品从模具中脱除	产品进入下一个生产环节

吹塑成型过程的示意图

图片来源：https://robinsonpackaging.com/plastics/injection-stretch-blow-moulding/

　　这一步看起来很简单，但如果控制不当，很容易前功尽弃。例如，如果把瓶坯加热到150℃，用不了多久，原本无色透明的瓶坯就会变成乳白色。乳白色是哪里来的？答案是，聚对苯二甲酸乙二醇酯部分地发生了结晶，导致入射光线在晶体和无定形态的界面处发生了强烈的散射。

　　面对这一结果，你可能会一脸茫然：升温过程怎么还会造成结晶呢？的确，谁也没有听说一壶水在炉子上烧了一会儿之后变成了一大块冰。这里，塑料再一次地展现了它们与小分子迥然不同的结晶过程。

我们刚刚提到，如果将处于熔融态的聚对苯二甲酸乙二醇酯迅速冷却，所有的分子都来不及结晶，只能形成无定形态。然而对于聚对苯二甲酸乙二醇酯分子来说，它们要求结晶的愿望只是暂时被压制下来。如果温度重新上升到适合结晶的范围，那么一部分聚酯的分子将继续它们的"未完成事业"，于是晶体很快就出现了。这种在升温的过程中发生结晶的现象被称为"冷结晶"，在许多塑料中都可以观察到。

聚对苯二甲酸乙二醇酯的吹塑成型过程中一旦发生了冷结晶，将是一件很糟糕的事情。晶体的形成不仅使得瓶坯的透明度下降，而且由于这些晶体很坚硬，还会导致瓶坯不容易被继续拉伸，因此很难得到合格的塑料瓶成品。那么如何避免结晶的发生呢？解决之道仍然在于"火候"两字。

如果把熔融的塑料降温到略低于熔点，即便等上很长时间，晶体仍然难觅踪迹。但如果把温度再继续降低一些，就会看到塑料的结晶速度有明显的提升。这是因为晶体的形成需要分子有规律地排列起来。如果结晶温度比较高，塑料分子无规律的热运动太强了，即便有些分子排列起来，其他的塑料分子马上就把它们打乱了。这就好比剧场中场休息的时候，当大家都在走动喧哗时，即使有几名观众坐下来，周围的观众很快又把他们从座位上叫起来聊天，结果谁也没有办法安静地坐好。随着温度降低，"捣乱"的塑料分子没有那么多了，结晶才可以比较快地进行。

但晶体的形成同样需要分子具有一定的流动性，因此如果温度降得太低，接近玻璃化转变温度，"捣乱"的倒是没有了，但塑料分子离开现有位置重新排列的能力也大幅下降，结果反而不利于晶体的形成。所以如果我们把塑料的结晶速率对应结晶温度作图，总是会得到类似抛物线的曲线，当结晶温度处于塑料的熔点和玻璃化转变温度的中点时，结晶速率最快。聚对苯二甲酸乙二醇酯的熔点在 $240 \sim 270℃$ 这个范围，而玻璃化转变温度在 $69℃$ 左右，因此最适宜聚对苯二甲酸乙二醇酯结晶的温度差不多在 $150 \sim 180℃$ 这个范围。这就是为什么在刚才的例子中，加热到 $150℃$ 的瓶坯很快就会结晶的原因。但如果只把瓶坯加热到 $100℃$，瓶坯既有足够的流动性，结晶速率又比较慢，因而可以保证吹塑成型的顺利进行。由此可见温度控制对于聚对苯二甲酸乙二醇酯加工过程的重要性。

有趣的是，虽然严格控制温度，但在吹塑成型的过程中，一部分聚对苯二甲酸乙二醇酯的分子还是发生了结晶。这是因为瓶坯受到的机械拉伸会帮助聚对苯二甲酸乙二醇酯的分子排列，从而形成晶体。但这样的结晶不仅不需要避免，相反正是我们需要的，因为其不仅能够让聚酯耐受更高的机械强度，还提高了它的气密性。这对于装碳酸饮料的饮料瓶尤其关键。

那么为什么聚对苯二甲酸乙二醇酯的塑料瓶在结晶后仍然保持透明呢？我们前面提到，塑料晶体的颗粒会造成光的散射，从而降低塑料的透明程度。但实际上晶体的颗粒必须大到至少与光的波长相仿，也就是直径大约 0.5 微米，才能造成较为强烈的散射。一般情况下，塑料的晶体都能达到这个尺寸。但在机械力作用下形成的晶体要小得多，这样的小晶体对光的散射并不是特别严重。这样一来，大部分的光线仍可以顺利穿过，由此得到的塑料制品也就仍然可以保持较好的透明程度。稍后我们还会看到这一思路是如何用于提高塑料的透明度的。

聚对苯二甲酸乙二醇酯由于可以做成透明的制品，加之机械性能不错，在市场上颇受欢迎。尤其值得一提的是，聚对苯二甲酸乙二醇酯对于气体（特别是二氧化碳）有着良好的阻挡能力，因此这种塑料目前最主要的用途是生产装碳酸饮料的塑料瓶。不过需要注意的是，虽然聚对苯二甲酸乙二醇酯的晶体熔点很高，在透明的聚对苯二甲酸乙二醇酯制品中，占主体的还是不耐热的无定形态，因此这一类制品的耐热程度较为有限，这不得不说是聚对苯二甲酸乙二醇酯的一个缺点。

五、聚碳酸酯：我实在是走不动

通过控制结晶速度来调节塑料透明度的另一个典型例子，或者说更为极端的例子是聚碳酸酯。与聚乙烯和聚对苯二甲酸乙二醇酯类似，聚碳酸酯的分子也具有非常规则的结构（附录 -7），然而在聚碳酸酯中我们却很难找到晶体的存在。这是因为聚碳酸酯的分子骨架上布满了一个又一个的苯环，这使得整个分子变得很"笨重"，流动性很差。如果把聚乙烯分子看成一个年轻人，聚碳酸酯分子就像是步履蹒跚的老年人。因此，聚碳酸酯虽然具有结晶的潜质，结晶速率却几乎趋于零，结晶对于它来说是一个遥不可及的目标。所以，即便将聚碳酸酯的薄膜保持在较为适宜结晶的温度，也要经过 8 天的漫长等待才终于会看到有一丁点儿的晶体出现。

由于难以结晶，聚碳酸酯自然具有很高的透明度，与聚甲基丙烯酸甲酯不相上下。但它耐受外力冲击的能力更强，而且聚甲基丙烯酸甲酯的玻璃化转变温度只有 100℃，聚碳酸酯的玻璃化转变温度却高达 150℃左右，耐热性能更佳。因此，虽然聚碳酸酯的生产成本要比其他的透明塑料高很多，很多时候我们还是要请它出马。光盘、安全防护眼镜和防护面罩都是聚碳酸酯的典型应用。

由于集高透明性、高强度和高耐热性于一身，聚碳酸酯曾经是食品包装和食品容器领域的"红人"。很长时间以来，聚碳酸酯都是生产婴儿奶瓶材料的不二选择。奶瓶不仅要结实，还必须能够耐受热水，换成其他透明塑料，还真没法胜任。然而近些年来，聚碳酸酯在消费者眼中的形象却一落千丈。这是因为我们通常使用的聚碳酸酯在合成过程中需要使用一种名为双酚 A 的单体。在成型的聚碳酸酯制品中，仍然有微量的双酚 A 残留其中，如果用聚碳酸酯作为食品容器，双酚 A 就会随着食物进入人体内。美国的一项研究调查了 2500 多名 6 岁以上的居民，发现 93% 的受访者尿液中能检测出浓度为每升几微克的双酚 A。据估算，人体内的双酚 A 绝大部分都是经由食品途径摄入的。

双酚 A 之所以引起关注，是因为它的化学结构与人体内主要的雌激素——雌二醇的化学结构具有一定的相似性。因此双酚 A 进入人体内后就有可能被细胞、组织或器官误认为是雌二醇，这就可能对人体正常的生理活动造成一定的干扰，即是通常所说的内分泌干扰素。打个比方，假如我们在车站接朋友，先来了一个人长得和要接的朋友很像，我们分辨不清，把这个人接走了，结果真正的朋友到了车站反倒没人接，耽误了行程。

由于双酚 A 在人体内的浓度很低，许多机构都强调聚碳酸酯、环氧树脂等是非常安全的食品包装材料。但近些年来的一些研究表明，即便双酚 A 在体内的浓度非常低，仍然有可能对人体的健康产生负面影响。美国卫生和公共服务部下属的国家毒理学项目（National Toxicology Program）在 2008 年发布的一份报告中指出，目前人体内浓度的双酚 A 可能对婴幼儿的大脑、行为和前列腺有一定影响，不过报告同时认为双酚 A 对成年人的生育影响不大，孕妇体内的双酚 A 也不大可能对胎儿造成显著影响。由于担心双酚 A 影响婴幼儿发育，许多地方已经禁止使用含双酚 A 的材料生产奶瓶，美国已有十几个州出台了类似的禁令。为了迎合消费者，许多生产厂商还主动停止将聚碳酸酯用于生产其他的食品容器。

不过双酚 A 这口"黑锅"完全让聚碳酸酯来背并不公平，因为除了聚碳酸酯，双酚 A 还经常被用于生产另一种重要的高分子材料环氧树脂。而环氧树脂常常被作为罐头盒、奶粉罐等金属容器的内涂层，防止金属被食物腐蚀，因此环氧树脂中的微量双酚 A 也有可能随着食物进入人体。另外，双酚 A 还被用于生产热敏纸这种特殊的纸张，我们在超市购物时，商家打印小票所用的就是热敏纸。当我们查看购物小票时，微量的双酚 A 就有可能沾到我们的皮肤上并最终进入体内，这也是双酚 A 进入人体的一个重要渠道。但不管怎样，随着双酚 A 的问题浮出水面，聚碳酸酯的好日子算是到头了。那么谁来替代它呢？本节开头时出场的聚丙烯或许是一个不错的选择。聚丙烯的熔点高达 160℃，耐热性能不输聚碳酸酯，但问题在于，怎样让聚丙烯变得透明？

六、不可小瞧的添加剂

聚丙烯的化学结构相当于把聚乙烯每隔一个碳原子，将与之相连的两个氢原子的其中之一替换成甲基。这意味着它和前面提到的聚苯乙烯和聚甲基丙烯酸甲酯等塑料一样，都存在着全同式、间同式和无规式结构这三种立体构型规整性不同的结构。然而和这些塑料不同的是，常见的合成方法得到的主要是全同式结构的聚丙烯，这使得聚丙烯很容易结晶，因此聚丙烯的制品通常是半透明或者不透明的，本节开头展示的那块聚丙烯就是如此。

那么能否通过改生产无规式聚丙烯的方法来提高聚丙烯的透明度呢？这一方法虽然理论上可行，但在实际操作中却行不通。这是因为聚丙烯虽然晶体熔点很高，但玻璃化转变温度却在 $-10℃$ 左右。因此，如果聚丙烯的结晶被彻底抑制，它在室温下将会非常柔软，无法作为塑料使用，而全同式和间同式结构的聚丙烯则由于晶体的支撑才能体现出良好的机械强度。我们上一节提到的意大利化学家纳塔的研究之所以具有重要的意义，不仅在于他成功实现了丙烯的聚合，更是因为他开发出的方法能够很好地控制聚丙烯的立体构型规整性，从而确保了其具有良好的机械性能。

虽然通过调整立体构型规整性来提高透明度这条路行不通，但我们还有另外一个办法，那就是在聚丙烯加工过程中加入一些特殊的添加剂。那么这些添加剂到底起了什么样的作用呢？

俗话说，万事开头难，结晶的过程也是如此。虽然随着温度的降低，分子会倾向于从液体转变为更加稳定的晶体，但这个过程并不是自动完成的，而是一定要有一些分子主动站出来先排列好，再带动其他分子按照一定的顺序继续排列，这个过程称为"成核"，这些首先排列好的分子称为"晶核"。成核是结晶中至关重要的一步，如果成核不能顺利发生，晶体就很难形成。

可是实际上，没有哪个塑料分子愿意充当晶核。但结晶总是要进行的，怎么办呢？大家一商量，就让混杂在我们中间的杂质当晶核吧。聚丙烯中怎么会有杂质呢？首先，我们身边的大多数化学物质都不是"完美无瑕"。一瓶纯度为99.9%的聚丙烯（这样的纯度已经相当高了），其中还是会有0.1%的其他物质，可能是没有彻底清除干净的原料、溶剂或者催化剂等，它们的含量虽然极少，但是已经可以产生足够的晶核了。其次，在结晶的过程中，熔融态的聚丙烯中可能会混进一些气泡或者尘埃，它们也能起到晶核的作用。在这些杂质、尘埃和气泡的帮助下，晶体很顺利地就形成了。如果没有这些物质，结晶反倒不容易进行。一个大家熟知的例子是非常纯净的水即便在温度明显低于 0℃时也不凝结成冰，就是因为缺少了杂质，成核不容易发生。

聚丙烯等塑料的结晶过程同样离不开成核这一步。一旦温度降低，聚丙烯的分子就规规矩矩地站到了杂质形成的晶核的周围，形成聚丙烯的晶体。由于杂质在聚丙烯中的分布是随机的，我们总是会看到很多无规则的聚丙烯晶体小颗粒。这些小颗粒的尺寸与光的波长相仿，造成了强烈的光散射，使得聚丙烯不透明。

但如果我们在处于熔融态的聚丙烯中加入更多的杂质，再把聚丙烯冷却到室温，就会惊奇地发现，聚丙烯晶体颗粒的尺寸小了许多。道理很简单：聚丙烯分子数量是相同的，可是能够充当晶核的杂质数量翻了几番，每个晶核能够拉拢的"部下"自然少多了。晶体颗粒变小之后，对光的散射就不那么强烈，更多的光穿透聚丙烯，就让它变得更加透明了。研究人员经过反复摸索，找到了一些能够在聚丙烯结晶过程中有效扮演晶核角色的添加剂，它们因此被称为澄清剂。澄清剂的应用使得聚丙烯制成的透明容器逐渐走入人们的视野，并开始取代聚苯乙烯、聚对苯二甲酸乙二醇酯等传统的透明塑料。例如笔者近年来乘坐航班时，就多次见到用聚丙烯制成的透明一次性杯子。

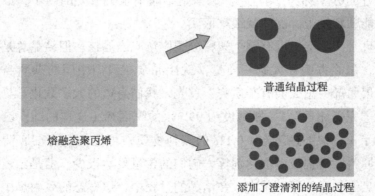

普通结晶过程

熔融态聚丙烯

添加了澄清剂的结晶过程

聚丙烯的两种结晶过程示意图

澄清剂的使用可以使得聚丙烯晶体颗粒的尺寸更小，减弱晶体颗粒造成的光散射，从而提高聚丙烯的透明程度

通过以上的介绍，相信大家都了解了让塑料变透明的常见方法。接下来，笔者再教各位一招"非主流"的方法。虽然这种方法在一般的塑料生产中不太常用，某些时候却能成为"克敌制胜"的法宝。

七、从透明木材到智能窗户

刚才提到，当光照射到折射率不同的两种介质时，会发生强烈的散射，导致材料的透明程度下降。但如果两种介质的折射率完全相同呢？很显然，在这种情况下，光感受不到两种材料之间丝毫的差别，原先发生在界面上的散射也将不复存在，材料的透明程度自然大大增加。这样的方法被称为折射率匹配。

当然，要找到折射率完全相同的两种材料并不容易，但只要两者的折射率足够接近，光在它们界面上的反射、折射或者散射就可以微弱到人眼难以察觉。一个典型的例子就是"透明木材"的问世。

即便在各种合成材料极大发展的今天，木材作为一种可再生的天然材料，仍然有着非常重要的地位，研究人员也一直在尝试改进木材的性能。让木材像玻璃和很多塑料一样透明，一直是很多人梦寐以求的目标。

那么，木材为什么不透明呢？这要从它的结构说起。木材主要由纤维素、半纤维素和木质素这几种天然高分子化合物组成。木质素对于可见光有较强的吸收，因此会让木材带有明显的颜色。我们可以通过化学方法，将木质素从木材中除去。但这样处理后的木材仍然是不透明的，这是因为木材中含有大量的微小的孔洞结构，孔洞中的空气和纤维素的折射率存在明显差别，导致光发生强烈的散射，因此大部分光线仍然无法顺利穿过木材。

来自瑞典皇家理工学院的科学家们想了一个办法：他们设法将聚甲基丙烯酸甲酯灌入事先去除了木质素的木材中。聚甲基丙烯酸甲酯的折射率与纤维素相差无几。它取代空气后，两种介质的折射率的差别大大减小，因此散射明显减少，透射增强，"透明木材"也就诞生了。当然严格来说，这种材料不再是木材，而是基于木材和塑料的复合材料。实验表明，这种"透明木材"厚度在 2 毫米左右时透光率可以达到 60% 左右，而且机械性能也相当优异，因此在未来可能会给建筑商和家庭提供新的选择。例如，用这种材料作为墙体，可以让更多的光线透进室内，减少对照明灯具的依赖，带来别具一格的效果。

在另一项研究中，来自美国宾夕法尼亚大学的科学家们则成功利用折射率匹配开发出"智能窗户"。他们将二氧化硅纳米颗粒加到硅橡胶中制成薄膜。二氧化硅和硅橡胶的折射率非常接近，而且它们对可见光也没有明显的吸收。这种薄膜虽然内部充斥着大量界面，但光散射却非常微弱，因此具有很好的透明性。

然而当这块薄膜受到拉伸时，情况就又不一样了。聚二甲基硅氧烷有着很好的弹性，在外力作用下可以轻易被拉伸到几倍于原有的长度，外力撤去后又可以恢复原状；而二氧化硅却和聚二甲基硅氧烷"性格迥异"——又硬又脆，毫无弹性可言。因此，当聚二甲基硅氧烷被拉伸到一定程度时，二氧化硅纳米颗粒就跟不上前者的"步伐"了。这样一来，在两种材料之间就出现了许多含空气的小孔洞。空气与聚二甲基硅氧烷和二氧化硅之的折射率相差很大，这使得进入薄膜的光线散射增强。当薄膜被拉伸到初始长度的两倍时，散射是如此强烈，以致薄膜变得不再透明。但一旦外力撤除，聚二甲基硅氧烷就又恢复到原来的形状，那些"趁隙而入"的空气就又被赶走了，散射现象近乎消失，薄膜也因此恢复了透明。

这样的一块薄膜不仅仅非常有趣，更重要的是有着潜在的应用价值。例如，我们可以用它来代替玻璃，旁边再加上一个可以通过遥控拉伸薄膜的装置。正常情况下，薄膜处于没有被拉伸的状态，光线可以顺利透过薄膜照进室内。但如果我们按下遥控，薄膜被拉伸变得不透明，这样就可以有效阻挡光线。这样的"智能窗户"可以让我们省去拉窗帘的麻烦。

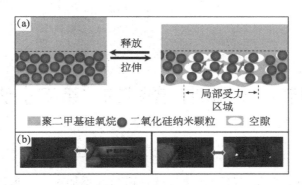

"智能窗户"工作原理

（a）基于折射率匹配的"智能窗户"的工作原理；（b）这种材料还可以被用于传递隐藏的信息

图片来源：Ge D，Lee E，Yang L，et al.，2015

　　另外，如果只在薄膜的某些区域填充二氧化硅纳米颗粒，那么当薄膜被拉伸时，只有这些区域会出现散射，而其他地方仍然透明，薄膜上就出现了特定的文字或者图形。这样的材料有可能被用来传递机密信息，或许当"007"或者"碟中谍"系列的下一部影片上映时，主人公就会用上这样的道具呢。

　　为什么不同的塑料透明程度不同，这个看似非常简单的问题，背后却蕴含了非常复杂的科学原理。一只普通得不能再普通的塑料水杯或者塑料饭盒，它的生产过程可能凝聚了无数研究与生产人员的汗水和智慧。这正应了那句老话：生活处处皆学问。

第四节　添加剂：塑料的"亲密小伙伴"

在上一节中我们讲到，通过选择适当的添加剂，让聚丙烯变透明这一看起来不可能实现的任务已经成为现实。事实上，添加剂是塑料乃至所有高分子材料加工中不可缺少的成分，没有它们，塑料制品的性能往往会逊色很多。那么除了前面提到的澄清剂，还有哪些添加剂也是高分子材料的"亲密小伙伴"呢？

一、阻燃剂：守护生命的忠诚卫士

火，给人类带来了光明和温暖，极大地推动了文明的进程，但同时也给我们带来了极大的威胁。每年在世界各地，不计其数的火灾不仅将我们宝贵的财富化为灰烬，还无情地夺走许多鲜活的生命。

火灾之所以频繁发生，一个很重要的原因是我们生活环境中存在着大量的可燃和易燃材料，其中就包括塑料等高分子材料。容易着火也就罢了，更要命的是，这些高分子材料燃烧时不是安安静静地产生二氧化碳和水，而是会很快发生分解，释放出一氧化碳、烷烃等易燃气体。这些气体燃烧释放出来的热量使得更多的高分子材料发生燃烧而分解，于是更多的可燃气体被释放出来。恶性循环的结果是火势在很短时间内迅速蔓延开来，让火灾现场的人难以逃生。当空气中的可燃气体的量达到一定程度，还会发生非常可怕的闪燃，整个房间会在瞬间都被火海吞没。

除了火焰本身的威胁，高分子材料燃烧时释放出的有毒气体也是火灾造成伤亡的重要原因。一氧化碳的毒性自不用提，含氮的高分子材料，如尼龙、羊毛、蚕丝等，在燃烧时会释放出毒性更大的气体氰化氢；伴随着有毒气体一同释放的还有许多颗粒物，对人体也有极大的伤害。实际上，许多火灾遇难者往往并非被直接烧死，而是由于吸入大量的有毒气体和颗粒物致死的。

为了降低火灾风险，保护消费者的人身和财产安全，许多塑料制品在加工时都会添加一些能够阻止或者延缓高分子材料燃烧的物质，这样的添加剂就是阻燃剂。

阻燃剂是如何阻止或延缓高分子材料燃烧的呢？我们常常把可燃物、氧气和热量称为燃烧的三要素或者火三角。这三个条件缺了任意一个，燃烧就不能发生，也就没有火灾了。我们平时各种避免或者扑灭火灾的措施，都是在设法移除燃烧三要素中的至少一个要素。例如，用水灭火时，水不仅能够将可燃物与氧气隔绝开，还能降低正在燃烧的物体的温度。

一些阻燃剂的工作原理同样是移除燃烧三要素中的一个或者若干个。例如，将氢氧化铝和氢氧化镁等无机物添加到塑料中，一旦受热，这些无机物会分解释放出水。这就像在存放易燃物的仓库里安排了手持水桶的值班人员，一旦发现火灾立刻把水浇过去。这一类无机阻燃剂成本低廉，对环境和人体健康也没有明显的负面影响，但缺点是往往要添加很大的量才能有效阻燃，这就可能造成一系列问题。例如，这些无机物的密度通常都明显高于塑料，本来塑料以轻便著称，现在把一大堆重得多的无机物加进去，这个优点就大打折扣了。因此，我们还需要更加高效的阻燃剂。

那么如何找到更好的阻燃剂呢？近些年来，人们意识到火灾的发生还需要第四个要素，那就是可燃物与氧气之间发生的链式化学反应。这种反应的特点是非常活泼，一旦开始就很难中断。而且很关键的一点是，这种链式反应会放出热量，使得整个反应体系一直保持充足的能量，这样燃烧才可以持续不断地进行下去，直到可燃物或者氧气耗尽。如果链式反式受到抑制，火灾也可以被熄灭。这就是一些含有氯元素或者溴元素的有机化合物提供阻燃作用的切入点。

当火灾发生时，这些有机化合物会发生分解，释放出许多含有氯或者溴的气体。这些含氯、含溴的气体不但自身很难发生燃烧，还会阻碍高分子材料分解释放出的可燃气体与氧气的反应。这样一来，可燃气体的燃烧受到抑制，释放出来的热量自然就会减少，而正在燃烧的高分子材料得不到足够的热量，也就很难继续释放更多的可燃气体，因此整个燃烧过程大大延缓。这就好比在一个大教室里，本来所有的学生都在安安静静地自习，突然有那么一两个学生离开自己的座位大声吵闹打扰其他的人；而被打扰的同学也变得不安分，跟着一起离开座位打扰正在学习的其他同学，这个过程重复下去，用不了多久原本安静的教室就失去了控制，变得一片喧哗。但如果这几个大声喧哗的学生刚刚出现，立刻就有另外几个学生站出来劝阻，虽然多少还是会有人受到这些喧哗学生的影响，但整个教室的秩序并不会很快变得那么糟糕。含氯或者含溴的阻燃剂就像是劝阻喧闹者的人，通过抑制链式化学反应，有效地抑制火灾的发生。这一类阻燃剂，尤其是含溴的阻燃剂（附录 -8）能够在更低的添加比例的情况下发挥作用，因此深受塑料加工行业的欢迎。全世界每年生产出的溴，有相当大的一部分用于生产含溴阻燃剂。

但是，这一类阻燃剂在近些年来却受到越来越多的质疑和批评。这是因为含溴阻燃剂在长期的使用过程中能够从塑料等制品中游离出来进入环境和生物体内，而且这些含溴阻燃剂大多化学性质稳定，能够长期在环境中和生物体内累积。这引发了公众极大的担忧，因此一些含溴阻燃剂的使用也已经开始受到限制。

尽管目前使用的阻燃剂有着这样或那样的环境和健康问题，但我们仍然离不开这些"忠诚的卫士"。一旦失去了它们的保护，我们的生活毫无疑问将变得异常危险。一个不慎掉落到沙发上的烟头、一段因长时间使用而过热的电线、一个偶然出现在电器内部的火花，都有可能让我们在瞬间被火焰吞没。开发绿色环保的新型阻燃剂，成为化学工作者们要面对的一项艰巨任务。

阻燃剂的境遇在塑料添加剂中并非个别，接下来要出场的这位，在公众心中形象之糟糕与阻燃剂比起来有过之而无不及。

二、增塑剂的是是非非

1926 年的一天，就职于美国古德里奇公司的沃尔多·西蒙（Waldo Semon）博士做了这样一个实验：将聚氯乙烯这种塑料与一些高沸点的有机溶剂混合并加热。实验结果令他倍感意外：原本坚硬无比的聚氯乙烯变得相当柔软。他又把家中的窗帘拿到实验室，将这种处理过的聚氯乙烯涂在上面，结果布帘一下子具有了很好的防水效果。欣喜若狂的西蒙顾不得公司内部正常的请示汇报的流程，拿着处理过的布帘径直来到一位公司高管的办公室进行推介，还做了现场演示：将布帘覆盖在这位高管的信件上，然后把一瓶水泼了上去。据西蒙回忆，这位高管当时吓得不行，他自己也有点后怕，万一布帘漏水，自己以后在公司可怎么混啊。

沃尔多·西蒙（1898—1999）

然而布帘没有让西蒙失望，做到了滴水不漏。由于看到了这种材料的巨大价值，古德里奇公司在几年后将其推向市场，并取得了巨大的成功。如今，几乎没有哪种塑料像聚氯乙烯这样应用得如此广泛，但也没有哪种塑料像聚氯乙烯这样备受争议甚至声名狼藉。而所有这一切，都要归结于西蒙 90 多年前的这一偶然发现。

　　人们很早就发现氯乙烯可以聚合成聚氯乙烯。聚氯乙烯有很多优点——成本低廉、化学性质稳定、耐腐蚀等，而且由于含有大量的氯元素，聚氯乙烯的阻燃性能也比其他塑料要好一些。然而，聚氯乙烯有一个致命的缺点，那就是过于硬脆。因此，在很长一段时间里，聚氯乙烯都被认为毫无应用价值，直到西蒙的发现改变了它的命运。

　　聚氯乙烯之所以硬脆，简单来说是因为室温下聚氯乙烯分子之间的相互作用太强，用力很难把它们分开。但如果我们把一些小分子化合物添加到聚氯乙烯中，情况就不同了。这些流动性好的小分子就像调皮的孩子，非要挤在两个紧挨着的大人的中间坐下。这样一来，聚氯乙烯分子间的相互作用变得没有那么强，遇到外力容易变形，自然会表现得柔软，也就是通常所说的塑性增强。而这样的小分子化合物也就被称为增塑剂。

增塑剂作用原理示意图

（a）表示普通的聚氯乙烯中，聚氯乙烯分子之间相互作用较强，使得材料过于硬脆；（b）表示增塑剂分子分散到聚氯乙烯分子之间后，削弱了聚氯乙烯分子之间的相互作用，使得材料塑性增强

　　增塑剂的出现让原本无人问津的聚氯乙烯一下子炙手可热。未经增塑的聚氯乙烯由于过于硬脆，只能用于比较有限的场合，如城市污水管道。但通过添加不同类型和比例的增塑剂，聚氯乙烯的塑性可以被随意调节，这就大大拓宽了它的应用范围。用增塑过的聚氯乙烯制成的软管、电线绝缘层、包装袋、地板、浴帘、汽车内饰和玩具等产品，由于价格低廉且经久耐用，很快就占领了市场。后来虽然被

高密度聚乙烯、聚丙烯等后起之秀抢了一些风头，但是聚氯乙烯目前仍然是最为重要的塑料之一，产量位居第三名。尤为值得一提的是，20 世纪四五十年代，美国医学教授和外科医生卡尔·沃尔特（Carl Walter）发现，增塑后的聚氯乙烯非常适合用来储存血液，一次性塑料血袋由此诞生。虽然在此之前输血就已经成为一种重要的医疗手段，但一次性血袋的发明无疑使得血液的采集、储存和使用都更加方便和安全，几十年间不知拯救了多少人的生命。从这个角度来说，我们真的应该给聚氯乙烯发一枚大大的奖章呢。

聚氯乙烯制品加工时要添加大量的增塑剂，增塑剂在聚氯乙烯制品中的质量分数可以高达 40% 甚至 80%。因此，聚氯乙烯从塑料行业的"弃儿"转变为"明星"的过程也使得增塑剂迎来了"事业上升期"。据统计，截至 2014 年，全世界增塑剂的年产量超过了 800 万吨，其中 90% 左右都用于聚氯乙烯制品的生产。

但随着增塑剂在聚氯乙烯制品中的广泛使用，由此带来的可能的健康问题也渐渐浮出水面。增塑剂并非通过共价键与聚氯乙烯连成一个整体，因此两者之间的相互作用并不是太强。虽然大多数时候，这种相互作用足以让增塑剂老老实实地待在聚氯乙烯身边，但在长期的使用过程中，总还是会有一些"不守规矩"的增塑剂分子逃逸出来进入环境中。当聚氯乙烯制品用于食品加工、食品包装及生产医疗器械过程中时，这些游离出来的增塑剂分子就有机会进入人体内。

那么，进入人体内的增塑剂会对健康产生怎样的影响呢？目前最为常用的增塑剂是一类名为邻苯二甲酸酯的化合物（见附录 -9）。邻苯二甲酸酯被认为和前面提到的双酚 A 一样能够起到干扰体内激素的作用，因此备受关注。不过邻苯二甲酸酯类增塑剂虽然在结构上存在相似性，但分子中细微的变化仍然会让它们对健康的影响有很大差别。例如，邻苯二甲酸二（2- 乙基己基）酯（简称 DEHP）曾经是最为主要的聚氯乙烯增塑剂，但由于其对于生殖和发育的负面影响已被大量动物实验证明，因此它的应用已经受到很大限制。欧盟已经禁止将 DEHP 用于儿童玩具和化妆品的生产，从 2019 年 7 月起还将禁止它在除医疗器械外所有电子产品中的使用。与 DEHP 具有类似命运的还有邻苯二甲酸二丁酯和邻苯二甲酸丁苄酯等几种增塑剂。但也有一些邻苯二甲酸酯类增塑剂目前尚无充分证据证明其对健康具有危害，因此目前并未受到严格的限制。例如，邻苯二甲酸二异辛酯这种增塑剂就只是被欧盟禁止用于生产可以被直接放入嘴中的儿童玩具，而并未被限制用于生产其他类型的儿童玩具。还有不少聚氯乙烯的增塑剂不属于邻苯二甲酸酯类，这些增塑剂对内分泌的干扰作用被认为没有邻苯二甲酸酯那么强，目前也没有受到太多的限制。

虽然增塑剂的使用已经受到了一定程度的限制，但不少消费者和环保团体仍然不满意，希望政府部门能够禁用更多的增塑剂甚至将聚氯乙烯彻底淘汰。这一目标能否实现呢？至少短时间内比较困难。这不仅是因为聚氯乙烯的应用实在太广泛了，寻找性价比相似的替代品并不是那么容易的事，而且聚氯乙烯能够很好地与重要的基础化工生产——氯碱法配合。氯碱法即电解饱和食盐的过程，它的主要目的在于获取氢氧化钠，但这一过程也会产生大量的氢气和氯气，必须解决它们的"就业"问题。尤其是氯气有毒且具有强腐蚀性，放任其处于"赋闲"状态是很危险的。如果将这些氯气用于合成聚氯乙烯，这一问题就能得到很好的解决。由于这些原因，在今后相当长一段时间里，聚氯乙烯和增塑剂这一对惹来无数争议的组合恐怕仍然将陪伴在我们的左右。顺便说一下，有不少人由于害怕增塑剂影响健康而把恐惧扩大到所有的塑料制品，这也是没有必要的。除了聚氯乙烯，其他常见塑料，特别是聚乙烯和聚对苯二甲酸乙二醇酯这两种经常用作食品包装的塑料，在加工过程中一般并不会使用增塑剂，自然也就不存在与增塑剂相关的健康隐患。

三、塑料也要"抗衰老"

提到塑料，大家往往想到的是它们的性质稳定，甚至太稳定了。确实，进入环境中的废旧塑料通常很难在短时间内完全降解，因此关于"白色污染"的新闻也时常见诸报端。然而塑料虽然难以降解，却并不意味着岁月在它们身上留不下任何痕迹。随着时间的推移，我们会发现许多塑料制品悄然发生了变化：原本无色的塑料开始发黄，甚至一掰就碎。这些信号都告诉我们，塑料"老"了。

塑料之所以会老化，是因为在长期的使用过程中，其化学结构发生了这样或那样的变化，而造成这些变化的"罪魁祸首"推氧气，氧气对塑料具有氧化作用。虽然在室温下，氧化反应很难在短时间内发生，但在塑料长期使用过程氧气仍然有机可乘。特别是如果存在几个"帮凶"，更是可以显著加快塑料的氧化过程。

第一个"帮凶"是高温。塑料制品不仅在使用时难免要经受较高温度的考验，加工过程更是需要经历上百摄氏度的高温才能具有良好的流动性。高温不仅使得氧化反应的发生变得更为容易，而且许多塑料由于自身结构的特殊性，在高温下还可能发生降解。例如，聚氯乙烯在高温下很容易分解释放出氯化氢，如果对此坐视不管，聚氯乙烯制品的加工很难顺利进行。

氧气的第二个"帮凶"要数阳光中的紫外线。许多塑料，要么本身就能够直接吸收紫外线，要么含有能吸收紫外线的成分，如合成过程中残余的催化剂、溶剂，加工和使用过程中沾染的杂质等。而紫外线的能量很强，一旦被分子吸收，就有可能破坏塑料原有的化学结构，新形成的化学物质与氧气作用，发生更多的化学反应。因此，如果不采取有效的防护措施，塑料在紫外线作用下会很快老化，特别是需要在户外使用的塑料制品更是如此。

正是因为氧气、高温、紫外线等环境因素对于塑料性能的破坏，在塑料加工过程中，需要加入诸如抗氧化剂、热稳定剂、光稳定剂等一系列统称为稳定剂的添加剂，让塑料制品的性能在加工和使用过程中能够保持稳定，从而延长它们的使用寿命。

那么稳定剂是如何发挥作用的呢？简单来说就是八个字：牺牲自己，保全他人。氧化过程涉及一类名为自由基的物质。自由基在高温、紫外线、机械作用等环境因素和氧气的共同作用下产生，它不仅自身性质活泼，很容易和其他物质发生反应，而且反应产物之一也是自由基，可以继续和其他物质反应，这就造成了一个恶性循环。许多抗氧化剂的作用机制是其与自由基反应生成性质非常稳定的物质，切断了这个循环过程，从而将塑料的老化扼杀在萌芽中。一些光稳定剂则是主动吸收紫外线并将光能转化为热能耗散掉，从根本上消除自由基出现的可能。对于其他的降解过程，我们也可以根据其机制对症下药。例如，刚才提到聚氯乙烯在高温下很容易发生分解释放出氯化氢。但一些添加剂能够抢先一步将聚氯乙烯中的氯原子替换成其他的化学结构，新的结构在高温下不容易分解，从而提高了聚氯乙烯的热稳定性。聚氯乙烯之所以能有如此广泛的应用，不仅要归功于前面提及的增塑剂，热稳定剂的作用也不可忽视。

与阻燃剂、增塑剂相比，稳定剂较少受到公众的关注，这可能是因为它们在塑料制品中的含量不高，游离出来进入环境的风险也比较小。不过在过去的几十年间，致力于开发更加安全环保的稳定剂的研究一直没有停止过。例如，含有铅或镉的化合物虽然能够很好地提高聚氯乙烯的热稳定性，但由于毒性较大，已经被毒性更低的锌或者钙的化合物所取代。相信在监管部门和研究人员的共同努力下，稳定剂会不断以新的面貌出现，更高效、更少环境危害，为我们带来更加经久耐用的塑料制品。

四、填料：以己之长补彼之短

一般而言，含有碳元素的化合物被称为有机物（但一氧化碳、二氧化碳、碳酸盐等被视为无机物），不含碳元素的化合物和单质则被称为无机物。毫无疑问，塑料属于有机物，但塑料等高分子材料制品中却常常可以找到各种无机物，如碳酸钙、滑石、云母、黏土、玻璃纤维等都是塑料制品中的常客，而且含量还不低。由于无机物与塑料的化学性质相差很大，当它们被添加到高分子材料中时，通常不会完全溶解，而是以微小颗粒的形式分散填充到其中，因此它们被称为填料。填料以无机物为主但并不局限于此，如木屑等天然有机物甚至许多合成的高分子材料都可以作为填料使用。添加了填料的高分子材料由于包含了两种或者更多的材料，有时也被归类为复合材料。

为什么要在高分子材料中加入填料呢？简单来说，是希望用它们来弥补高分子材料的一些缺陷，甚至给高分子材料带来它们原本不具备的特点。一些填料，如碳酸钙，非常便宜，将它们加入到高分子材料中可以有效降低成本。由于无机物的硬度通常明显高于高分子材料，将它们作为填料可以让高分子材料（特别是塑料）的机械性能更上一层楼。混合了玻璃纤维、碳纤维等纤维状填料的塑料的机械强度更是大大优于普通塑料，经常被用于航空、军事等需要高强度材料的场合。一些填料还能够提高高分子材料的导热或导电性能，从而适应特殊场合的需要。还有的填料，如黏土，能够让氧气不容易穿透高分子材料。如果用这样的材料作为食品包装，就有可能让食品保存更久。

如何通过填料来更好地增强高分子材料的性能，是塑料乃至整个高分子材料领域相当热门的研究话题。填料通常是以微米尺度的颗粒形态分散在高分子材料中，但如果把微粒的尺寸减小到纳米尺度，如添加碳纳米管、石墨烯等纳米材料，是否有可能只要更少的材料就可以达到同样的效果呢？一些研究给出了肯定的答案。例如 2016 年，来自美国麻省理工学院的科学家们发现，如果将石墨烯与聚碳酸酯以层层叠加的方式制成复合材料，只需要不超过总重量 0.1% 石墨烯就可以让聚碳酸酯的机械性能有明显的提升。又如，许多骨骼、贝壳、牙齿等生物体的重要组成部分也是结合了天然高分子材料与无机物的复合材料，但性能要优于合成的复合材料，这主要是因为这些材料内部通常具有较为规则的结构，而在合成的复合材料中，填料常常只是随机地分散在塑料之中。如果能够模仿生物体构造出这些有规律的结构，就有可能打造出性能更加优异的材料。总之，作为重要的添加剂，填料在未来还将大有作为。

五、二氧化钛：默默奉献的白色精灵

前面介绍的几种添加剂，它们的作用都是帮助改善塑料的各种性能。但是塑料制品要想赢得顾客的青睐，良好的外观也是重要的因素之一。这就是为什么研究人员要花很大气力来保证塑料具有足够的透明度。但还有很多时候我们不需要透明的塑料制品，而是希望让它们带上各种颜色，这就需要在加工过程中添加适当的颜料。因此，颜料也是非常重要的一类添加剂，这其中最值得一提的大概要数白色颜料了。

在上一节我们提到，可见光的波长在 390～760 纳米。在这个区间，不同波长的光会使我们看到不同的颜色。例如，波长为 650 纳米的光，我们看到的是红色；波长为 475 纳米的光，我们看到的则是到蓝色。如果某种物质能够选择性地吸收可见光某个波长的光，而让其他波长的光透过，这种物质就会呈现出不同的颜色。把这些有颜色的物质与塑料混合，就可以让塑料带上相应的颜色。但是，有一个例外——白色。白色并不对应任何波长的光，相反，它是不同波长的可见光大致均匀的结果。那么如何让塑料带上白色呢？

在上一节讨论塑料的透明性时我们曾经以牛奶为例。实际上牛奶不仅是典型的不透明物质，还是典型的白色物质。牛奶中的微小液滴对所有波长的可见光都没有明显吸收，但可以让它们以大致相当的程度发生散射 ①，当这些光线进入人眼时，不同颜色的光仍然是大致均匀地混合在一起，我们看到的自然就是白色。

不难看出，一个物体要想呈现出白色，必须满足两个条件：首先，组成它的化学物质不能对任何波长的可见光有明显的吸收，否则物体就会呈现其他颜色；其次，这种物体内部需要包含两种或者更多互不相溶且折射率不同的材料，使得入射光在它们的界面处发生强烈的散射。如果用简单的式子表达，那就是：白色＝无吸收＋强散射。

如果对照这个标准，部分结晶的塑料应该不需要外加任何颜料就可以呈现出完美的白色，因为在这些塑料内部，晶体的微粒分散在无定形态的塑料中，造成了明显的散射。但实际上塑料本身造成的散射往往还不够强，因此即便是自然状态下不透明的塑料，距离完美的白色往往仍然有一定的差距。而且别忘了，还有相当一部分塑料由于不能结晶而呈无色透明。如果我们需要把这样的塑料加工成白色的制品，必须额外添加颜料，人为制造出强烈的散射。

---

① 这一结论只适用于微粒的直径与入射光的波长相仿时，这种情况下发生的散射通常被称为米氏散射。如果微粒的直径远远小于入射光的波长，此时的散射被称为瑞利散射。瑞利散射的特点是，散射光的强度与波长的四次方成反比，这意味着波长较短的蓝光比波长较长的红光更强烈地被散射，因此物体常常呈现蓝色。

那么如何增强散射的程度呢？简单来说，两种材料的折射率相差越大，光在两者界面上就越容易发生散射。塑料的折射率通常在 1.4～1.6，而很多无机物的折射率要高得多。例如，氧化锌的折射率在 2.0 左右，二氧化钛的折射率更是高达 2.6[①]，而且它对可见光没有明显吸收，符合产生白色的第一个条件。因此，我们只需要把很少的二氧化钛的微粒添加到塑料中，就可以产生柔和饱满的白色，这也就是二氧化钛能成为最主要的白色颜料的原因。除了用于塑料加工，二氧化钛还经常作为白色颜料添加到涂料、纸张、牙膏、药物甚至食品中。一句话，有白色人工制品的地方，大都有二氧化钛的身影。

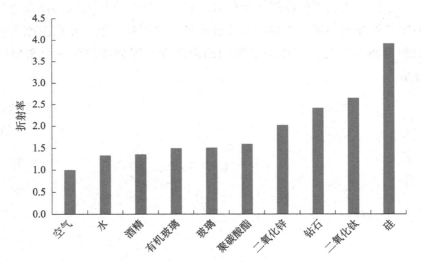

一些常见材料对于波长为 550 纳米的光（黄光）的折射率

不过，如果你认为二氧化钛只能用作白色颜料，那未免太小瞧它了。它还能实现许多更为重要的功能。二氧化钛有一个很有趣的特点，那就是虽然对阳光中的可见光几乎没有任何吸收，却能强烈地吸收其中的紫外线。因此，人们把它添加到防晒霜中，让它不仅能够将可见光反射、散射掉，还能够将对皮肤危害更大的紫外线吸收或反射

① 此处列举的数据为各种材料对于波长为550纳米的可见光（黄光）的折射率。波长不同，材料的折射率也会略有变化，因此即便同样的材料，不同的资料来源给出的数值往往略有差别。

掉，让我们在享受户外活动的快乐时不会被阳光灼伤。二氧化钛还可以被添加到玻璃表面，让玻璃更好地保持洁净。这是因为二氧化钛在吸收紫外线后会表现出很强的亲水性，因此落到玻璃表面上的雨水能够更好地渗透进玻璃和污垢之间的缝隙，从而将污垢洗刷掉。而且吸收了紫外线的二氧化钛化学性质变得非常活泼，会促使吸附在玻璃表面的有机物污垢发生降解。化学和物理的作用双管齐下，使得污垢很难在玻璃表面安营扎寨。

当然，二氧化钛的奇妙应用还不止这些。近些年来，随着研究的深入，科学家们不断挖掘出它更多的重要应用。默默奉献的二氧化钛，带给我们的不仅仅是赏心悦目的白色，还有更加美好的生活。

至此，我们不仅懂得了如何合成塑料，还学会了如何选择合适的加工条件和添加剂把它们加工成各式各样的制品。但为什么由此得到的塑料制品有时仍不能满足我们的需求呢？因为还缺少一个重要的环节。

第五节　带来美好童年的不凡材料，
为什么有如此拗口的名字

2015 年 6 月，一则消息在塑料行业引起了不小的震动：著名玩具积木制造商乐高公司宣布将投资 1.5 亿美元成立一个拥有超过 100 名雇员的研发中心。这个研发中心的主要目标是寻找来自可再生资源的新材料，来代替目前用于生产玩具积木的以石油为原料的塑料，并且希望在 2030 年完成这一转变。

虽然乐高公司在宣布这一决定时并没有具体说明究竟计划替代哪一种塑料，但对这一玩具界的巨头稍有了解的人都知道，目前主要用于生产乐高玩具积木的塑料是 ABS 树脂，即丙烯腈 - 丁二烯 - 苯乙烯共聚物。这种材料为什么会有这样一个又长又拗口的名字呢？这涉及塑料乃至整个高分子材料领域的一个重要概念——共聚。

一、聚苯乙烯的大变身

我们常说，没有十全十美的人，这句话对于塑料也同样适用。就拿聚苯乙烯和聚丙烯腈来说吧，聚苯乙烯优点很多，如成本低廉、比较坚硬，但缺点是很脆，遇到外力冲击时容易破碎，也就是通常所说的韧性差。另外，聚苯乙烯耐受溶剂的能力也不好。因此，它不太适合用于生产需要经久耐用的商品。相反，聚丙烯腈的机械强度要比聚苯乙烯好得多，也更加耐溶剂的侵蚀，然而它也有一个致命的缺点：需要加热熔融才能进行加工，可是"脾气古怪"的聚丙烯腈在高温下很容易降解，这导致了聚丙烯腈空有一身本领却几乎无用武之地。看着这两个"不成器"的家伙，科学家们不禁摇头：你们俩的优点要是能集中到一起那该多好啊。

　　有的读者可能会说，这有什么难的，直接把聚苯乙烯和聚丙烯腈混合在一起，不就可以取长补短了吗？的确，把不同的物质混合是调节它们性能的最简单也是最常用的方法。但是对于塑料来说，这一招并不是那么好用。我们知道，并不是任何两种物质都能均匀地混合在一起，简单来说，化学结构和性质相近的物质才可以互相混合，即所谓"相似相溶"。例如，水和植物油由于化学结构和性质相差太大就无法混合。哪怕我们把两者放在一起剧烈搅拌，只要搅拌一停止，它们就会迅速分开变成两层。

　　别看许多塑料单体化学结构都比较接近，当它们变成对应的塑料后，分子尺寸的急剧增加使得彼此之间的差异也被迅速放大，这使得原本亲密无间的伙伴们在聚合之后就"翻脸不认人"，难以均匀混合。例如，丙烯的分子只比乙烯多了一个甲基，两者的化学结构相当接近，但聚乙烯和聚丙烯就很难混合到一起。如果强行将这些不能混合的塑料放在一起，往往反而会让材料的性能变得糟糕。虽然有一些例外，但是通过混合不同的塑料来改善它们性能这条路在多数情况下是行不通的，需要另辟蹊径。那么路在何方呢？

　　前文中介绍过，苯乙烯之所以能够聚合形成聚苯乙烯，是由于苯乙烯中的碳碳双键结构在引发剂的作用下发生反应，使得一个个苯乙烯分子逐一排列成一串。同样，丙烯腈变成聚丙烯腈的过程也是碳碳双键在引发剂作用下发生反应的结果。如果向一堆正在聚合的苯乙烯分子中加入一个丙烯腈分子，会发生什么呢？

　　刚才我们提到，虽然许多塑料本身难以混合，但是它们对应的单体倒是很容易融为一体，苯乙烯和丙烯腈就是这种情况。因此，加进来的这个丙烯腈分子并不会被苯乙烯孤立。相反，它们很快就会打成一片。可是这个丙烯腈分子还没来得及和新朋友打招呼，就被抓过去了："我们这儿进行聚合反应呢，正好缺碳碳双键，你还愣着干什么，赶紧过来！""可是你们是苯乙烯，我是丙烯腈，我们不是同一伙儿的啊？""你身上不也有碳碳双键吗？这就够了，别的我不管，赶快进来！"于是，"饥不择食"的聚合反应把丙烯腈也添加到高分子的链条中，这就好比一串红色珠子中突然出现了一个蓝色珠子。如果更多的丙烯腈分子混入苯乙烯分子中，那么最终得到的塑料既不是聚苯乙烯，也不是聚丙烯腈，而是某些地方像前者，另外一些地方则像后者。像这样两种或者更多种结构相似的单体共同发生聚合反应的过程就被称为共聚，由此得到的聚合物被称为无规共聚物，这里"无规"二字表示不同的单体在分子中的分布完全没有规律。在刚才这个例子中，得到的就是苯乙烯－丙烯腈无规共聚物。相应的，聚合过程只有一种单体参与形成的聚合物被称为均聚物，其分子结构是"均一"的，如聚苯乙烯、聚丙烯腈。

别看苯乙烯－丙烯腈无规共聚物是个"四不像"，它的性能却令人刮目相看。由于兼具聚苯乙烯和聚丙烯腈两种均聚物的结构，这种材料自然结合了二者的优点。它的机械强度要比聚苯乙烯高得多，加工起来又不像聚丙烯腈那么费劲，毫不夸张地说，共聚让聚苯乙烯和聚丙烯腈这两种塑料结合在一起，实现了脱胎换骨。

不过，苯乙烯－丙烯腈无规共聚物的韧性还是不够，用这样的材料做成玩具很可能被小孩子摔打几次就残破不堪了。提高韧性的方法仍然是靠共聚——引入第三种单体——1,3-丁二烯。1,3-丁二烯自身聚合得到的聚丁二烯是一种橡胶，在遇到外力冲击时能够通过弹性形变来充分吸收能量，避免发生断裂。不过在实际生产中，我们不是将三种单体直接放在一起共聚，而是先让1,3-丁二烯自身反应得到聚丁二烯，再把苯乙烯和丙烯腈添加进来，在这个过程中，聚丁二烯的主干上长出若干苯乙烯－丙烯腈无规共聚物的分叉。最终的产物由于含有三种单体，因此得名丙烯腈－丁二烯－苯乙烯共聚物。由于这个名字太长不方便使用，人们选取了三种单体的英文首字母，给它命名为ABS树脂。

ABS树脂既坚硬又有韧性，同时也易于加工和上色，并且能够在相当宽的温度范围内维持性能，因此可以说是一种相当卓越的材料。不过更为关键的是，ABS树脂成功地填补了塑料材料中的一个空位。像聚苯乙烯这样的塑料成本很低，但是性能不足以胜任较为高端的应用，而另外一些高性能的塑料，其较高的价格往往也让人望而却步。这种"低价低性能、高价高性能"的局面让一部分塑料制品生

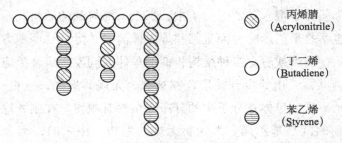

ABS 树脂的结构示意图及构成 ABS 树脂的三种单体名称

产厂家在选择材料时感到无所适从。而 ABS 树脂恰好满足了这部分用户的需求：既能够提供比常规塑料更为优异的性能，价格又不至于过高，特别适合生产需要经久耐用的消费产品。在汽车、家用电器、电脑等商品中都能见到 ABS 树脂的身影。不过 ABS 树脂最为著名的应用恐怕还要数乐高玩具积木了。乐高公司原本使用醋酸纤维素生产玩具积木，在发现 ABS 树脂性能更佳后就逐渐用其取代了醋酸纤维素。据统计，2014 年乐高公司生产了超过 600 亿块玩具积木组件，这其中除了少数需要透明的积木组件使用的是聚碳酸酯，需要良好弹性的组件使用橡胶，以及玩具人物的衣物用尼龙制作外，其余全部使用 ABS 树脂加工。ABS 树脂称得上是造就乐高玩具帝国的一大功臣。

二、有困难，找共聚

从 ABS 树脂这个例子中我们不难看出，无规共聚物可以很好地将不同的均聚物的优点结合在一起。特别是通过控制参与共聚的不同的单体的比例，我们可以在很大的范围内调节无规共聚物的性能。这样理论上，只需要有限的几种单体，我们就可以创造出种类近乎无限的高分子材料，以满足不同的需求。正是由于这一独特优势，共聚和无规共聚物在生产实践中的应用极为广泛。不信，我们就来再看几个例子。

刚才我们提到，ABS 树脂是由丙烯腈、苯乙烯和 1,3- 丁二烯这三种单体共聚而得到的，如果在共聚过程中我们把丙烯腈这种单体拿掉，最终得到的就是含有聚丁二烯主干和聚苯乙烯分枝的共聚物，这种材料被称为高抗冲击聚苯乙烯。与 ABS 树脂相比，高抗冲击聚苯乙烯同样拥有良好的韧性，虽然由于少了聚丙烯腈，总的机械强度有所下降，但成本比 ABS 树脂要低，因此在低端应用市场颇有竞争力。如果让苯乙烯和 1,3- 丁二烯直接进行共聚，并以丁二烯为主，由此得到的无规共聚物则继承了聚丁二烯的弹性，这就是大名鼎鼎的丁苯橡胶。丁苯橡胶的弹性与天然橡胶相仿，但成本要比后者低，因此成为制造轮胎的主力。

介绍完苯乙烯的共聚物，我们再来说说丙烯腈的共聚物。前面我们提到，聚丙烯腈机械强度和耐受溶剂侵蚀的能力都很不错，但高温下容易分解，所以加工起来颇为困难。解决这个问题的途径除了前面提到的与苯乙烯共聚，还有一种思路是将聚丙烯腈溶于溶剂，然后将溶液制成化学纤维，从而避免聚丙烯腈的降解。然而聚丙烯腈的"倔脾气"再一次给生产加工带来了难题——它很难溶于溶剂。要想驯服这匹"烈马"，需要将少量的醋酸乙烯酯、丙烯酸甲酯等单体与丙烯腈共聚，由此得到的无规共聚物就变得容易溶于溶剂，由此得到的纤维就是我们熟知的腈纶。另外，如果将 20% ～ 40% 的丙烯腈和 60% ～ 80% 的 1,3- 丁二烯共聚，就能得到另一种重要的合成橡胶——丁腈橡胶。丁腈橡胶的耐油性很好，因此经常被用于生产需要经常与油料接触的管道、密封圈等产品，它还有一个重要的用途是生产用于实验室和医院常用的一次性手套。

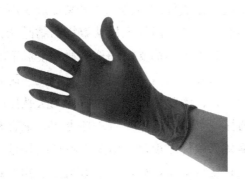

丁腈橡胶经常被用来生产实验室使用的一次性手套

图片来源：https://www.360medsupply.com/product_p/ge1110.htm

　　共聚的功能如此强大，塑料界的"老大"聚乙烯自然也要来凑一番热闹。在前面我们提到，根据聚合方法的不同，聚乙烯可以分成低密度聚乙烯和高密度聚乙烯两类。低密度聚乙烯由于分子中分支多，结晶度低，因此柔性较好，非常适合生产薄膜，但是低密度聚乙烯的聚合过程需要极高的压强，实现起来难度较大。当生产条件更加温和的高密度聚乙烯被发明出来后，人们希望用类似的方法来生产低密度聚乙烯。但我们前面已经介绍过，高密度聚乙烯的聚合过程反而不容易在聚乙烯分子中产生较多的分支。那么如何利用生产高密度聚乙烯的条件得到性能类似的低密度聚乙烯的材料呢？这个时候共聚就派上用场了。如果在生产高密度聚乙烯的时候向乙烯中掺入少量1-丁烯、1-己烯或1-辛烯等单体，原本线性的聚乙烯分子上就多出来许多"小尾巴"。这样得到的无规共聚物被称为线性低密度聚乙烯，它既有类似于低密度聚乙烯的柔性，又不需要苛刻的聚合条件，因此在市场上颇受欢迎。另一种重要的基于聚乙烯的无规共聚物是乙烯-乙烯醇无规共聚物。这种材料的特点是阻挡气体通过的能力非常强，因此经常被用于食品包装，既能防止外部的氧气进入包装内部引发食物变质，又可以阻止食品风味的流失。

　　在乙烯的聚合过程中，我们还可以加入丙烯与之共聚。这样做有什么意义呢？在前面我们提到，聚乙烯及立体构型规整的聚丙烯由于规则的分子结构，很容易形成晶体。然而当乙烯和丙烯形成无规共聚物后，聚合物中这里是乙烯的结构，那里又变成了丙烯的结构，规整性被破坏了。因此，乙烯-丙烯无规共聚物的结晶能力大为降低，甚至完全不能结晶，而失去晶体支撑的聚合物在室温下非常柔软，也就是通常所说的乙丙橡胶。乙丙橡胶耐热、耐氧化、耐化学试剂的性能都大大优于天然橡胶，因此经常出现在后者无法胜任的场合。

　　塑料家族的另一个重要成员聚氯乙烯也和共聚有着不解之缘。前面我们提到，聚氯乙烯优点很多，但美中不足的是过于硬脆，需要使用增塑剂才能使其变得柔软。然而，增塑剂由于并不是通过共价键连接到聚氯乙烯分子上，因此存在从聚氯乙烯中逃逸出来的可能，由此可能引发一系列环境和健康问题。如果既要得到有一定柔性的聚氯乙烯，又不希望使用增塑剂，我们可以将氯乙烯和醋酸乙烯酯共聚，在这里醋酸乙烯酯起到了类似增塑剂的作用。这种无规共聚物的一个重要应用是生产信用卡。当你享受用信用卡代替现金所带来的便利时，可能没有想到这种便利的实现很大程度上得益于一种无规共聚物吧？

不难看出，共聚及无规共聚物的魅力就在于，通过有限的几种单体，可以实现近乎无限的组合，从而满足实际应用中的不同需求。在近些年的一些前沿研究中，科学家们也没有忘记这位老朋友。

三、把塑料变成"抗体"，总共需要几步

如果不幸生病，我们先想到的或许是找医生开药，但实际上当细菌、病毒等病原体侵入我们身体时，我们自身的防御体系——抗体就开始积极行动了。这些由免疫系统制造出来的蛋白质可以和特定的病原体，即通常所说的抗原相结合，阻止这些外来病原体的致病过程，同时激活巨噬细胞消灭抗原，最终将外来的病原体清除掉。人们很早就认识到抗体的重要性并利用它来治疗疾病。虽然随着现代医学的发展，各种天然提取或者人工合成的化学药物占据了主导地位，但在很多时候，抗体仍然是治疗疾病不可或缺甚至唯一的手段。例如，治疗毒蛇咬伤唯一有效的方法就是注射相应的抗蛇毒血清，即把从其他动物体内提取的针对蛇毒的抗体注射到伤者体内。

然而抗体的生产颇为不易。仍然以抗蛇毒血清为例，想要得到它，我们需要将经过稀释的蛇毒注射到马等动物的体内，诱使这些动物的免疫系统产生相应的抗体，然后从动物身上抽取血液，再将抗体分离纯化出来。整个过程费时费力，成本很高，导致很多制药公司不愿意生产这类药物。另外，生产出来的抗体需要低温保存以避免蛋白质失活，而毒蛇咬伤又经常发生在不具备低温储存条件的偏远农村。因此，被毒蛇咬伤的患者经常由于不能及时获取药物而丧命。

来自美国加利福尼亚大学尔湾分校的一个研究小组想到，抗体是一种蛋白质，而蛋白质是天然的高分子化合物，因此蛋白质具有的功能，人工合成的聚合物也应该可以做到。但是如何从众多结构各异的聚合物中筛选出能够具有抗体功能的材料呢？他们想到了无规共聚

物。此前人们已经注意到，人工合成的均聚物也可以与抗原产生一定的相互作用，作用的强弱取决于聚合物的结构。因此，如果把不同的单体放在一起形成无规共聚物，不就可以通过调节单体的种类和组成来调节聚合物与抗原的结合能力吗？

顺着这个思路，研究人员开展了实验，功夫不负有心人，经过几轮筛选，他们终于发现当丙烯酸等四种单体分别按照一定的比例共聚时，得到的无规共聚物能够与蛇毒中的一类名为 PLA_2 的蛋白质紧密结合并使其失去活性。测试表明，这种材料的广谱性和特异性均很好，它不仅能够和不同蛇毒中的 PLA_2 结合，而且当血液中存在 PLA_2 蛋白和其他蛋白时，它们基本上只与 PLA_2 蛋白结合。如果接下来的动物实验和临床试验取得成功，研究人员还计划用同样的手段开发出能够与蛇毒中其他类型的蛋白结合的无规共聚物。这些完全由人工合成得到的"抗体"不仅成本更加低廉，而且也不需要冷藏，如果能够投入市场，必将很好地造福病患。

无独有偶，这项研究成果发表两年后，来自美国加利福尼亚大学伯克利分校的一个研究小组发现，通过调整参与聚合的各种单体的结构和比例，人工合成的无规共聚物可以让蛋白质在生物体以外的陌生环境中稳定存在，并继续正常发挥生理功能。这两项研究成果听起来不可思议，不过如果仔细分析一下，其结果也可以说在意料之中。我们都知道，蛋白质是由不同的 α-氨基酸通过肽键连接起来形成的，因此蛋白质不仅是天然的高分子化合物，也可以说是天然的无规共聚物。不同的 α-氨基酸由于结构不同，化学性质也有所差别，当它们按照不同比例结合起来时，就赋予了蛋白质不同的性质和功能。因此，别看构成蛋白质的氨基酸只有 20 种，组合起来却造就了精彩纷呈的生物世界。而这项研究说明，人工合成的无规共聚物完全有可能具有与天然的生物大分子类似的功能。

当然，站在蛋白质身后的，还有另一种天然的无规共聚物，那就是 DNA。组成 DNA 的单体种类更少，只有 4 种碱基不同的核苷酸，以致科学家们曾经认为它不可能担当得起维持生命延续的重任。但随着研究的深入，人们逐渐意识到，DNA 是用三个一组的碱基序列来对应特定的氨基酸，即通常所说的遗传密码。这种独特而又巧妙的机制使得看似结构简单的 DNA 能够承载海量的信息，从而保证生物的性状能够代代相传。从这个角度来看，大自然才是运用无规共聚物的大师，而高分子化学家们不过是刚刚入门的学徒，还有很长的路要走呢。

　　毫不夸张地说，没有共聚和无规共聚物，塑料乃至所有高分子材料都将会逊色许多。不过有的时候，光有共聚还不够，我们还需要另一位好帮手，它的名字叫作交联。实际上，交联不仅能够让塑料的性能更上一层楼，而且还会带来另外一个多彩多姿的世界。

第二章
有形：交联带来的神奇体验

第一节 塑料不耐热，怎么破

2017 年夏季，美国亚利桑那州遭受罕见的高温天气。有当地的居民在网上贴出照片，声称自家摆在门外的塑料垃圾箱都被太阳晒化了，可见当地温度有多么高。不过照片公布后也有人质疑，认为日晒不足以产生熔化塑料的高温，更大的可能是这位居民将垃圾箱不小心放在靠近火源的地方，或者有人向垃圾箱里扔了未熄灭的烟头。

据称由于夏季高温而熔化变形的塑料垃圾箱

图片来源：https://www.thesun.co.uk/news/3880511/arizona-heatwave-hot-cactus-bin-melt-driving-oven-gloves/

不过，不管真相如何，与金属、陶瓷、玻璃等材料相比，塑料的耐热性不佳确实是个不争的事实。毕竟不少塑料的熔点或者玻璃化转变温度在100℃左右甚至更低，一旦温度过高，它们就有可能熔融流动，导致塑料制品变形。笔者前不久就有一次惨痛的教训：不小心将一只塑料碗放到厨房里小烤箱的上方，结果使用过几次烤箱之后，烤箱散发出的热气居然让塑料碗瘪了一大块。

既然塑料的耐高温能力与它们的熔点或者玻璃化转变温度的高低直接相关，让塑料更加耐热的一种途径就是通过改变化学结构来提高它们的熔点或者玻璃化转变温度。例如，聚丙烯的耐热性要优于聚乙烯，就是由于化学结构的变化使得前者拥有更高的熔点。但提高塑料的熔点或者玻璃化转变温度是一把双刃剑，因为这意味着塑料需要在更高的温度下才能顺利熔化流动，会给加工带来更高的难度。特别是如果熔点或者玻璃化转变温度过高，那么塑料在熔化之前很可能就已经降解掉了。例如，聚酰亚胺这种塑料的玻璃化转变温度高达400℃，拥有极佳的耐热性能，但正是因为聚酰亚胺的玻璃化转变温度太高，为防止其降解，必须用特殊方法加工，从而限制了其应用。

那么还有没有其他提高塑料耐热能力的方法呢？要回答这个问题，我们先来做一个有趣的实验吧。

一、神奇的"史莱姆"

最近一段时间，一个名叫"史莱姆"（Slime，也称作"鬼口水"）的趣味科学实验风靡世界。在这个实验中，只需要将聚乙烯醇和硼砂这两种化合物分别溶解于水，再将这两种溶液按照一定比例混合并不停地搅拌。随着搅拌的进行，你会惊奇地发现，原本很容易流动的水溶液突然变得像面团一样，并且可以被捏成各种各样的形状[①]。这究竟是怎么回事呢？

---

① 这一实验常见的做法是将质量分数均为4%的聚乙烯醇和硼砂的水溶液按照5∶1的体积比例混合。如果找不到纯的聚乙烯醇，可以用手工胶水或者白乳胶来代替，这些胶水含有聚乙烯醇或聚醋酸乙烯酯，后者可以与硼砂发生类似的反应。另外聚乙烯醇和硼砂虽然都是低毒的化学物质，操作时仍然需要注意防护。

著名的"史莱姆"趣味科学实验，其机理是聚乙烯醇与硼砂交联

图片来源：https://www.mccormick.com/recipes/other/how-to-make-slime

聚乙烯醇是一种高分子材料，其分子中含有大量的羟基。而硼砂，从名字就可以判断，是含有硼的化合物，确切地说是四硼酸钠的十水合物。当聚乙烯醇遇到硼砂时，后者中的四硼酸负离子会与前者中的羟基发生化学反应，通过共价键彼此连在一起。而且这个反应还不是一对一地进行，一个四硼酸离子可以同时和四个羟基结构发生反应。虽然让一个聚乙烯醇分子贡献出四个羟基结构可以说是小菜一碟，但更方便的做法还是同时拉两个聚乙烯醇分子"入伙"，每个聚乙烯醇分子提供两个羟基。这样一来，这两个聚乙烯醇分子就通过四硼酸离子连在了一起。如果更多的四硼酸负离子被加进来，溶液中所有的聚乙烯醇分子都有可能被连成一体，形成一个三维的网络（附录-10）。

那么为什么与硼砂反应后的聚乙烯醇不再能够流动了呢？道理很简单：宏观尺度下物体的流动，归根结底在于微观尺度下组成物体的分子之间发生了移动。换句话说，流动是多个分子才有的特性，如果只有一个分子，流动自然无从谈起。而在"史莱姆"这个例子里，所有的聚乙烯醇分子刚好都被连在了一起，变成了一个巨大的分子，因此不仅自身失去了流动的能力，还妨碍了周围的水分子的流动。稍后我们会讲到，"史莱姆"实际上属于一类名为水凝胶的材料。

当然，硼砂与聚乙烯醇所形成的共价键的强度不是很高，我们用力大一些就可以将其破坏。这就是为什么"史莱姆"可以从一个形状变成另一个形状。但我们可以把硼砂换成另外一些化合物，例如戊二醛也可以和羟基反应，生成的共价键就要牢固得多。聚乙烯醇有时可以作为塑料使用，像前面提到的聚乙烯、聚丙烯等塑料一样，它在高温下也可以熔化并流动，但与戊二醛反应后，即便在高温的环境下，也不再能够流动了。此时摆在我们面前的，是一种全新的材料——热固性塑料。顾名思义，热固性塑料像其他塑料一样具有一定的强度，但在高温下却不会熔化流动。与此对应地，未经这种处理的聚乙烯醇，以及我们之前介绍过的各种塑料，由于基本上由线性分子组成，不存在网状结构，受热后能够熔化，因此被称为热塑性塑料。像这样将一个个线性分子连接起来形成网络结构的过程，我们称之为交联，而能够帮助我们完成交联过程的物质，例如，这两个例子中的硼砂和戊二醛，则被称为交联剂。

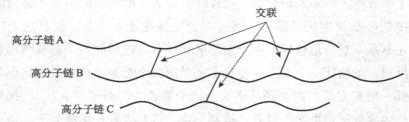

交联能够将单个的聚合物分子连接成网络，从而使得聚合物不再能够流动

图片来源：https://www.greenthemetek.com/what-makes-the-gtt-dry-finish-different/

当然，热固性塑料也不是绝对的"不怕火炼"。如果温度过高，它们也有可能发生降解或者燃烧而灰飞烟灭。但即便如此，热固性塑料的耐热性能仍然大大优于热塑性塑料。而且，热固性塑料耐受溶剂侵蚀的能力也优于热塑性塑料，因为溶解过程需要溶质的分子分散到溶剂分子中去，而一块只包含一个分子的材料自然难以做到这一点。另外，热塑性分子之间是通过较弱的范德瓦耳斯力维系起来的，而在热固性塑料中，这些"软柿子"没有了，要想破坏材料，就不得不打断力量更强的共价键。因此，热固性塑料的机械强度往往也高于热塑

性塑料。

由于这些优点，热固性塑料在我们的生活中扮演着非常重要的角色。事实上，公认的第一种完全人工合成的塑料——酚醛树脂，就是一种热固性塑料，而它的发明者贝克兰也是高分子科学发展史上值得一提的重要人物。

二、贝克兰与酚醛树脂的发明

利奥·贝克兰（Leo Baekeland），1863 年 11 月 14 日出生于比利时的根特市（Ghent）。他自幼聪颖好学，年仅 17 岁时就获得了根特市政府颁发的奖学金，进入著名的根特大学就读。根特大学的众多教员中曾经有一位化学史上大名鼎鼎的人物，那就是德国化学家凯库勒。凯库勒正是在根特大学提出了苯的环状结构。遗憾的是，当贝克兰进入这所学府时，凯库勒早已前往德国波恩大学任教。不过，凯库勒曾经的学生和助手西奥多·斯瓦茨（Theodore Swarts）还在那里，并成了贝克兰的导师。在斯瓦茨的指导下，贝克兰不仅在学业上突飞猛进——1884 年，年仅 21 岁的他就获得了博士学位，3 年后又成为一名助理教授——还收获了爱情。贝克兰爱上了斯瓦茨的女儿赛莉

利奥·贝克兰（1863—1944）

纳，并成功地让她成为自己的终身伴侣。两人的婚姻非常幸福，赛莉纳对丈夫的事业给予了很多帮助。很多年以后，贝克兰曾经在一次聚会上这样赞扬自己的妻子："今晚你们谈论了我的许多发现，但你们还没有谈到我最伟大的发现。我做出这项发现的时候还是一名学生。这项最伟大的发现就是今晚和我们在一起的一位女士——我的妻子。"

1889 年，新婚不久的贝克兰携妻子到美国进行访学。这堪称他人生路上的一次重要转折，此后他再没有返回自己的祖国，并离开了基础化学研究，转而成为一名应用化学家。

在美国定居不久，贝克兰就开始在化学工业界施展拳脚。他先是开发出一种新的相纸，并取得了商业上的成功；随后又参与改进前面提到过的重要的化工生产技术——氯碱法。到了 20 世纪初，贝克兰的研究重心转移到开发新的塑料上。当被问道为什么对开发塑料感兴趣时，贝克兰的回答颇为直截了当："为了赚钱。"当然，更深层次的原因我们前面已经提到，那时候天然的高分子材料越来越难以满足市场需求。赛璐珞的出现成功让台球的生产摆脱了对象牙的依赖，但这还远远不够。

当时电线的绝缘需要使用虫胶——一种由介壳虫分泌的天然高分子化合物。显然，虫子分泌的这么一丁点儿材料是无法满足电气化时代的需求的，因此寻找虫胶的合成替代品迫在眉睫。

贝克兰把目光投向苯酚和甲醛。早在几十年前，人们就注意到，这两种常见的有机物在合适的条件下能够反应生成一种坚硬的固体。这听上去很诱人，但问题在于苯酚和甲醛的反应产物是一个交联的三维网络，它既不能熔化流动，也无法溶于任何溶剂，因此不能被加工成特定的形状，甚至很难从反应容器中转移出来。谁要是不幸拥有这样一家工厂，恐怕不仅产品无人问津，而且连带着生产设备都要跟着一起报废，用不了多久就得倾家荡产。因此，在很长一段时间里，这个反应被认为毫无价值。但不信邪的贝克兰偏偏希望自己能够变废为宝。通过反复尝试，在 1907 年，贝克兰终于找到了解决之道。

贝克兰的解决方法其实很简单，就是通过控制条件，不让反应一步到位，而是先停留在某个阶段。苯酚和甲醛的反应需要在高温下进行，一旦温度降低，反应就会暂时中止。此时由于交联不完全或者根本还没有交联，反应产物仍然大致保持着线性结构，可以流动，这样的产物有时被称为预聚物。预聚物出售给塑料制品的加工厂商，加工者将预聚物倒进特定的模具后，通过加热或者其他手段重启暂时中断的反应，等交联彻底完成后再去除模具，一件用热固性塑料制作的产品就加工完毕了。这种分步反应的方法不仅适用于苯酚和甲醛的反应，事实上也是所有热固性塑料加工时所使用的方法。

通过这样的技术创新，贝克兰成功地"驯服"了苯酚和甲醛的反应。这种新材料的性能没有令他失望。由于良好的绝缘性，这种材料被用于几乎所有需要绝缘的场合，很好地满足了电气化时代的需求。同时，由于强度高、耐热且耐溶剂，这种新材料也被大量用于生产其他日常用品。为了纪念自己的"宝贝"，贝克兰将这种材料命名为"Bakelite"，不过现在我们更多称呼它为"酚醛树脂"，以表示它是由苯酚和甲醛反应而来。

虽然贝克兰此后再没有开发出新的塑料，但毫无疑问，他的研究启发后来人开发出更多类型的热固性塑料。酚醛树脂诞生后不久，人们就注意到，如果用尿素代替苯酚，同样可以与甲醛反应得到热固性塑料，这就是脲醛树脂。与酚醛树脂相比，脲醛树脂的一个优点是它本身更加透明，也更容易着色。随后研究人员又发现，用三聚氰胺代替尿素与甲醛反应，也可以得到类似的热固性塑料——三聚氰胺-甲醛树脂，俗称为"美耐皿"。实际上"美耐皿"就是三聚氰胺英文melamine 的音译。

说到三聚氰胺，估计许多读者马上就会想到前几年震惊全国的三聚氰胺奶粉事件。该事件影响极度恶劣，以至于有人甚至怀疑三聚氰胺是黑心的科研人员专门开发出来用于坑害消费者的，这真是天大的误会。三聚氰胺当初之所以被科学家们相中，是因为用它制成的热固性塑料耐久性更好，尤其适合做餐具。然而一些不法分子却盯上了它的另一个特点，那就是氮元素的含量极高，整个分子中 2/3 的质量都来自氮。为了保证品质，通常要求乳制品中蛋白质含量达到一定水平，但直接测量乳制品中蛋白质的含量并不容易，因此通常都是通过间接方法换算而来。我们知道，牛奶的主要成分中，只有蛋白质含有氮元素，因此测定一下牛奶中有多少氮，就可以很方便地换算出其中含有多少蛋白质。但这个方法要想得到准确的结果，必须满足一个前提，那就是牛奶中不能含有人为添加的含氮物质，而一些黑心的商贩正是钻了这个空子，在牛奶中加入了三聚氰胺，增加了牛奶中氮元素的含量，从而让检测人员误以为牛奶中蛋白质含量很高，结果导致无数婴幼儿受害。你说这能怪三聚氰胺本身吗？如今，三聚氰胺在消费者心目中已是臭名昭著，然而它对塑料发展的贡献却没有多少人记得，这真应了那句老话：好事不出门，坏事传千里。

在"甲醛系"热固性塑料发展壮大的同时，另外一些重要的热固性塑料也被陆续开发出来。20 世纪三四十年代，环氧树脂问世。由于良好的机械性能和耐热、耐腐蚀的能力，环氧树脂被广泛用于生产电子器件、黏合剂、涂料等。添加纤维而得到的环氧树脂复合材料还被应用于许多更高强度要求的场合，例如，风力发电的风车叶片，以及飞机上的许多部件就是用这样的环氧树脂制成的。同样在这一时期，德国化学家奥托·拜尔（Otto Bayer）还发明了聚氨酯。聚氨酯堪称高分子材料中的多面手，我们在后面还要多次提到它。

随着众多性能优越的新材料的出现，热固性塑料一统江湖似乎是指日可待了吧？恰恰相反，在贝克兰逝世 70 多年后的今天，不仅他发明的酚醛树脂已难觅踪影，世界范围内塑料生产规模和市场份额的前几位，都被热塑性塑料包揽。为什么会出现这种看起来极不合理的情况呢？归根结底，在于两种塑料截然不同的加工过程。

三、交联带来的烦恼

在前面我们已经介绍过，热塑性塑料的加工过程仅仅涉及物理变化：热塑性塑料在高温下熔融流动，冷却后形成新的形状。而热固性塑料的加工过程则要通过化学反应才能让新的形状固定下来。这就带来了很多问题。首先，如果加工条件控制不当导致产品质量不达标，热塑性塑料有可能通过"回炉"来解决。例如，前面提到聚对苯二甲酸乙二醇酯塑料瓶在加工过程中，如果温度控制不当，瓶身的透明度会大幅下降，但只要将这些废品再次加热熔融，仍然有可能得到合格的产品。但对于热固性塑料来说，产品不合格往往是由于加工条件的不当导致成品的化学结构偏离预期，因此几乎没有什么挽救的余地，只能丢弃，这就难免造成资源的浪费。

其次，热固性塑料加工中，尚未反应的单体或者交联剂有可能会逃逸出来，造成一些环境与健康问题。特别是一些热固性塑料的制品在交到消费者手中时，其内部的化学反应仍没有彻底完成，这就更容易造成健康上的隐患。例如，甲醛是一种臭名昭著的室内空气污染物，一般刚刚装修或者添置了新家具的房屋中甲醛浓度比较高。这是因为脲醛树脂等以甲醛为原料的热固性塑料经常作为黏合剂用于建筑装修和家具生产。由于甲醛极易挥发，因此难免会有一些甲醛逃逸到空气中，成为环境污染物。正是由于这个问题，近些年来，这一类热固性塑料的使用逐渐受到限制。

不过比起加工时的缺点，热固性塑料更大的麻烦还在于它们的"生命"走到尽头时，后续处理所面临的问题。无论什么样的塑料制品，总是有一定的使用寿命，一次性的餐具在一顿饭吃完后就结束了它的使命，家电、汽车中的塑料部件会被使用得更久，但经过几年至十几年的使用也难免被淘汰。海量的废弃塑料该如何处理呢？对于热塑性塑料来说，这不是太大的问题，只要将它们收集起来加热熔融变成另外的形状，这些废弃塑料就得到了新生。当然后面我们会看到，这只是非常理想化的情况，实际上热塑性塑料的回收存在着不少问题。但不管怎么说，热塑性塑料至少存在着反复再利用的可能。而热固性塑料由于无法在高温下熔融流动，这条路被彻底堵死了。因此，热固性塑料制品在废弃后，往往只能被送到垃圾填埋场，这就造成了极大的资源浪费和环境污染。

正是由于回收再利用困难，热固性塑料逐渐地让位于热塑性塑料。然而热固性塑料的许多优点毕竟是热塑性塑料难以完全比肩的，那么有没有办法实现热固性塑料的回收再利用呢？

四、打破这张网

热固性塑料之所以难以回收，是因为网络结构的存在使得它们无法在高温下熔融流动，因此，要想让热固性塑料的回收再利用更容易，我们就要设法破坏网络结构。

为了达到这一目标，研究人员设法在热固性塑料的网络结构中暗藏一些"机关"。在正常的使用条件下，这些热固性塑料与常规的热固性塑料没有什么区别，但在特殊的条件下，这些"机关"就会被破坏，导致热固性塑料的网络结构分崩离析。在 2014 年，来自美国 IBM 公司的研究人员发现，甲醛和二元胺在适当条件下可以聚合得到热固性塑料。这种塑料在常规条件下的机械性能和热稳定性都相当优异，但在强酸性环境下会重新分解成甲醛和胺。另外一个研究小组开发出的热固性塑料则是在强碱性环境下会分解成单体。像这样的热固性塑料在使用完毕后，我们只需要将它们浸泡在酸性或者碱性的溶液中一段时间，就可以重新得到有用的原材料，从而避免了资源的浪费。

另外一些研究人员对热固性塑料的改造则"温柔"多了。他们并不打算将热固性塑料彻底"打回原形"——完全降解为单体。相反，他们只是希望热固性塑料可以像热塑性塑料一样，能够在高温下流动并再次成型。实现这一目标的关键在于找到可逆的交联反应。通常，交联反应得到的产物很稳定，不易被破坏，一旦被破坏后很难重新再连接起来。但也有一些反应不是这样，其中一个典型的例子是狄尔斯-阿尔德反应。这种反应有趣之处在于，如果对两种反应物稍微加热，它们会结合到一起形成环状分子；但如果温度继续升高，这个环状分子又会分解为原先的两种反应物；一旦温度降低，环状结构又可以再次形成。也就是说这个反应是完全可逆的。利用这种交联反应得到的热固性塑料在高温下交联结构遭受破坏，可以像热塑性塑料那样熔融流动并再次成型，而一旦温度降低，交联结构恢复，材料又能够展现出热固性塑料的特征。

由来自巴黎高等物理化工学院的研究人员开发的被称为"玻璃化

体"（vitrimers）的热固性塑料也是利用了特殊的交联反应。随着温度的升高，玻璃化体的网络结构整体上虽然保持不变，但局部却快速地发生重组，从而赋予热固性塑料一定的流动能力，形状可以被改变。前不久，他们成功地将聚乙烯、聚苯乙烯等典型的热塑性塑料转变为对应的玻璃化体，使得这些材料的耐热、耐溶剂等性能大为改善，而再加工的能力并不受影响。例如，将普通的聚苯乙烯浸泡在水和乙醇的混合物中一段时间后，由于溶剂渗透进聚苯乙烯分子之间，聚苯乙烯的强度明显下降；而基于聚苯乙烯的玻璃化体即便经过长时间的浸泡，机械强度也会保持不变，显示出交联的威力。从某种意义上来说，这些新型热固性塑料的出现不仅有助于破解热固性塑料回收的难题，也使得热固性塑料和热塑性塑料的界限逐渐变得模糊起来。

　　当然，目前这样的新材料大都还停留在实验室研究的阶段，要想真正走向应用，还有很长的一段路要走。不过还是希望这些创新能帮助热固性塑料重振雄风，为我们带来更加卓越的材料。

　　交联不仅成就了热固性塑料，还造就了另一类重要的高分子材料，那就是橡胶。那么交联在橡胶中究竟发挥了怎样的作用呢？在接下来的一节中，将详细讨论这个问题。

第二节 橡胶为什么有弹性

除了塑料，高分子材料的另一个重要类别就是橡胶了。与坚硬的塑料不同，橡胶相当柔软，不需要太大的力气就可以把它拉伸得很长，但一松手，橡胶立刻又会恢复到原来的形状，这就是我们所说的橡胶弹性。这种特性让橡胶在许多场合具有其他材料无法替代的地位，别的暂且不提，就说每天公路上川流不息的车辆，离开了橡胶轮胎，谁能受得了道路的颠簸？

那么橡胶的弹性从何而来？简单来说，橡胶是继热固性塑料之后，交联的另一"杰作"。为什么这么说呢？让我们先来回顾一下发生在施陶丁格与马克这两位高分子科学的先驱之间的一场争论。

一、施陶丁格与马克：谁对谁错

在第一章的第一节我们提到，施陶丁格与马克虽然都认可高分子化合物的存在，却曾因为它们的"长相"而争论不休。根据施陶丁格的观点，高分子材料的分子就像一串串糖葫芦，一个个单体好比山楂，被坚硬的竹签串在一起，因此整个分子硬梆梆的。而马克等则认为，串起"山楂"的并非是竹签，而是柔软的丝线，因此高分子应该富有柔性。现在我们已经知道，虽然有些例外，但大多数情况下马克的观点是对的。笔者记得在研究生一年级上课时，讲授高分子物理的教授很喜欢的一件事就是用一捆电线来描述高分子化合物分子的柔性。如果施陶丁格的观点正确，那么他大概要改拿一根木棍了。

马克等不仅指出高分子化合物的分子富有柔性，他还指出，就像抽屉里的各种电源线、充电线、耳机线，高分子化合物极少会处于拉直的状态，如果没有外界干扰，高分子化合物的分子也应该蜷缩成一团，这样才稳定。假设我们抓住一个聚合物分子的首尾两端用力拉，把它拉直。如果这个聚合物分子的聚合度为 N，那么分子完全拉直时，首尾之间的距离显然应该和 N 成正比。根据马克等的估算，当这个分子蜷缩成一团时，分子首尾之间的距离和 N 的平方根成正比。显然，当聚合度很大时，这两个距离之间的差异是相当明显的。例如，$N=100$ 时，N 的平方根为 10，两者差了一个数量级；而当 N 增加到 1000 时，N 的平方根约为 32，两者差了两个数量级。后来弗洛里又对这一估算做了修正。他指出，在很多情况下，聚合物的分子并不会蜷缩得那么厉害，首尾之间的距离差不多是与 N 的 0.6 次方成正比。由此可见，蜷缩状态的聚合物分子头尾之间的距离比完全拉直时要短很多。所以，如果你真的有这样的机会，一定要有耐心，把一个聚合物分子完全拉直可不容易呢！

　　当然了，单个聚合物分子的尺寸是如此之小，我们不可能亲手去拉伸它，但我们仍然有机会去变相地体验，而这种机会就潜藏在你我都不陌生的天然橡胶中。

　　前面提到的聚乙烯、聚丙烯、聚酰胺等塑料，虽然化学结构各异，但都有一个共同的特点，那就是它们的熔点或者玻璃化转变温度明显高于室温，因此在室温下才会表现为坚硬的固体，并且能够承载一定的负荷。不过并不是所有的高分子材料都拥有这么高的熔点或玻璃化转变温度。例如，天然橡胶的主要成分聚异戊二烯，其玻璃化转变温度低至 -63℃左右，这意味着在室温下，未经交联的天然橡胶实际上处于液态，而液态的一个显著的特点就是无法保持自身的形状。因此，在外力作用下，聚异戊二烯会像其他液体一样发生流动。

　　如果将聚异戊二烯交联起来形成一个网络，我们就得到了天然橡胶。显然，无论我们施加多么大的力，它都不可能再流动了。但这个网络的局部，也就是处于交联点之间的聚异戊二烯分子片段，实际上仍然可以视为处于液态，因此仍然有着"一颗不安分的心"。但失去了流动的能力，它们还能做些什么呢？根据马克的观点，大部分聚合物的分子在稳定状态下应该处于缩成一团的状态，交联点之间的聚异戊二烯片段虽然不再是完整的分子，但也符合这一规律，因此在没有外力的情况下会处于蜷缩状态。当我们用力去拉一块橡胶时，就相当于用双手分别握住聚异戊二烯片段的两端去拉伸它。由于仍然处于液态，聚异戊二烯分子的片段不需要很大的力就可以被拉开。当许许多多这样原本蜷缩的片段沿着同一方向被拉直时，我们就会观察到橡胶被拉伸到自身长度的数倍。但这个状态并不稳定，因此一旦外力消失，被拉伸的分子片段很快就会恢复到原先的蜷缩的状态，变形的橡胶网络复原，橡胶恢复到最初的形状。这就是橡胶弹性的来源。

但为什么橡胶不仅在被拉伸后可以恢复原来形状，在被压缩后也能复原呢？这并不难理解。虽然充满柔性的聚合物分子会处于蜷缩的状态，但并不是彻底缩成一团。如果我们对橡胶施加一个压力，让网络局部变得更加蜷缩，从而使得橡胶被压缩。但过度蜷缩反而不稳定，因此压力消失后橡胶会迅速恢复到最初的状态。

不难看出，一种高分子材料想要作为橡胶使用，必须满足两个条件：首先，它的熔点或者玻璃化转变温度必须足够低，这样分子才能不需要太大的外力就可以被拉伸或者压缩；其次，它还必须经过交联，这样才能保证橡胶在外力撤除后能迅速复原，而不是出现永久不可逆的形变。前辈科学家可是吃了不少苦头，才认识到第二个条件。这一切都要从天然橡胶说起。

二、曾经让无数人梦碎的天然橡胶

即便在合成橡胶技术已经相当成熟的今天，天然橡胶仍然在橡胶市场上占据着重要的份额。刚才提到，天然橡胶的主要成分是聚异戊二烯，它来自于一些植物茎中分泌的白色汁液。虽然能分泌这种汁液的植物很多，但是，天然橡胶最主要的来源是原产美洲热带地区的一些树木。例如，我们熟知的橡胶树是原产南美洲的大戟科的一种树木；生活在中美洲的原住民则从桑科的巴拿马橡胶树中提取天然橡胶。位于墨西哥的一处考古遗址中发掘出了制造于公元前1600年左右的橡胶球。这可能是目前发现的人类使用橡胶的最早的记录。到了近代，当欧洲人为了寻找新的贸易路线而初次踏上美洲大陆的土地时，让他们大开眼界的不仅有迥异的自然环境和美洲印第安人创造的独特文明，许多探险者还惊讶地发现当地人会用天然橡胶制成的球做游戏。由此，橡胶开始为欧洲人所了解。

天然橡胶传入欧洲之初，人们虽然对这一新鲜事物感到好奇，但并不知道如何去利用它。天然橡胶的第一个应用居然是用来擦除铅笔书写的字迹，这也就是为什么橡胶在英语中被称为 rubber（rub 是"擦拭"的意思）。到了 18 世纪后期，有人发现天然橡胶可以溶解于松节油等溶剂，将由此得到的溶液涂在织物表面，待溶剂挥发后，就得到了一层可以防水的涂层。人们这才恍然大悟，蕴藏在橡胶树白色汁液中的绝非"等闲之辈"，而是前所未有的神奇材料。很快，人们尝试用天然橡胶对各式各样的物品进行处理，一个新兴的行业开始蓬勃发展。

然而沉浸于对天然橡胶的狂热中的人们并不知道的是，从橡胶树等植物的汁液中提取出来的聚异戊二烯只是线性分子，并没有经过交联。古代美洲印第安人虽然也不懂这一点，却从长期的实践中摸索出了交联天然橡胶的方法：他们将一种名为月光花的植物的茎捣碎，将从中提取的汁液添加到巴拿马橡胶树分泌的汁液中并不断搅拌。经过一段时间，汁液中会出现固体沉淀，当地人随后会将这些固体分离出来，再将它们制成特定的形状。现代科学分析发现，正是月光花汁液中含有的某些化合物让聚异戊二烯分子部分交联，从而让天然橡胶产生弹性。欧洲人向美洲印第安人"偷师学艺"时，显然没有把这一重要的步骤一起学去，所以当时的天然橡胶制品都是未经交联的。当然，由于天然橡胶中聚异戊二烯分子的分子量很大，即便未经交联，它们也不是那么容易流动，乍一看跟一般的固体没什么区别。因此，迷恋于天然橡胶的欧洲人最初并没有觉得有什么不对劲。

然而俗话说得好：路遥知马力，日久见人心。当炎热的夏季到来时，天然橡胶的本来面目暴露了，随着温度升高，未经交联的聚异戊二烯流动性增大，天然橡胶制品全都变得黏糊糊的；好不容易撑过了夏天，到了冬天，随着温度降低，未经交联的聚异戊二烯结晶的倾向增强，天然橡胶又变得硬而脆，很容易破碎。消费者往往是满怀欣喜地把橡胶制品买回家，过不了多久就怒气冲冲地回来要求退货。消费者的不满所带来的是许多天然橡胶加工企业倒闭、投资人损失惨重，曾经欣欣向荣的行业一下子变得岌岌可危。幸运的是，在这个关乎整个行业生死存亡的关键时刻，一位名为古德伊尔的美国人及时改变了历史的进程。

三、拯救橡胶行业的古德伊尔

查尔斯·古德伊尔（Charles Goodyear），1800 年出生于美国康涅狄格州纽黑文。与前面提到的高分子科学发展史上的重要人物不同，古德伊尔并没接受过太多的教育，而是从小就做起了五金制品的生意。他先是与父亲合伙经营，后来又到费城创办了自己的五金制品店。古德伊尔的生意一度做得不错，其间他又迎娶了心仪的女孩为妻，小日子可以说过得有滋有味。但到了 19 世纪 30 年代初，由于种种原因，他的经营状况急转直下。为了摆脱困境，古德伊尔想到了一个颇为大胆的主意：通过发明来创造新的商机。也就是在这个时候，麻烦不断的天然橡胶吸引了他的兴趣。古德伊尔决心解决这一难题。

查尔斯·古德伊尔（1800—1860）

不要说在当时的人眼中古德伊尔几乎是个疯子，即便在现在看来，古德伊尔的想法也非常冒险。他没有受过任何正规的化学方面的教育，不过即便受过专业的教育也未必对他有多少帮助，毕竟此时距离现代高分子科学的诞生还有近百年的时间，没人知道天然橡胶的问题出在哪里。没有任何科学指导的古德伊尔完全是根据经验不断摸索。他曾尝试向橡胶中添加镁、氧化钙、硝酸等物质，希望它们能够"吸收"橡胶的黏性，改善橡胶的性能。实验先是在费城进行，后来又搬到纽约和波士顿。尽管古德伊尔野心勃勃，但是最初的实验结果相当不尽如人意，一些实验结果虽然看上去比此前的橡胶有所改善，但遇热变黏的问题依旧存在。实验上的屡战屡败让古德伊尔一贫如洗，家人更是免不了挨饿受冻的命运。

然而或许是古德伊尔的执着感动了上天，在经历了无数的挫折之后，他终于迎来了转机。古德伊尔在波士顿附近进行实验期间，曾经与一位名叫纳撒尼亚尔·海沃德（Nathaniel Hayward）的橡胶加工从业者合作。从海沃德那里他了解到，向橡胶中加入硫能够改善橡胶的性能。古德伊尔帮助海沃德申请了专利，随后购买了专利的使用权并在此基础上继续研究。终于，在1839年的一个冬天，古德伊尔发现，将天然橡胶与硫一起加热后得到的材料不再像之前的橡胶那样遇热变黏、遇冷变脆，而是富有弹性。古德伊尔又花了若干年的时间对这一方法进行了优化，确保加工出来的产品具有稳定可靠的性能，并为自己的新技术申请了专利。一项具有划时代意义的发明就此诞生。

那么，硫到底有什么魔法，能够让天然橡胶的性能发生翻天覆地的变化呢？简单来说，在这一过程中，若干个硫原子首先自己"拉起手来"形成一条长链，然后链条的两端分别和两个聚异戊二烯分子相连。这样一来，原本线性的聚异戊二烯分子就被连接成了三维的网络。也就是说，硫帮助聚异戊二烯实现了交联。这个过程我们称之为硫化。经过硫化，天然橡胶遇热变黏、遇冷变脆的现象不复存在，取而代之的是优良的弹性。当然，古德伊尔恐怕至死也不清楚自己的发现背后究竟有着怎样的原理，但仅仅做出这一发明本身就足以让他的名字永载史册，因为随着硫化技术的问世，一度陷入绝境的橡胶加工业很快重新获得了生机。

苦尽甘来，古德伊尔的坚持终于换来了回报。在常人看来，迎接他的将是享受不完的荣华富贵。然而恰恰相反，等待这位伟大发明家的，仍然是颇为坎坷的人生历程。

四、伟大发明家的悲情谢幕

古德伊尔虽然在发现硫化过程之后就及时申请了美国专利，但是在进军海外市场时，他却犯了一个致命的错误，那就是在取得国外的专利保护之前就把自己的产品寄给国外同行进行展示交流。这些同行之中有一位名叫托马斯·汉考克（Thomas Hancock）的英国商人。与古德伊尔一样，汉考克也在苦苦探寻交联橡胶的方法。当他收到古德伊尔的橡胶样品时，他注意到样品表面有一些黄色的粉末，那正是硫。受此启发，汉考克也开发出利用硫来交联橡胶的方法。当古德伊尔终于向英国政府申请橡胶硫化技术的专利时，却意外地发现汉考克已经抢先一步递交了专利申请。古德伊尔将汉考克告上法庭，并非常不智地拒绝了汉考克提出的和解方案。结果虽然古德伊尔发明在先，但英国的专利法看重的是专利申请的先后，因此古德伊尔毫无悬念地败诉，在英国铩羽而归。

在法国，古德伊尔的境遇也没有好到哪里去。他虽然一度获得了硫化技术的专利授权，但随后他的竞争对手提出，根据法国的专利法律，一个人如果已经根据某个想法在法国出售产品，那么他不可以为这一想法申请专利，而古德伊尔确实在申请法国专利之前已经出售过一些硫化橡胶制品。结果古德伊尔的专利被法国政府撤销。

虽然在欧洲出师不利，但如果专注于美国国内市场，古德伊尔仍然有希望赚个盆钵满盈。然而，古德伊尔此时又犯了另一个错误，用现在的流行词来说，就是忘了"初心"。古德伊尔探索天然橡胶硫化技术的初衷是为了寻找新的商机，然而当他终于做出突破性的发明，迎来千载难逢的机遇时，却已经完全沉醉在对橡胶的钻研中，对从事生产经营反而失去了兴趣。结果，古德伊尔只收取了很少的费用就将硫化技术授权他人使用，产品利润的大头都落到了别人的腰包里。

当然，即便古德伊尔在专利授权时没有为自己争取足够的利益，迅速发展的橡胶工业仍然为他带来了不薄的收入。但不懂得量入为出的古德伊尔将大把的金钱用于继续研究天然橡胶，以及游历各国进行展示，结果自然是钱财如流水，来得快去得也快，入不敷出仍然是家常便饭。颇具讽刺意味的是，1855 年，正在法国游历的古德伊尔因欠债而被短期关进监狱。而正是在监狱里，他收到了法国政府颁发的荣誉勋章。

1860 年春夏之际，刚刚在华盛顿定居不久的古德伊尔得到了一个不幸的消息：他的女儿，彼时居住在纽黑文的辛西娅，身患重病，恐怕时日无多。尽管此时的古德伊尔由于数十年来受尽生活的磨难，身体状况每况愈下，第二任妻子又刚刚分娩不久，他仍然决定亲赴纽黑文，希望能见女儿最后一面。古德伊尔原计划先乘船至纽约，再经陆路转往纽黑文，然而当他在纽约上岸时，前来迎接的女婿却带来了噩耗：还不满 32 周岁的辛西娅已经在几天前去世了。遭受这一沉重打击，古德伊尔的身体彻底垮了。他甚至无法前往纽黑文参加女儿的葬礼。同年 7 月 1 日，古德伊尔在纽约撒手人寰，当时他还不到 60 岁。这位伟大的发明家在辞世时不仅没有给家人留下一分钱的财富，相反还欠下了近 20 万美元的债务。

在古德伊尔去世的前一年，一个名叫弗兰克·塞柏林（Frank Seiberling）的美国男孩在距离纽黑文几百公里之外的俄亥俄州呱呱坠地。1898 年，年近不惑的塞柏林决定创办一家轮胎与橡胶制品公司。在选择新公司的名称时，塞柏林没有像许多公司创始人那样使用自己的名字，而是决定用古德伊尔来命名，以纪念橡胶发展史上这位悲情英雄。几十年后，这家与古德伊尔没有任何联系的企业发展成了享誉世界的固特异轮胎公司[①]，让这位伟大发明家的名字铭刻在遍布世界各地的汽车轮胎上。这大概是古德伊尔不曾料到的。

---

① 古德伊尔和固特异均为Goodyear的音译，前者为规范的译法，但固特异作为企业名称已经长期使用，因此本书沿用这一译法。

硫化技术的发明使得人们最终征服了天然橡胶，但在许多科学家看来，探索橡胶的路途还远没有结束，因为我们还没有到达下一个目的地——合成橡胶。

五、曲折中发展壮大的合成橡胶

早在古德伊尔发明橡胶硫化技术之前，很多科学家就试图用各种手段破解天然橡胶的秘密。最早揭开这个"黑箱"的人，他的名字或许会让很多读者感到意外，那就是因在电磁学领域做出卓越贡献而闻名于世的大科学家法拉第。法拉第在 19 世纪 20 年代用实验证明，未经硫化的天然橡胶含有碳、氢两种元素，其原子个数比是 5∶8，这与天然橡胶单体异戊二烯的化学组成完全吻合。30 多年后，英国化学家格兰威尔·威廉斯（Charles Greville Williams）发现，天然橡胶在高温下裂解后可以得到异戊二烯。到了 19 世纪 70 年代，科学家又进一步发现，将异戊二烯在适当条件下加热，得到的产物其性质与天然橡胶非常相似。这让人们意识到，这种富有弹性的材料或许并非大自然的专利，而是完全可以人工合成。科学史上一场精彩的大戏也由此拉开帷幕。

人工合成橡胶不仅在科学上具有重要意义，其应用价值也无须多说。和其他许多天然高分子材料一样，天然橡胶的获取受制于农业生产。进入 20 世纪，随着汽车工业的大发展和飞机的发明，汽车和飞机轮胎的需求猛增，天然橡胶的供应开始跟不上了。另外，橡胶树只能生长在热带、亚热带地区，而当时主要的资本主义国家都地处温带，缺乏相应的种植条件。如果能够以化石燃料为原料人工合成橡胶，对于本国的经济发展无疑是极大的推动力。

但由于对高分子科学缺乏足够的了解——别忘了在第一章时我们曾经提到，那个时候的科学家们连天然橡胶究竟是什么都搞不清——最初的合成橡胶无论在性能上还是价格上都无法与天然橡胶抗衡，因此没少遭到来自市场的白眼。例如 20 世纪初，合成橡胶的首次大规模生产在德国进行时，由于缺乏对聚合手段的认识，研究人员只能试图模拟天然橡胶的合成过程，其结果是生产过程中居然需要添加蛋白、淀粉等原料，不了解内情的人或许还会以为这是在生产蛋糕呢。而且这一生产过程非常费时，往往需要几个月才能得到最终的橡胶制品。费九牛二虎之力得到的橡胶，性能却比天然橡胶差了十万八千里，能够获得消费者的青睐才怪。不久，第一次世界大战爆发，德国获取天然橡胶的渠道被切断，无奈之下，只能"赶鸭子上架"，依赖尚不成熟的合成橡胶技术。到第一次世界大战结束时，德国人靠着这样并不成熟的技术手段，硬是生产了 2500 吨合成橡胶。依靠这根"救命稻草"，合成橡胶的发展总算在磕磕绊绊中进入了一个新阶段。

然而随着和平的到来，受战争影响中断的国际贸易重新恢复，橡胶种植园的面积也得以扩大，其结果就是天然橡胶的价格大跌。这对于尚在萌芽中的合成橡胶无异于沉重的打击。当时连施陶丁格都悲观又无奈地表示：大家还是散了吧，做点什么事情都比研究合成橡胶有意义多了。

合成橡胶的研究眼看就要夭折，可转机却再次出现：进入 20 世纪 20 年代后，随着需求的增加，天然橡胶价格不断上涨，这让人们再次看到研究合成橡胶的意义。虽然没过几年天然橡胶价格就又一次"跳水"，但高分子科学的发展让科学家们看到了希望，因此这一次大家意志坚定，说什么也要攻克合成橡胶的难关。这其中最为坚决的，也因此成果最为显著的有两个国家。一个是准备彻底洗刷第一次世界大战战败之耻的德国。德国人在第一次世界大战中吃尽苦头，记住了海外贸易在关键时刻靠不住的教训，因此下定决心要摆脱对天然橡胶的依赖。另一个则是同样缺乏天然橡胶生产条件的苏联。早在沙俄时期，化学家谢尔盖·列别杰夫（Sergey Lebedev）就发现丁二烯聚合后也能表现出类似于天然橡胶的弹性。20 世纪二三十年代，德国和苏联都实现了这种合成橡胶的工业化生产。德国化学家后来更进一步，利用共聚手段，把苯乙烯加入丁二烯中，得到性能更佳的合成橡胶，即前面提到的丁苯橡胶。到了 20 世纪 30 年代末，这两个国家都具备了年产数万吨合成橡胶的能力。

谢尔盖·列别杰夫（1874—1934），化学家，合成橡胶的开拓者之一

　　在大洋另一侧的美国，对合成橡胶的探索也在如火如荼地进行。这其中有几个我们熟悉的名字。其一是大名鼎鼎的"尼龙之父"卡罗瑟斯。当时美国圣母大学教授尤利乌斯·纽兰德（Julius Nieuwland）发现两三个乙炔分子在氯化铜的作用下能够发生化学反应连接到一起。虽然反应产物并非高分子，卡罗瑟斯还是认为这一反应具有潜在价值，安排下属进行后续研究。1930 年的一天，团队的一位成员在进行类似的反应时得到了一种结构不明的液体。当时这位成员没有特别在意，只是把它留在容器中，没想到几天之后，容器中的液体变成了富有弹性的固体——卡罗瑟斯的团队在无意间合成出了氯丁橡胶！虽然卡罗瑟斯的主要目标在于开发塑料和合成纤维，杜邦公司还是抓住机会，实现了氯丁橡胶的工业化生产。

　　以发明增塑聚氯乙烯闻名的西蒙也为开发合成橡胶做出了不少贡献。不过千万不要误以为他也是像卡罗瑟斯一样"歪打正着"。古德里奇公司和前面提到的固特异公司一样都是生产轮胎制品的企业，所以开发橡胶是西蒙的本职工作，研究聚氯乙烯反倒是"玩票"。另外，新泽西标准石油公司（后来成为著名石油企业埃克森美孚的一部分）

通过与德国法本公司签订协议，成功从后者手中获取了丁苯橡胶合成技术的使用权。可以说当时美国在合成橡胶领域完全不输对手。

卡罗瑟斯正在展示他的团队发明的氯丁橡胶

　　尽管坐拥雄厚的技术储备，国内对橡胶也有巨大需求，但美国上下对合成橡胶的生产就是提不起兴趣，合成橡胶所占的市场份额微乎其微。大概美国人当时心想，虽然我们自己种不了橡胶树，从海外输入天然橡胶也没什么大不了的，难不成你们还能把美国的运输线给切断不成？

　　偏偏怕什么就来什么。太平洋战争爆发后，日本很快占领了天然橡胶的主要产地东南亚，切断了美国天然橡胶的运输线。这下美国人彻底傻了眼，尽管事先已经储备了约 100 万吨天然橡胶，但面对每年60 万吨的需求，加上 90% 的天然橡胶进口渠道被切断，国内天然橡胶的供应捉襟见肘。本国经济遭受严重打击倒也罢了，那么多准备到前线去抗击法西斯的汽车和飞机可能会没有轮胎可用，如果由此导致战局失利，后果可真是不堪设想。在这样的背景下，合成橡胶的研发受到了前所未有的重视。美国政府投入巨资，成立了专门的机构来协调主要橡胶企业和相关的科研机构。在政府、企业和学术界的通力合作下，美国在几年之内就能顺利地大规模生产合成橡胶，成功缓解了战争造成的天然橡胶供应危机。如今，人们在津津乐道于美国的"曼哈顿计划"时，可能并不曾想到合成橡胶在美国的发展同样是政府引导并推动科技进步的一个典范。

当第二次世界大战结束后，与和平同时到来的，还有久违的天然橡胶。此时，合成橡胶不再是当年那个"羸弱不堪的少年"，而是一个"成熟又富有活力的青年人"，开始与"老大哥"天然橡胶一起挑起重担。第二次世界大战后，高分子科学的进一步发展继续为合成橡胶注入新鲜血液，特别是前文中提到的齐格勒－纳塔催化剂，不仅给塑料的生产带来革新，也极大提升了合成橡胶的性能。到2016年，世界橡胶产量超过了2700万吨，其中合成橡胶占了一多半的份额。

值得一提的是，虽然许多合成橡胶由于化学结构不同，不再使用硫来作为交联剂，但"硫化"作为橡胶化学交联的统称却被沿用下来，这大概是对古德伊尔最好的纪念了吧。不过呢，在合成橡胶中确实有这么一个独特的家族，它们不仅不需要硫，也不需要任何其他的交联剂，那么它们是如何实现弹性的呢？下一节我们将对其一探究竟。

第三节　热塑弹性体：独特的组合

交联赋予了橡胶独特的弹性，然而同前面介绍的热固性塑料一样，交联也使橡胶使用后的回收再利用成为一大难题。由于失去了流动性，橡胶制品在成型后无法被再次加工成新的形状。因此，废弃的橡胶制品的回收途径相当有限，通常要么直接烧掉，要么破碎成颗粒用作建筑材料或者其他辅助性材料，许多塑胶操场就是用废弃的橡胶颗粒铺成。显然，这些方法并不能很好地对橡胶的价值进行充分的回收再利用。

但对于一些橡胶来说，回收并不算太大的难题。因为它们既能在室温下具有弹性，又能像热塑性塑料那样可以在高温下反复加工。这样的材料我们称之为热塑弹性体。而热塑弹性体之所以能够把这两种看似矛盾的属性集聚在自己身上，是因为它们来自于一类独特的高分子材料——嵌段共聚物。

一、什么是嵌段共聚物

看到嵌段共聚物这几个字，你是否立刻想到了前面曾经出场的无规共聚物？没错，嵌段共聚物和无规共聚物同属共聚物这个大家族，只不过它们的结构和形成过程迥然不同。如果把聚合过程比作用绳子串起许多小珠，那么无规共聚物的形成就像是把两种或者更多颜色的小珠完全随机地用绳子串起来。显然，这并不是唯一的串起两种小珠的方式。例如，我们可以先串一个红色小珠，再串一个蓝色小珠，接下来再串一个红色小珠，如此往复。这样下来，绳子上的球永远是一红一蓝交替出现。这样形成的共聚物的结构与无规共聚物不同，我们称之为交替共聚物，表明两种单体不再是随机出现在聚合物分子中，而是严格地一一交替。交替共聚物的例子不是很多，这里就不再详细介绍了。

另一种更有意思的串法是先把全部红色小珠先串到绳子上去，然后再开始串蓝色小珠，这样得到的共聚物像是把好几段不同的均聚物通过共价键镶嵌在一起，因此被称为嵌段共聚物。构成嵌段共聚物的每一段均聚物，都可以称之为一个嵌段。在这个例子里，聚合物分子中包含两个嵌段，因此被称为二嵌段共聚物，它是嵌段共聚物中最为简单的一种形式。如果允许嵌段共聚物中存在三个或者更多的嵌段，那么我们还可以得到更多的花样。例如，如果三个嵌段均来自不同的均聚物，我们就得到了 ABC 三嵌段共聚物，但如果第三个嵌段和第一个嵌段的化学结构相同，那么 ABC 三嵌段共聚物就变成了 ABA 三嵌段共聚物。另外，如果允许绳子上有分支，我们还能得到结构更加复杂的非线型嵌段共聚物，例如，把几根串有不同颜色小珠的绳子的一头系在一起，就得到了星形的嵌段共聚物。

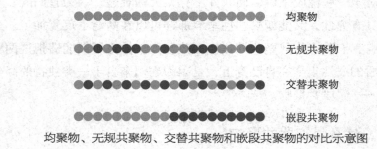

均聚物、无规共聚物、交替共聚物和嵌段共聚物的对比示意图

比起无规共聚物，嵌段共聚物的合成要更具有挑战性。尽管面临诸多困难，研究人员还是投入了大量的精力来合成各种嵌段共聚物。嵌段共聚物之所以如此吸引科学家的目光，是因为发生在它们身上的一种特殊现象——微观相分离。

二、微观相分离：手拉手的冤家

在 1991 年的春节联欢晚会上，著名笑星黄宏和宋丹丹表演了一个几乎家喻户晓的小品《手拉手》。在这个小品中，宋丹丹扮演的消费者因为买到了质量不合格的高跟鞋找到商家要求退货。黄宏扮演的商家不愿退货，只答应帮消费者把鞋修理一下，没想到修理的过程中，两人的各自的一只手不小心被胶粘到了一起。两个人虽然看对方都不顺眼，但又没法分开，只好坐下来聊天。虽然这个故事本身恐怕只是作者的虚构，但在嵌段共聚物的世界里，这样的"手拉手"的冤家却是真实存在的。

在前面我们提到，像水和油一样，化学结构不同的聚合物彼此之间很难混合，因此当它们相遇时，同样会倾向于彻底地分开，这样的现象我们称之为相分离。然而当不同的聚合物"手拉手"形成嵌段共聚物后，一个难题随之而来，由于共价键的存在，不同的嵌段之间无法彻底远离对方，却又不能完全混合，这该如何是好呢？

让我们来设想这样一个情形：有一个房间恰好能容纳下 50 个穿蓝衣服的人和 50 个穿红衣服的人。穿同一颜色衣服的人的性格、脾气等都非常接近，穿不同颜色衣服的人秉性则相差甚远，互相之间聊不了几句话就会吵起来。如果允许这些人在房间内自由活动但不准他们走出房间，那么经过一段时间，我们必然会看到穿红衣服的人占据了房间的一半，而穿蓝衣服的人占据了房间的另一半。虽然总还是有一些穿红衣服的人要和穿蓝衣服的人面对面，但是毕竟大部分的人只和穿同样颜色衣服的人相接触，在不能走出房间的情况下，这已经是最好的选择了。

接下来让我们把这 100 个人分成 50 组，每一组都包含一个穿红衣服和一个穿蓝衣服的人，并且两个人各自的一只手用胶粘在一起。显然，这时候要想将穿相同颜色衣服的人集中在房间的一端是不可能的，但穿不同颜色衣服的人还是希望尽量避免接触，该怎么办呢？我们可以先让若干对牵手的人站成一排，穿红衣服的人全站在一边，穿蓝衣服的人全站在另外一边。接下来我们再把更多的人加进来，新加每一对的时候，都要让穿蓝色衣服的那个人挨着原来队伍里一个穿蓝衣服的人。这样，原来的两排变成四排，中间的两排全是穿蓝衣服的人，而外侧的两排都是穿红衣服的人。接下来我们让更多的人加到队伍里来，这次每加进一对手拉手的人，都要让穿红衣服的那个人挨着原来队伍里穿红衣服的那个人。这样队伍由四排变成了六排。如此重复若干回之后，我们会发现房间里的人排成了红蓝两色交替的队列。穿两种颜色衣服的人虽然无法再分别占据房间的一半，但在更小的尺度下，他们仍然尽可能地远离对方。有兴趣的读者可以自行尝试一下，看看在这种情况下，还有没有更好的排布方式？

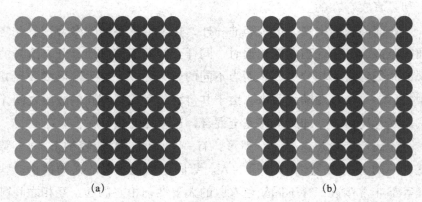

(a)　　　　　　　　　　　　　　　(b)

两种小分子发生相分离（a）和二嵌段共聚物发生微观相分离（b）的示意图

　　嵌段共聚物中也存在着类似的情形。如果我们把一块二嵌段共聚物放在眼前观察，会感觉它外表非常的均一，根本看不到油和水那样的"不共戴天"。但如果我们把它放到电子显微镜下，就会惊奇地发现，在这块材料中竟然存在着精致的周期性结构。如果两个嵌段的长度接近时，我们会观察到交替的层状结构。如果其中一段的长度明显比另一段短，那么我们有可能看到呈现六方排列的柱状结构，或者呈现体心立方排列的小球，也就是说如果把一个小球放在立方体的中心，它的周围会有 8 个小球占据立方体的 8 个顶点。如果摆在我们眼前的是一块 ABC 三嵌段共聚物，我们可能会看到更加古怪的结构，如镶嵌在层状结构中的圆柱，等等。不过无论这些结构如何变化，它们都有一个共同点，那就是至少有一个方向的尺度不会超过几十至上百纳米这个范围，因为相邻的两个嵌段的"手"被粘在一起，无法形成尺度更大的结构。这样的现象，我们就称之为微观相分离，表明这些嵌段只能在微观尺度上彼此分开。

　　现在我们了解了什么是微观相分离，不过很多读者恐怕还是会感到困惑，微观相分离和热塑弹性体又有什么联系呢？

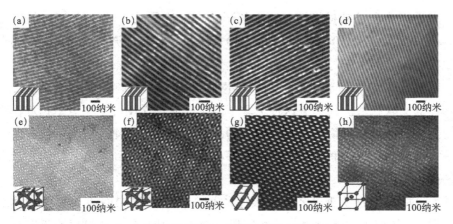

电子显微镜下的二嵌段共聚物相分离

透射电子显微镜观察到的二嵌段共聚物的微观相分离，（a）～（d）为层状结构，（e）（f）为双连续相结构，（g）为柱状结构，（h）为球状结构。

图片来源：Chen S C, Kuo S W, Jeng U S, et al., 2010

三、别把物理交联不当交联

在上一节我们谈到，一种高分子材料要想成为橡胶，必须满足两个条件：一是它的熔点或者玻璃化转变温度必须低于室温，也就是说在室温下处于熔融态；二是这种高分子材料还必须通过交联形成一个三维的网络。例如，聚丁二烯这种高分子的玻璃化转变温度就明显低于室温，如果通过硫化等化学方法将其交联，就得到了通常所说的顺丁橡胶。

但如果不通过化学手段对聚丁二烯进行交联，而是在它的分子两端各连上一小段聚苯乙烯，就形成了聚苯乙烯－聚丁二烯－聚苯乙烯三嵌段共聚物，那么接下来会发生什么呢？

首先，聚苯乙烯嵌段和聚丁二烯嵌段之间会发生微观相分离，形成整齐排列的微观结构。接下来如果用力去拉这块嵌段共聚物，聚丁二烯处于熔融态，这一部分会被拉伸，因此材料就会变形。但聚苯乙烯玻璃化转变温度高达100℃，在室温下处于固态，因此当我们试图进一步把嵌段聚合物的分子相互拉开时，会受到聚苯乙烯部分的强烈阻挡而难以实现。这时如果松手，被拉伸的聚丁二烯回到蜷缩的状态，因此会带动材料恢复原来的形状，也就是说，具有了橡胶弹性。很显然，在这个例子里，聚丁二烯虽然并没有通过硫化等化学手段连在一起，但由于与之相连的聚苯乙烯嵌段在室温下不能流动，整个材料看起来仍然是形成了一个三维网络。因此，我们也可以说聚丁二烯被交联起来。只不过这种交联不涉及任何化学反应，完全是物理作用，因此被称为物理交联。相应的，前面提到的硫化等交联手段有时也被称为化学交联。物理交联是一种既有趣又有用的手段，我们在后面还会提到它。

如果把这块聚苯乙烯－聚丁二烯－聚苯乙烯三嵌段共聚物加热到 100℃以上，此时聚苯乙烯嵌段也处于熔融态，它的阻碍作用不复存在，整个分子都可以流动，可以很方便地被加工成别的形状。也就是说，通过将室温下分别处于熔融态和固态的聚合物连接成嵌段共聚物，就可以借助不同嵌段之间的微观相分离实现物理交联，从而让材料既能在室温下展现出弹性，又在高温下体现出热塑性，满足了前面提出的热塑弹性体的两项基本要求。聚苯乙烯－聚丁二烯－聚苯乙烯三嵌段共聚物就经常被称为 SBS 热塑弹性体（S 和 B 分别是苯乙烯和丁二烯这两种单体英文名称的首字母）。

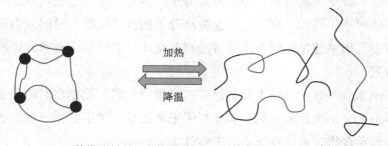

热塑弹性体（以 SBS 为例）的基本原理示意图

左：温度低于聚苯乙烯嵌段（深色）玻璃化转变温度时，SBS 体现出弹性；右：温度高于聚苯乙烯嵌段玻璃化转变温度时，SBS 体现出热塑性

由于可以被反复加工，热塑弹性体获得了非常广泛的应用，例如 SBS 热塑弹性体就被大量用于生产运动鞋、玩具、胶带等产品。另一种重要的热塑弹性体是聚氨酯热塑弹性体，它也是一种嵌段共聚物，只不过结构更为复杂，不再是两三个嵌段相连，而是分子中包含了大

量互相交替的"软段"和"硬段"。顾名思义，在室温下"软段"的流动性非常好，而"硬段"则非常坚固，因此室温下整个分子表现出良好的弹性，而高温下又体现出热塑性。聚氨酯热塑弹性体的应用也是非常广泛，一个典型的例子是用它制成的弹力纤维，即俗称的氨纶或者莱卡。在生产运动服、泳装、打底裤等需要紧贴身体的服装时，我们通常会在棉、尼龙等常规面料中加入少量的氨纶，氨纶优异的弹性可以保证这些衣物既紧身又不失舒适感。

不过有得必有失。与常规的橡胶相比，热塑弹性体的一个明显的缺陷是其使用温度不能太高，否则就会失去弹性。因此，很多时候我们仍然离不开化学交联的橡胶。但即便无法完全取代传统的橡胶，热塑弹性体对于更好地节约资源，减少对环境的破坏仍然做出了非常大的贡献。

当然，嵌段共聚物这种独特的高分子材料的贡献不止热塑弹性体。接下来就请允许笔者"跑个题"，为大家介绍一下嵌段共聚物另一个潜在的应用价值——半导体加工。

四、嵌段共聚物如何为半导体工业助力

现如今，电脑、智能手机等电子产品已经成为我们日常生活不可或缺的一部分。当我们享受着各种电子产品给我们的生活带来的极大便利的时候，有没有想过，电子产品的核心部件——芯片，是如何被制造出来的？

芯片生产的关键点之一是如何在硅等半导体材料的基底上将各种导体、绝缘体或者半导体材料加工成我们需要的几何形状。这个目标的实现是借助一系列复杂而精密的工艺实现的，不过我们在日常生活中并不难找到类似的生活体验——刻印章。要想制作一枚印章，首先我们要做的就是把需要的文字或者图案画到石头上，然后根据这些图案用刻刀选择性地在某些区域进行雕刻。实际上芯片的生产加工也可以看作类似的过程，只不过芯片的尺寸要远远小于一枚印章，上面的图案就更小了，因此显然不可能靠手工去完成，而是需要特殊的手段。

　　现在让我们来完成一个简单的任务：在一片硅片上的指定位置刻出若干条长 5 微米宽 0.5 微米的线条。就像刻印章一样，我们第一步要将这些图案"画"到硅片上。要完成这项任务，我们需要用到一项名为"光刻"的技术。顾名思义，这种技术需要光的帮助。首先，我们在硅的表面均匀涂上薄薄一层名为"光刻胶"的化学物质。光刻胶有一个特点，就是在受到特定波长的光的照射后就会发生化学反应，自身性质发生变化。许多光刻胶本身能够溶解在溶剂中，但是一旦经过光照，就很难再被溶解。很快我们就能看到这种溶解性的变化是如何起到至关重要的作用的。

　　我们把一个模板放在涂有光刻胶的硅片上方，模板上按照我们之前的要求画好了线条，除了线条所在的区域，整个模板都是不透明的（在实际操作中，由于光路的设计，模板上的线条实际上要比真正要画出来的线条大）。这时让一束特定波长的光透过模板照射光刻胶。显然，只有线条所在的区域的光刻胶受到光的照射发生了化学反应。之后把模板移走，用溶剂清洗样品，就会发现硅片上大部分的光刻胶都被洗掉了，只留下了那几根线条。也就是说，要雕刻的线条成功地"画"在了硅片上。

　　然后要做的就是找到一把合适的"刻刀"按照这个图案去雕刻硅片。在半导体工业中，这一步的实现有许多方法，不过最常用的"刻刀"是一种被称为反应离子刻蚀的技术。简单地说，将样品置于一个真空且加有强大电场的环境中，然后把气体分子引入这个环境中。在强大电场的作用下，气体分子会被电离，也就是形成通常所说的等离子体。随后在电场作用下，这些气体离子与样品表面发生碰撞并发生化学反应。通常反应的产物是挥发性的气体，而这些气体随即被真空泵抽走。这样一来样品不断地变薄，就像石头被刻刀刻掉一样。

　　接下来，用反应离子刻蚀去处理刚才准备好的样品。由于光刻胶有一定的厚度，在光刻胶覆盖的区域，气体离子要先把光刻胶侵蚀掉才能接触硅的表面，而这个时候其他区域的硅早已被气体离子侵蚀掉一定厚度了。这就像是两个人一起赛跑，起跑时间相同，跑步速度也相同，但是两人的起跑线相差了 10 米，因此开跑一段时间后，两个人显然会相差一定距离。同样的道理，在这个例子中，经过一定时间反应离子刻蚀的处理，原本平坦的硅片上就会出现若干线条。

纵观整个生产流程，可以说是行云流水，一气呵成。然而随着半导体器件的尺寸越来越小，从几十年前的几十微米下降到现在的几十纳米，现有的芯片生产技术的软肋开始暴露出来。那就是其关键步骤，通过光刻将指定的图形画在半导体材料表面这一步，会受所使用的光的波长所制约。当图形尺寸减小到与光的波长相仿甚至更小时，由于光的衍射，准确地在半导体材料表面画出需要的图案会变得非常困难。这就像要用一支普通的钢笔可以轻松写出一厘米见方的汉字，但是要写出只有一毫米见方的字就很不容易了。目前用于光刻技术的主要是可见光和紫外光，它们的波长在几百纳米左右，因此要想加工出尺寸只有几十纳米甚至几纳米的器件确实非常困难。

正是因为现有的半导体加工工艺遇到了瓶颈，研究人员把目光投向了嵌段共聚物。嵌段共聚物发生微观相分离所形成的周期性结构至少一个方向上的尺寸刚好在几十纳米这个范围，因此科学家们设想，也许可以用嵌段共聚物形成的微观结构来代替光刻，从而方便地在半导体材料表面画出我们需要的图案。而这一设想的可行性也已经被实验证明。例如，在由聚苯乙烯和聚丁二烯组成的二嵌段共聚物中，如果聚丁二烯嵌段的重量只占嵌段共聚物分子总重量的15%，发生微观相分离后，聚丁二烯嵌段会形成直径大约为30纳米的小球分散在聚苯乙烯中。如果将这种二嵌段共聚物涂到氮化硅的表面，并控制膜的厚度在50纳米左右，那么覆盖在氮化硅表面的就只有一层聚丁二烯的薄膜。

接着，用臭氧处理嵌段共聚物薄膜。臭氧能够将聚丁二烯嵌段彻底破坏掉，却不和聚苯乙烯反应，因此经过臭氧处理后，覆盖在氮化硅表面的就不再是嵌段共聚物，而是内部分散着众多孔洞的聚苯乙烯。接下来又轮到反应离子刻蚀出马了。气体离子首先消除掉氮化硅表面的聚苯乙烯，然后继续侵蚀覆盖在其下的氮化硅。由于聚合物薄膜中有些区域是空的，气体离子在这里遇到的阻力比较小，会侵蚀掉更多的氮化硅。这样，最初平坦的氮化硅表面被无数紧密排列的，直径只有几十纳米的小坑所取代，尺寸这么小的结构凭借传统的光刻技术是很难实现的。从这个例子我们不难看出，嵌段共聚物的薄膜技术完全可以代替光刻技术对半导体材料进行加工。

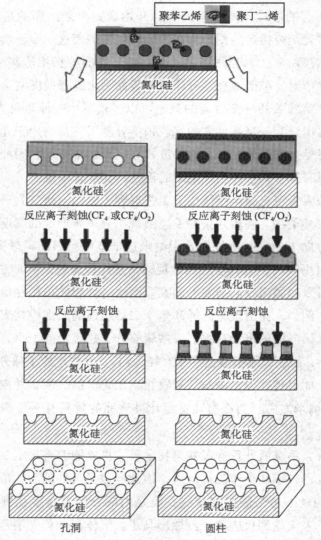

通过聚苯乙烯－聚丁二烯二嵌段共聚物加工半导体材料的流程示意图

左：通过臭氧选择性去除聚丁二烯嵌段来得到孔洞；右：通过四氧化锇与聚丁二烯的选择性作用来得到圆柱

图片来源：Park M，Harrison C，Chaikin P M，et al.，1997

　　如果不想要小坑，而是想要在原先平坦的氮化硅表面上加工出直径几十纳米的小圆柱，用嵌段共聚物能否实现呢？当然可以。一开始，仍然是在氮化硅的表面覆盖上一层聚苯乙烯－聚丁二烯二嵌段共聚物的薄膜。薄膜形成后，不再使用臭氧，而是改用四氧化锇的蒸气去处理。四氧化锇对聚苯乙烯丝毫"不感冒"，见到聚丁二烯却表现得非常"热情"，和它紧紧地结合在一起。接下来又轮到反应离子刻蚀出马。但这回气体离子可是碰了个大钉子——结合在聚丁二烯中的四氧化锇让刻蚀速率变得很慢。当处在这些区域的气体离子费了九牛二虎之力终于把聚丁二烯刻蚀干净时，其他区域的气体离子早已经消灭掉不少氮化硅啦。这样一来，我们自然就得到了大小仅有几十纳米的氮化硅的圆柱而不是小坑。在这个例子里面，嵌段共聚物的薄膜仍然代替光刻胶起到模板的作用，只不过经过小小的一点变化，最终得到的结构就有了很大的不同。

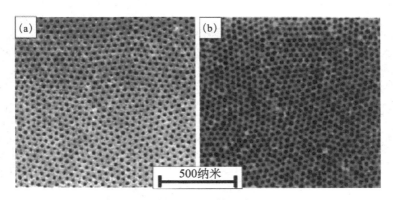

透射电子显微镜照片

　　（a）覆盖在氮化硅表面的聚苯乙烯－聚丁二烯薄膜，其中聚丁二烯嵌段已经通过臭氧处理被除去；（b）用反应离子刻蚀处理嵌段共聚物薄膜，在氮化硅表面得到孔洞
　　图片来源：Park M，Harrison C，Chaikin P M，et al.，1997

　　通过上面两个例子我们不难看出，嵌段共聚物独特的微观相分离使得它们有希望代替光刻成为新的半导体生产加工的方法。当然，这种新的方法在实际应用中还有许多问题有待解决，因此利用嵌段共聚物来生产芯片在目前主要仍然是处在实验室研究阶段，距离真正的大

规模应用还有一定距离。不过研究人员对未来仍然充满期待，也许我们很快就会在电子产品中看到利用嵌段共聚物生产的芯片。

　　好了，言归正传，继续回到交联的话题。接下来笔者要为大家介绍的是另一种通过交联实现的奇特材料，它的名字叫水凝胶。你可能对水凝胶这三个字感到很陌生，但马上要出场的这些例子，相信你一定很熟悉。

第四节　一次性尿布和隐形眼镜有什么共同点

设想在三四十年前有这样一位年轻的朋友，他初为人父，家中有一个只有几个月大的宝宝。同时他酷爱运动，但又不巧高度近视。那么每天有两件事让他很是心烦。首先，家里永远有洗不完的尿布。其次，每次做运动时，戴眼镜吧，厚重的玻璃镜片实在是不方便，摘了眼镜呢，又担心视力不佳的自己连对方传过来的球在哪里都看不清楚。

但到了现在，他大可不必为这两件事苦恼。宝宝可以穿上舒适的一次性尿布，洗尿布成为了历史。同时，他也可以戴上隐形眼镜，在运动场上也更加轻松自如。

为什么要将一次性尿布和隐形眼镜这两种看上去风马牛不相及的物品相提并论呢？因为它们都得益于一类特殊的高分子材料——水凝胶。水凝胶和前面提到的热固性塑料和橡胶一样，都是交联的杰作。

一、从溶液到水凝胶

把一勺蔗糖加到水中并稍加搅拌，蔗糖很快就消失不见了，而原本没有味道的水也有了甘甜的味道。这是我们非常熟悉的过程——溶解。蔗糖分子和水分子彼此间具有一定的亲和性，前者能够分散到后者当中，形成蔗糖的水溶液。在这里，水也称为溶剂，而蔗糖则被称为溶质。

热塑性塑料等未经交联的高分子化合物的分子虽然庞大，但遇到合适的溶剂时也可以溶解在其中。由于结构相似，大多数高分子材料能够溶解于有机溶剂。例如，放入丙酮中的泡沫塑料很快就会消失不见，就是因为泡沫塑料的主要成分聚苯乙烯能够溶解在丙酮中。也有一些高分子化合物，如聚丙烯酸钠，以及前面提到的聚乙烯醇，由于结构特殊，对有机溶剂"不感兴趣"，反倒像蔗糖一样可以溶解在水中，它们被称为水溶性高分子（附录 -11）。

但如果把聚丙烯酸钠先交联起来再投入水中，就会惊奇地发现，逐渐消失的不再是聚丙烯酸钠，而是杯中的水——经过一段时间后，杯中的水完全不见，只剩下一大块像果冻一样软软的固体。如果把杯子倒过来，不仅不会有水流下来，整块固体都会牢牢贴在杯子底部。为什么会发生这种现象呢？

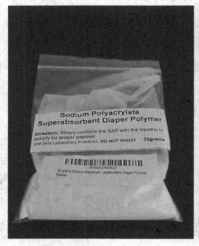

(a) 干燥的聚丙烯酸钠粉末　　(b) 聚丙烯酸钠与水混合后形成固体

聚丙烯酸钠吸水过程

溶解是指一种物质（溶质）均匀地分散在另一种物质（溶剂）中形成溶液的过程，而交联之后所有的聚丙烯酸钠分子都被连在一起，它们自然不可能再溶解到水中。那怎么办呢？我们在前文中提到，在一个经过交联的聚合物网络中，交联点之间的分子链条总是处于蜷缩的状态。如果将这些分子链条拉伸，聚合物网络内部就会增加不少空间，水就可以趁机占据这些空间。虽然聚合物分子本身被拉伸后会变得不稳定，但拉伸之后它和水分子的接触会更加亲密。因此，把经过交联的聚丙烯酸钠投入水中后，会看到聚丙烯酸钠逐渐膨胀。最终得到的固体只有很少一部分是原先的聚丙烯酸钠，其余的都是被聚合物网络吸收的水。这样的材料，我们称之为水凝胶。前面我们提到的用聚乙烯醇和硼砂做的"史莱姆"，实际上也可以视为一种水凝胶。

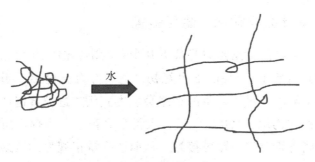

水凝胶形成过程的示意图

那么水凝胶能够吸收多少水呢？这取决于一系列的因素。交联前的聚合物水溶性越好，水凝胶自然能吸收更多的水。同时，交联的程度也是影响水凝胶吸水能力的一个重要因素。如果交联程度较高，交联点之间的分子链条能够被拉伸的程度就有限，这样水凝胶就很难吸收较多的水。不过总的来说，水凝胶吸水能力是相当可观的，例如用于一次性尿布的聚丙烯酸钠可以吸收高达自身重量 800 倍的纯水！因此它和其他一些经过交联的水溶性高分子有一个响亮的名字——高吸水性高分子。不过如果将纯水换成尿液，尿液中的阳离子会阻碍聚丙烯酸钠分子在水中的膨胀，使得它的吸水能力大打折扣。在这种情况下，聚丙烯酸钠只能吸收自身重量 30 ～ 60 倍的尿液，但即便如此，这样的吸水能力也很不错了。要知道在聚丙烯酸钠等高吸水性高分子被应用于尿布之前，无论是可重复使用的尿布还是一次性尿布都是使用棉花、纸巾、木浆等传统的吸水材料，它们的吸水主要是通过将水分保持在材料的孔隙中实现的，最多只能吸收 20 倍于自身重量的水分。要想吸收较多的水，尿布通常要相当厚重，婴儿穿着起来很不方便，而且进入孔隙中的尿液仍然可以流出来。相反，使用了高吸水性高分子的一次性尿布不仅更加轻薄，而且被尿布吸收的水分会被牢牢地保持在水凝胶中，从而可以让婴儿的皮肤较长时间地保持干爽。

通过上面的介绍，大家是否已经感受到了水凝胶这种材料的独特魅力了？接下来让我们了解一下水凝胶是如何在隐形眼镜的发展历程中发挥作用的。

二、拿什么拯救你，隐形眼镜

隐形眼镜的问世虽然只是最近几十年的事，但实际上它的历史可以追溯到几百年前。早在16世纪初，达·芬奇就提出：当人的眼球与水直接接触时，进入人眼的光路会发生变化。这被普遍认为是最早的隐形眼镜的构想。100多年后，大科学家笛卡儿也提出可以将充满液体的玻璃弯管直接与眼球接触，从而达到矫正视力的效果。不过这些设想远远超出了当时的科技水平，因此并未付诸实践。到了19世纪末，有人尝试用玻璃制作隐形眼镜。这样的隐形眼镜虽然能在一定程度上起到矫正视力的作用，但镜片过于厚重，会让佩戴者感到极其不舒服，甚至有可能损伤眼睛，因此很难获得推广。

直到各种性能优异的合成高分子材料出现以后，隐形眼镜才迎来了真正的发展契机。在20世纪三四十年代，第一种用高分子材料制成的隐形眼镜被成功地制造出来，使用的是前文中提到的聚甲基丙烯酸甲酯。聚甲基丙烯酸甲酯透光性堪比玻璃，密度却大约只有玻璃的一半，而且也不像玻璃那样易碎，看上去真的是非常适合用于制作隐形眼镜。

然而如果你真的戴上了聚甲基丙烯酸甲酯做的隐形眼镜，就会意识到它有多么糟糕。聚甲基丙烯酸甲酯虽然比玻璃轻便许多，但它同样很硬，使用者戴上它之后仍然会感觉不舒服。当然，经过一段时间的佩戴后，人眼适应了隐形眼镜镜片的存在，不舒服的感觉或许会逐渐消除，但聚甲基丙烯酸甲酯另一个致命的弱点却无法用时间来解决，那就是透气性太差。我们的眼球无法从血液中得到足够的氧气，所以需要保持与空气的直接接触。如果眼球由于隐形眼镜的阻挡而不能得到足够的氧气，就有可能产生一系列问题，从而影响眼球的正常生理功能。因此透气性成为衡量隐形眼镜性能的一个重要指标。然而聚甲基丙烯酸甲酯的分子排列非常紧密，像一堵墙一样，空气很难透过。佩戴这种隐形眼镜时，氧气只能通过镜片边缘的缝隙与眼球接触，因此用聚甲基丙烯酸甲酯制造的隐形眼镜不适合长时间佩戴。如果这个问题不解决，隐形眼镜或许就只能停留在纸面上了。

幸运的是，就像橡胶工业的发展遇到了古德伊尔，隐形眼镜的发展也在最关键的时期遇到了一位"救星"，那就是被誉为软性隐形眼镜之父的捷克化学家奥托·威特勒（Otto Wichterle）。

三、威特勒与软性隐形眼镜的诞生

威特勒 1913 年 10 月 27 日出生于捷克（当时还是奥匈帝国的一部分）的普罗斯捷约夫（Prostejov）。1936 年，他在布拉格化学技术学院（Institute of Chemical Technology in Prague）获得化学博士学位并留校任教。到了 1939 年，威特勒已经满足了任职副教授的要求，就职报告也已经准备好了。然而就在这一年，纳粹德国入侵捷克。在纳粹德国占领捷克期间，所有的捷克的大学都被迫关闭，威特勒的学术生涯也因此中断。幸运的是，威特勒在当时世界上最大制鞋企业巴塔鞋业谋得了一份工作，从事合成高分子方面的研究并取得了一系列重要成果。第二次世界大战结束后，威特勒重新回到高校任教。也就是在这一时期，他开始思考如何开发出更好的隐形眼镜镜片材料。

威特勒想到，水凝胶或许可以解决隐形眼镜制造所面临的困境。首先，水凝胶由于含有大量的水，自然要比聚甲基丙烯酸甲酯这样的塑料柔软得多，而且水凝胶的软硬程度还可以通过改变水的含量来调节，因此可以满足不同用户的需求。其次，由于大量水的存在，氧气可以通过水凝胶中的水到达眼球，因此隐形眼镜的透气性也可以得到提高。如果这种水凝胶的透光性不成问题，那简直就是用于隐形眼镜镜片的完美选择。顺着这个思路，威特勒开始了他的研究。

奥托·威特勒（1913—1998）

威特勒和他的合作者选择了另一种水溶性高分子——聚甲基丙烯酸羟乙酯，并很快试制出用这种材料的水凝胶作为镜片的隐形眼镜。正如他预料的，这种隐形眼镜不仅保持了良好的透光性，而且佩戴时的舒适度也显著提高。因此，威特勒非常期待它能够取代聚甲基丙烯酸甲酯。

然而一个新的问题很快摆在威特勒的面前，那就是如何生产这种新型隐形眼镜。聚甲基丙烯酸甲酯非常坚硬，因此用它生产隐形眼镜时，只需要先得到一根聚甲基丙烯酸甲酯的圆柱，再把它切削成需要的形状就好了。而这种方法对于柔软的水凝胶就不适用了。威特勒首先尝试将单体、交联剂、水等原料一起注入一个封闭的模具中，然后对整个模具加热使得其中的材料发生聚合反应得到高分子。然而用这种方法得到的镜片边缘不够平整，显然不适合佩戴。

被这个问题困扰了很久的威特勒终于在喝咖啡时找到了灵感。他发现，当把糖加入咖啡中时，杯中的咖啡在搅拌下形成了非常平滑的曲面。因此他推想，如果用开放式模具代替之前的封闭式模具，当马达带动模具时，模具中的液体也可以形成完美的曲面。如果在旋转模具的同时让模具的温度逐渐升高，促使聚合反应发生，随着水凝胶的形成，这个曲面就会被固定下来。在这个过程中，镜片外侧的曲率半径由模具形状所决定，而内侧的曲率半径则可以通过调节模具转速来改变，因此我们可以非常方便地生产出不同形状的镜片。这种被称为旋涂的方法至今仍然被用于隐形眼镜的生产。

　　威特勒随后准备将他的想法付诸实践，然而捷克政府部门却中断了相关的资助。不甘心就此放弃的威特勒干脆将实验室搬到了家中。1961年圣诞节，利用从儿童玩具、留声机等家庭用品上拆下的零件搭建的简陋设备，威特勒和夫人成功利用旋涂方法生产出一批隐形眼镜。1971年，博士伦公司成功通过美国食品药品管理局（FDA）的审批将这种新型隐形眼镜投入市场，很快获得巨大的成功。由于使用聚甲基丙烯酸羟乙酯水凝胶作为镜片材料的隐形眼镜更加柔软，它们被称为软性隐形眼镜，而之前坚硬的聚甲基丙烯酸甲酯隐形眼镜就被对应地称为硬性隐形眼镜。软性隐形眼镜由于佩戴起来更加舒适，很快就取代了硬性隐形眼镜而风靡全球。

威特勒建造的第一台用旋涂方法生产隐形眼镜镜片的装置

图片来源：Laskow S，2014

　　不过威特勒开发的水凝胶透气性仍然不够好，近些年来，研究人员又开发出一种名为硅水凝胶的镜片材料。这种材料将传统的水凝胶与具有高度透气性的硅橡胶结合起来，由它制成的软性隐形眼镜佩戴起来更舒服。

　　与古德伊尔类似，威特勒用自己的发明变革了一个行业，但他本人并没有因此获利。在没有告知威特勒本人，更没有和他商量的情况下，捷克政府就将软性隐形眼镜的专利所有权出售，威特勒从中仅仅获得了330美元的回报。不过专心于学术研究的威特勒并没有对此有任何抱怨。虽然没有从软性隐形眼镜中得到太多的财富，威特勒却收到另外一种形式的"大礼"——1993年，第3899号小行星以他的名字命名。

四、水凝胶带来更加健康的生活

　　毋庸置疑，威特勒对隐形眼镜的发展做出了里程碑式的贡献，不过他的眼光并没有停留于此。威特勒敏锐地意识到，水凝胶柔软且含有大量的水，而这也是生物体内诸多组织器官的特点。因此，水凝胶具有良好的生物相容性，在与生物组织相接触时，对后者的刺激要远远小于常规的合成高分子材料，因此在生物医学领域会有重要的用途。1960年1月，威特勒和合作者将他们的研究工作以《用于生物用途的亲水性凝胶》为题发表在顶级学术刊物《自然》上。这篇论文篇幅虽然不长，却有着深远的意义。从此，水凝胶在生物医学领域的潜在价值开始被人们所重视。从这个角度来说，威特勒堪称水凝胶的"伯乐"和"贵人"。

　　那么水凝胶在医学方面有哪些用途呢？我们在生活中难免遇到点磕磕碰碰，皮肤上出现伤口。为了给伤口提供一个良好的愈合环境，防止感染的发生，我们经常会用纱布、绷带、创可贴等敷料将伤口表面覆盖。这些材料虽然能够很好地保护伤口，但也存在一个很大的弊端，那就是容易和创伤部位粘连在一起。在给伤口换药时，我们常常需要设法将敷料与伤口分开，这不仅会导致换药过程需要较长时间才能完成，更会带来额外的疼痛，尤其是像烧伤这样的较为严重的创伤，换药过程是相当痛苦的。

　　为了解决这个问题，近些年来科学家们尝试用特殊的水凝胶作为烧伤伤口的敷料。这种水凝胶的特殊之处在于它的交联是通过可逆反应来实现的。当需要更换敷料时，只需要提供相应的条件破坏交联结构，水凝胶固体就会变成普通的溶液，清理起来很方便，不必担心由于敷料与创伤组织粘连而给患者造成额外的痛苦。

　　除了受伤，生病也是我们一生中难以避免的，而生病通常就意味着要打针吃药。我们服用药物时，许多时候都是希望它只治疗特定的组织器官的病症，而对其他组织器官没有影响。但是经过口服或者注射而进入体内的药物不会老老实实待在某个器官周围，而是随着循环系统"满世界游荡"。在"周游"人体的过程中，相当一部分药物分子还没有来得及对目标器官发挥作用就被代谢掉排出体外。而且当药物与其他组织器官接触时，还可能产生不必要的副作用。当然了，在通常情况下，这些并不是太大的问题。为了早日战胜病魔恢复健康，每日按时服药并不是什么难事，头晕眼花之类轻微的副作用也可以忍受。但在另外一些情况下，如药物非常宝贵，或者副作用太严重，我们就必须设法提高药物释放的精确程度和效率。这个时候，水凝胶又派上用场了。

　　如果需要服用的药物能够溶于水，可以在制备水凝胶的时候把药物也一同加入水中。当水凝胶形成后，这些物质也会随着水一起进入水凝胶被包裹起来。接下来让这块水凝胶与体液接触，由于体液中不含有这些药物，因此水凝胶内外就出现了一个药物浓度差。这个浓度差会促使一部分药物从水凝胶中逐渐跑出来，以达到在水凝胶内外的浓度相同。这样一来，药物就可以缓慢地从水凝胶中释放出来，更加持久地发挥作用。如果这时把水凝胶放到需要治疗的组织器官附近，那么药物从水凝胶中释放出来就还可以直接到目标组织器官内发挥作用，不仅提高了药物的效率，而且有可能降低药物的副作用。这就是水凝胶在医学领域的另一重要应用——可控药物释放。

　　很多科学家还进一步设想，水凝胶或许可以被用来修复受损的组织器官，用于需要与人体接触的医疗设备，甚至可以用于制作机器人。当前所使用的金属、陶瓷、塑料等材料都过于坚硬，即便它们本身不含有对生物体有害的化学物质，当它们与组织器官相接触时，仍然会让我们的身体感觉不舒服。如果用柔软的水凝胶取而代之，这个问题就可以迎刃而解了。

更为有趣的是，前不久研究人员还利用水凝胶开发出含有活细菌的可穿戴设备。这些细菌当然不是普通的致病菌，而是经过基因工程改造的对人体无害的细菌，它们能够在环境中存在特定化合物时发出荧光，因而可以作为很有价值的检测手段。但问题在于，要想让这些特殊的细菌正常工作，就必须源源不断地为它们提供养料，这就导致它们在实际应用中颇受限制——我们总不能拿着含有细菌的培养皿来到处检测吧？但有了水凝胶，问题就迎刃而解了。我们可以将细菌所需要的养分包裹在水凝胶中，再用水凝胶和透气的橡胶把细菌封装起来。有了空气、水和营养物质，细菌的生存就不受影响了。带上这样的装置，我们就有可能根据细菌发出的荧光判断环境中是否存在有害物质。

毫无疑问，这些研究为水凝胶所展示的前景是相当美好的，如果能够付诸实践，势必能更好地保障我们的健康生活。不过，更好的"工作机会"往往也意味着更高的门槛，因此需要对水凝胶的性能作不同程度的改造，这就到了考验科学家们创造力的时候了。比如，如果用于医疗设备，目前的水凝胶的机械强度还不够高，有什么办法让它们更坚韧一些呢？

五、手把手教你打造超强韧水凝胶

乍一看，水凝胶机械强度低似乎是天经地义的，毕竟它的大部分都是水，承受不了太大的负荷。然而我们身体里的大部分组织器官也都含有大量的水，虽然它们谈不上坚如磐石，但是强度仍然比人工合成的水凝胶高出一大截，能够很好地维持我们日常的生理需求。这说明人工合成的水凝胶的性能仍然有提升的空间。

那么如何提高人工合成的水凝胶的机械强度呢？这涉及许多较为深入的专业知识，简短的一段话很难说清楚，但我们可以简单地领略一下科学家们的奇思妙想。

例如，有的科学家指出，包括水凝胶在内，所有经由交联形成的高分子网络结构总是不均匀的，存在一些薄弱环节。而当外力来临时，网络就从这些薄弱处断裂。如果网络结构更加均一，消除了薄弱处，水凝胶的机械强度就会显著提高。

道理虽然简单，实施起来却颇具挑战性。如何才能确保交联过程能够均匀地进行呢？这难不倒聪明的研究人员。他们找来一种常见的水溶性聚合物聚乙二醇。当聚乙二醇与一种名为 α - 环糊精的环状分子相遇时，这些环状分子就会套到聚乙二醇的分子上。如果把聚乙二醇的首尾两段再连接上一些体积比较庞大的化学基团，这些套在聚乙二醇上的环糊精分子就没法跑掉了，看上去就像是一根窗帘杆上挂了许多铁环。

接下来研究人员设法让套在不同的聚乙二醇分子上的环糊精分子互相之间发生化学反应，这样聚乙二醇分子都被交联起来。但与普通的经过交联的高分子不同，在这块材料中，交联的位置并不固定，而是像滑轮一样可以到处滑动。如果把这种材料制成水凝胶，当外力来临时。由于这些环糊精的"滑轮"可以在聚乙二醇的分子上滑动，因此外力所产生的负荷总是均匀地分布在整个网络上。这样一来因此水凝胶的强度也有所提高。

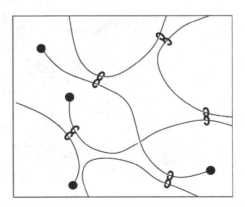

通过"滑轮效应"增加水凝胶强度的原理示意图

图片来源：Tanaka Y，Gong J P，Osada Y，2005

　　还有的科学家则选择从另外的角度入手。普通的水凝胶是由单一的水溶性高分子所形成的网络结构，例如用于一次性尿布的是聚丙烯酸钠的交联网络，而组成软性隐形眼镜的主要是聚甲基丙烯酸羟乙酯的交联网络。但通过特殊的手段，我们可以让两种不同水溶性高分子分别组成网络形成水凝胶，而且这两种网络并非完全分开，而是你中有我、我中有你，互相穿插起来。研究人员将其称之为"双层网络水凝胶"。

　　如果构成水凝胶的双层网络中的第一个网络致密且较为硬脆，第二个疏松并富有弹性，那么当我们用力拉伸或者压缩水凝胶时，致密而脆的那个网络首先承受不住，发生断裂。不过这个网络并不是白白断裂。首先，如果这个网络不存在，那么外力就会把矛头全部集中在另一个网络上。因此，第一个网络通过吸引火力自我牺牲，实际上保护了第二个网络。其次，第一个网络断裂之后形成的碎片分散在第二个网络中，对后者起到了一定的加固作用。由于这种"牺牲一个保护另一个"的机制，双层网络水凝胶可以表现出惊人的强度。许多普通的水凝胶一切就断，一挤就破，而这种水凝胶却可以做到剪不断、压不烂。

　　　　　　（a）　　　　　　　　　（b）

基于双层网络的水凝胶（a）能够比普通的水凝胶（b）承受更重的负载

图片来源：Gong J P，Katsuyama Y，Kurokawa T，et al.，2003

　　另外，前文曾经提到，将无机材料的颗粒或纤维添加到塑料中得到的复合材料强度往往高于普通的塑料，这一招对于水凝胶也同样适用。例如，用黏土的纳米颗粒代替普通的交联剂打造出的水凝胶表现出异常强韧的特性。如果把这些微粒与本来就颇为强韧的双层网络相结合，得到的水凝胶的强度堪比金属。

　　高强度水凝胶的问世使得我们可以用水凝胶来加工更多的医疗器械，从而更好地保护人类的健康。不过，水凝胶的强度虽然提高了，我们还必须解决另外一个重要的问题：如果把水凝胶用来帮助修复器官或者释放药物，怎样才能把它们顺利植入体内呢？

　　有的朋友可能会不假思索地回答：开刀呗。可是说起来容易做起来难，一次手术的完成要经历术前的消毒、麻醉，手术中的操作和术后的康复等诸多环节。手术需要耗费的大量人力物力和随之而来的风险往往足以抵消水凝胶带来的诸多优势。所以更好的办法是用一根注射器将水凝胶注入身体里面去。

　　你或许觉得这个脑洞开得有点大，一大块经过交联，既不能溶解也无法流动的水凝胶，如何能够通过小小的针眼呢？这个问题在下一节中我们将详细讨论。

第五节　如何让水凝胶穿过针头

果冻是大家都很喜爱的一类零食，许多朋友可能还有过自制果冻的经历。自制果冻并不复杂，我们只需要到超市买来食用明胶，将粉末状的明胶溶于热水，再根据个人喜好加入果粒等其他原料，然后将配制好的溶液连同容器一起放入冰箱冷藏室中，经过一段时间再取出，原本能够流动的溶液就变成了一大块软软的固体。所以，果冻也是一种水凝胶。

在制备果冻的过程中，我们并没有添加任何交联剂，为什么水凝胶同样能够形成呢？其中的奥妙就在于明胶。明胶是由胶原蛋白部分水解而来，因此也是一种高分子化合物。明胶能够完全溶解于热水形成溶液，然而随着温度的降低，明胶分子中的部分结构开始变得不溶于水。当若干个明胶分子靠近时，它们身上不溶于水的那部分就互相聚集起来，使得原本线性的分子形成了三维的水溶性高分子网络，再经过吸水就变成了水凝胶。同前面介绍过的热塑弹性体类似，在用明胶制备果冻这个例子中，三维网络的形成也不需要化学交联，因而它也属于物理交联的一种。那么这个例子与我们要解决的让水凝胶穿过注射器的针头的问题有什么联系呢？

一、发生在 32℃的神奇转变

我们都知道，一般来说，固体在水中的溶解度总是随着温度升高而增加，例如，20℃时 100 克水中能够溶解 109 克氢氧化钠，而温度升高到 60℃时，这个数字就猛增到 174 克。刚才提到的明胶，同样也是遵循这个规律。

不过既然有一般也就意味着有特殊情况的存在。例如，一种名为

聚 *N*- 异丙基丙烯酰胺（英文缩写为 PNIPAM）的高分子材料（附录 -12）虽然也能溶于水，但升高温度不仅无助于更好地溶解，相反，如果把溶有聚 *N*- 异丙基丙烯酰胺的水加热，原本澄清的水会变得浑浊。这说明温度越高，聚 *N*- 异丙基丙烯酰胺反而越难溶于水。

为什么会出现这种奇怪的现象呢？聚 *N*- 异丙基丙烯酰胺的分子可以看成由两部分组成：长长的碳原子组成的链条和从链条中伸出无数含有氮原子和氧原子的分叉，即所谓的酰胺结构。酰胺结构和水分子之间形成氢键，从而让聚 *N*- 异丙基丙烯酰胺溶在水中。然而聚 *N*- 异丙基丙烯酰胺分子中长长的碳链对水则十分排斥，遇到水躲还躲不及呢，更别提溶在水中了。当温度比较低时，氢键的力量明显要更强，因此要求聚 *N*- 异丙基丙烯酰胺溶于水的"呼声"占据了主导地位；然而随着温度的升高，氢键断裂，要求聚 *N*- 异丙基丙烯酰胺不溶于水的"呼声"越来越强。终于，到了某个温度，形势彻底逆转，原本溶于水的聚 *N*- 异丙基丙烯酰胺与水彻底分离，聚集并塌缩成较为密实的微小颗粒。这些微粒让原本透过溶液的光发生了散射，于是透明的溶液就变得浑浊起来。

现在我们把其他水溶性高分子，如聚丙烯酸钠的单体，添加到聚 *N*- 异丙基丙烯酰胺中，形成一个无规共聚物，在低温下将其溶于水中，然后逐渐升高温度，会发生什么呢？聚丙烯酸钠并不像聚 *N*- 异丙基丙烯酰胺那样，温度一高就从水中分离出来。当温度升高到某个程度时，整个聚合物分子中有聚丙烯酸钠结构的地方仍然可以溶于水，而那些聚 *N*- 异丙基丙烯酰胺的结构却试图从水中沉淀出来聚在一起。这样一来，原本是线性的一个个分子就被不溶于水的聚 *N*- 异丙基丙烯酰胺连接起来，水溶液自然就变成了水凝胶。不难看出，这个例子与果冻的形成过程一样，都是温度变化导致水溶性高分子在水中的溶解度下降，形成物理交联，从而导致三维网络结构的出现。只不过在这两个例子中，水凝胶的形成一个发生降温的过程中，而另一个则发生在升温的过程中。

更为有趣的是，聚 *N*- 异丙基丙烯酰胺从溶于水到不溶于水的转变发生的温度，不高不低，刚好是32℃，与人的体温非常接近。读到这里，相信聪明的读者已经明白如何不经过手术就让水凝胶进入体内：如果我们事先将这样的无规共聚物与水混合，只要温度控制在32℃以下，它们就会以溶液的形式存在，可以毫不费力地经由注射器注射进体内；进入体内后，由于体温要高于32℃，因此聚 N- 异丙基丙烯酰胺发生从溶于水到不溶于水的转变，从而让溶液转变为水凝胶，并停留在特定的位置。

(a)   (b)

含聚 N- 异丙基丙烯酰胺的无规共聚物不同温度下的溶解情况

（a）表示在4℃的低温下，含有聚 N- 异丙基丙烯酰胺的无规共聚物能够溶于水形成溶液后；（b）表示温度升高到37℃后，由于聚 N- 异丙基丙烯酰胺在水中溶解度下降，原本自由流动的溶液变成不再流动的水凝胶。

图片来源：Li Z, Guo X, Mastsushita S, et al., 2011

那么实际效果怎样呢？非常棒。实验表明，基于聚 N- 异丙基丙烯酰胺的无规共聚物所配成的水溶液，进入人体内后仅仅需要几秒时间就会变成水凝胶，所以无须担心溶液进入体内后会到处乱跑。我们可以事先在溶液中加入水溶性的药物分子，让药物在进入体内后被包裹到水凝胶中，从而实现缓慢且定向的释放；我们还可以用类似的方法将干细胞封装在水凝胶内，让干细胞在水凝胶搭起的"临时住处"中增殖、分化，从而达到修复组织器官的目的。

看到这里，你是否对已经对聚 N- 异丙基丙烯酰胺的"独门绝技"佩服得五体投地了？在下面这个例子中，我们还将看到它的独特性质是如何为我们的健康生活服务的。

二、温度变化带来的"变脸"

面对机能受损的组织器官，异体移植往往是唯一的治疗手段，但可供移植的器官经常供不应求，许多患者在等到器官移植的机会之前就已经撒手人寰。另外，移植后的免疫排斥等问题也颇令人头疼。近年来，组织工程和再生医学的发展为组织的损伤修复提供了另一条途径，那就是让特定的细胞先在体外增殖、分化，达到一定程度后再将培养好的组织植入体内。

要将细胞在体外培育得到特定的组织，往往需要提供一个骨架作为模板和支撑，但这些骨架又不能随着培养好的组织器官一起植入人体，这就形成了一个矛盾。一个解决的办法是采用生物可降解材料作为支架，在细胞生长的过程中，支架逐渐降解，最终培育出的组织器官中不再含有任何外来材料。然而这种方法存在着一定的局限，那就是在支架降解后，原先被支架占据的空间并不能很好地被细胞所填充，所以要想得到致密的组织比较困难。

要想得到较为致密的组织，一个可行的办法是直接将细胞在固体表面培养，当细胞生长到一定程度时再将它们取下来移植进体内。但问题在于，此时细胞已经与培养介质的表面牢牢地粘在一起，要将细胞从介质表面剥离，通常需要用一些酶来破坏它们之间的连接，而这些酶也不可避免地会破坏细胞与细胞之间的连接，这对培养好的组织会造成一定的损害。

然而有了聚 N- 异丙基丙烯酰胺，这个问题就迎刃而解了。一般来说，细胞更喜欢吸附于疏水而不是亲水的表面上。如果用聚 N- 异丙基丙烯酰胺作为细胞培育的载体，当温度高于 32℃时，载体表面是疏水的，细胞可以很好地在表面上生长。当细胞生长到我们想要的程度时，只要将温度降低到 32℃以下，细胞对聚 N- 异丙基丙烯酰胺表面的吸附能力就会显著下降，就可以毫不费力地让细胞从培养介质表面脱落下来，这被称为细胞层片技术（cell sheet technology）。不难看出，通过细胞层片技术，我们可以轻而易举地得到比较致密的组织。这是聚 N- 异丙基丙烯酰胺为人类健康所做出的又一项重要贡献。

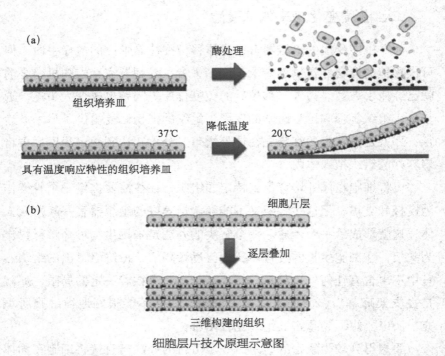

细胞层片技术原理示意图

　　（a）传统的细胞培养技术在将细胞与介质相剥离时，不可避免地会破坏细胞之间的连接，而细胞层片技术则可以得到完整的细胞片层；（b）细胞片层叠加后得到三维的组织

　　图片来源：Masuda S，Shimizu T，2016

　　除了能够穿过注射器针头的水凝胶和能够随意"变脸"的细胞培养介质，我们还可以利用聚 N- 异丙基丙烯酰胺在水中溶解度随着温度上升而下降的独特性质实现许多常规材料难以胜任的应用，这使得聚 N- 异丙基丙烯酰胺在近些年来成为备受关注的明星材料。它和其他具有类似性质的高分子材料有一个专门的称谓——环境响应高分子材料，意思是它们可以针对环境的某种变化改变自身的性质，从而做出响应。根据它们所响应的环境因素的不同，环境响应材料还可以细分为不同的类别。聚 N- 异丙基丙烯酰胺就是典型的温度响应高分子材料。

　　当然，除了温度响应高分子材料，环境响应高分子材料还有其他的成员。你看，聚 N- 异丙基丙烯酰胺已经自告奋勇地要带这些成员上台了。不过，聚 N- 异丙基丙烯酰胺同学，先别忙着走，你的工作还没做完呢。

三、来去自如的水凝胶

刚才提到，通过巧妙利用聚 N- 异丙基丙烯酰胺的温度响应特性，无须手术就可以将水凝胶植入人体。不过问题到这里还没有完全解决，水凝胶的任务完成后，不能一直留在身体中。如果通过手术将水凝胶取出，患者仍然免不了要经受皮肉之苦。

解决这个问题的关键还是从水凝胶形成所依赖的物理交联机制入手。基于聚 N- 异丙基丙烯酰胺的共聚物的水溶液之所以在温度升高时会形成水凝胶，是因为温度升高导致聚 N- 异丙基丙烯酰胺变得不溶于水，因此互相聚集起来形成交联。假设聚 N- 异丙基丙烯酰胺在体内形成水凝胶后，温度突然降低，那么随着聚 N- 异丙基丙烯酰胺在水中溶解度的增加，物理交联就会被破坏，水凝胶也就重新变成水溶液。这样一来，被注射进体内的聚 N- 异丙基丙烯酰胺就有可能随着尿液被排出体外。但问题是，水凝胶已经位于体内了，如何使其降温呢？总不能把整个人都冻成冰块吧。

在传统相声《扒马褂》里，一位贪图小便宜的帮闲为了能多穿两天某富家子弟送他的马褂，不得不帮动辄信口开河的后者圆谎，窘态频现。其中一个桥段里，那位富家子弟吹牛说，某天晚上风刮得太猛，把自家院子里的水井吹到院墙外头去了。可是风再大也没法把井吹动吧？这位帮闲赶紧解释说，其实是因为风把篱笆墙从井的一侧吹到了另一侧，乍一看就以为是井被风刮跑了。

这虽然是个笑话，在这里却能给我们解决问题带有益的启迪。之前我们讲到，聚 N- 异丙基丙烯酰胺在水中的溶解度之所以会随着温度升高而骤降，是因为温度变化改变了溶于水和不溶于水的两种力量的对比。而当向聚 N- 异丙基丙烯酰胺中引入其他单体形成无规共聚物时，额外引入的单体同样会影响这两种力量的相对强弱。由于单体结构的不同，新的聚合物分子完成从溶于水到不溶于水的转变温度可能会升高，也可能会降低。

如果我们在合成基于聚 N- 异丙基丙烯酰胺的无规共聚物时，将一段由 6 个氨基酸组成的多肽添加进来。当这种无规共聚物的水溶液注入体内后，首先也会形成水凝胶。但随后这些多肽会在体内一种名为胶原酶的作用下发生降解，减少 2 个氨基酸。别小看这一点变化，它让整个聚合物分子在水中的溶解性显著增加。这样一来，水凝胶自然会分崩离析，让聚 N- 异丙基丙烯酰胺乖乖地离开体内。在这里，我们虽然并没有真正把水凝胶降温到其转变温度以下使其重新变成溶液，但通过化学结构的变化，达到了同样的效果。你看，这是不是和"井被风吹跑"有异曲同工之妙？

在这个例子中，我们实际上接触到了另一类环境响应高分子材料，那就是酶响应高分子材料。我们的体内存在着种类繁多的酶，它们的专一性相当强，一种酶能够催化的化学反应，换成另一种酶往往就玩不转了。因此，如果把酶响应高分子材料和水凝胶结合起来，就有可能在体内实现更为复杂的功能，特别是实现药物更为精准的释放。例如，对眼部给药最常见的方法是滴眼药水。但这种做法效率相当低，因为滴进眼睛里的眼药水大部分来不及发挥作用就流走了，患者往往不得不一天滴好几次眼药水。在 2014 年，来自美国加利福尼亚大学洛杉矶分校的研究人员巧妙地解决了这一难题。他们先将治疗眼疾的药物包裹在壳聚糖这种高分子材料中形成微小的颗粒，再把这些微粒添加到用于软性隐形眼镜的水凝胶中。当这种含有药物的隐形眼镜与泪液接触时，泪液中的溶菌酶破坏壳聚糖，药物释放出来与眼睛直接接触而发挥药效。相反，如果隐形眼镜仅仅与水接触，壳聚糖保持完整，药物并不会被释放出来，因此使用者不必担心在储存或者清洗隐形眼镜时其中的药物会流失掉。如果这种隐形眼镜能够投入市场，我们就免去了每天必须滴几次眼药的麻烦啦。

不难看出，与温度响应高分子材料类似，酶响应高分子材料也是身手不凡。还有另一种环境响应高分子材料，同样在为我们的健康保驾护航，它就存在于肠溶片这种特殊的药物中。

四、肠溶片的奥妙

大部分固体形式的内服药物，如药片或者胶囊，都是在进入胃部后就开始崩解，从而使得药物中的活性成分逐渐被吸收。然而对于一些药物，我们并不希望它们在胃内就被吸收。这是因为某些药物的化学结构会被胃液中的胃酸破坏，从而失去原本的生理功效。还有些药物会刺激胃壁，这也是我们不希望看到的。针对这些情况，肠溶片应运而生。这些药片在进入肠道后才开始被人体吸收，从而避免了前面提到的这些问题。

那么肠溶片是如何在胃中保持完好的呢？很多药片的表面都有一层额外的涂层，通常称之为药物包衣。药物包衣可以隔绝水气，防止药物因吸潮而变质，还可以掩盖一些药物的苦味。早期的药物包衣通常都是用糖来制作，"糖衣炮弹"一词据说由此而来。现在的药物包衣大多改用水溶性的高分子化合物，如羟丙甲纤维素等。无论是糖衣还是常规高分子材料做的包衣，在消化道内遇水后都会溶解或者吸水膨胀，将包裹在其中的活性药物成分释放出来。

肠溶片的包衣也是基于高分子化合物，只不过这些高分子中多了一些弱酸性的结构。我们知道，酸指的是遇水能够释放出质子（即氢离子）的物质。像盐酸、硫酸这类的酸属于强酸，只要遇到水就能将携带的质子悉数放出。然而羧酸这样的弱酸则不同，只有处于碱性环境时才能将质子尽可能地放出；一旦处于酸性环境，它们就变得"害羞"起来，将身上的质子拼命藏着掖着，不肯释放出来。

我们的胃液中含有盐酸，酸性很强，肠溶片的包衣遇到这种环境，自然不愿意解离出质子。胃液中的水见到肠溶片包衣的这副样子很不高兴，对它说："既然你不肯释放出质子，那就休想进我家的门。"因此，在胃液这种强酸性环境下，肠溶片的包衣很难溶于水，包裹在其中的活性药物成分自然也就无法进入消化道。

然而当肠溶片进入小肠后，情况就完全不同了。肠液具有一定的碱性，这使得肠溶片包衣中的弱酸逐渐解离。随着质子被释放出来，肠溶片包衣逐渐溶解，被包衣保护的药物活性成分也终于重见天日，被消化系统吸收后发挥作用。

不难看出，构成肠溶片包衣的高分子化合物在水中的溶解度会随着溶液酸碱度的不同而发生显著变化。由于溶液的酸碱度通常用 pH

值来衡量，因此这类高分子材料构成了环境响应高分子材料的另一个重要成员，那就是 pH 响应高分子材料。

除了胃液和肠液之间存在酸碱度的差异，人体其他部位的体液通常也会保持特定的酸碱度，因此 pH 响应高分子材料在药物开发中有着非常重要的应用，尤其是在抗癌药物的开发中颇为引人瞩目。许多抗癌药虽然能够有效杀死癌细胞，但对正常细胞往往也有着不小的杀伤力，由此造成的严重毒副作用让癌症患者遭受了相当大的痛苦。要想解决这一问题，开发毒性更小的抗癌药当然是一条途径，但很多时候这并不容易办到。这个时候，pH 响应高分子材料就派上用场了。

肿瘤组织有一个特点，那就是细胞间质的酸性要略高于正常组织。因此，有没有可能将抗癌药物预先用保护层包裹起来，让保护层只能在酸性更强的环境下溶解，从而避免抗癌药与正常组织的接触？显然，这个要求与肠溶片完全相反，这时用含有弱酸结构的聚合物显然不合适了。那么我们该怎么办呢？对了，换成弱碱性结构的聚合物。具有这种结构的高分子材料在酸性条件下很容易溶于水，到了碱性的水溶液里反倒不那么容易溶解。通过这种材料，就有可能实现对癌细胞的"精准打击"。

研究人员们这次没有选择水凝胶，而是利用了前面提到的二嵌段共聚物。这些二嵌段共聚物其中一段是含有弱碱性结构的 pH 响应高分子材料，另一段则是无论酸碱度如何都能轻易溶于水的普通水溶性高分子。如果水溶液的酸性不够强，那么这个二嵌段共聚物显然一头亲水，另一头则比较疏水。为了维持自身稳定，若干个二嵌段共聚物会互相聚集，形成一种名为胶束的结构。在胶束中，亲水那段挡在外头，疏水那段则缩在里面，大家彼此都满意。许多抗癌药都难溶于水，当二嵌段共聚物形成胶束时，它们刚好可以被疏水段包起来，从而可以更加稳定地待在水中。这样的胶束进入体内后，遇到正常的组织没有什么反应，但一旦遇到肿瘤组织，随着环境中酸性增强，原本疏水的胶束内核也变得亲水。于是，胶束结构解散，原本包裹在胶束中的抗癌药就被释放出来。此时抗癌药不再能够与正常细胞接触，只对肿瘤组织起作用，患者自然少了不少痛苦。

　　通过这些生动有趣的例子我们不难看出，环境响应高分子材料能实现许多普通的高分子材料望尘莫及的复杂功能，因此，科学家们又给它起了一个更加响亮的名字——智能高分子材料。

　　听到这个名字，有的朋友可能会眉头一皱：既然冠以"智能"之名，我们是不是应该看些更加高大上的应用，比如打造个机器人之类的？你还别说，科学家们跟你想到一块去了。

第六节　打造属于你的"变形金刚"

　　像许多读者一样，笔者小时候每天最期盼的一件事就是放学归来打开电视机看动画片。而在当时众多的动画片中，给笔者留下印象最深的大概要数来自美国的《变形金刚》了。在这部动画片中，机器人可以随时变身为汽车、坦克、飞机甚至恐龙等各种造型，如此酷炫的变化让一代又一代的儿童甚至成年人都为之着迷。

　　当然，随着机器人技术的不断发展，让机器根据需要改变造型已经不再是卡通中的幻想。然而，目前的机器人通常使用金属等比较坚硬的材料制成，在需要与生物体接触时，坚硬的材料显得不那么友好。此外，由于缺乏弹性和韧性，有许多工作传统机器人难以胜任。例如，我们很难想象一台机器人能够从高处跳下而完好无损。为了克服传统的机器人的一些不足，近些年来，研究人员提出了软机器人的概念。通过使用更加柔软有弹性的材料，例如橡胶、水凝胶等，研究人员希望软机器人能够更好地模仿生物的肢体运动，从而完成许多传统机器人难以胜任的工作，特别是生物医学领域的一些应用。

　　软机器人开发过程中面临的一大挑战就是如何很好地驱动这些柔软的材料，让它们根据外部的指令来改变形状。在这个问题上，新兴的智能高分子材料与传统的交联技术联手，提供了一套绝好的解决方案。接下来就让我们先来看一看如何让一块水凝胶动起来。

一、如果你的伙伴和你步调不一致

　　在上一节我们提到，智能高分子材料中的一种——pH 响应高分子材料，在水中的溶解性与水溶液的酸碱度有很大关系。如果一种 pH 响应高分子材料中含有弱酸结构，显然它在碱性条件下会更加容易溶于水。如果把这种高分子材料交联起来，再投入碱性的水溶液中，那么显然就会得到水凝胶。

接下来让我们将一小条这样的水凝胶与另一条由聚丙烯酸钠——即前文中介绍过的一次性尿布的主要成分——形成的水凝胶通过一个侧面粘在一起，形成一个双层结构，然后将这种双层水凝胶浸入水中，再将水溶液由碱性调节为酸性，这时你会惊奇地发现，原本舒展的双层结构朝着 pH 响应高分子材料的方向弯曲了。

为什么会出现这种变化呢？当水溶液由碱性变成酸性时，pH 响应高分子材料在水中的溶解度显著下降。这样一来，水凝胶中无法容纳这么多的水，只好将多余的水赶走，让自身体积收缩。如果只有这一块水凝胶，体积的收缩显然是沿着各个方向均匀进行。然而现在它和聚丙烯酸钠的水凝胶粘在了一起，聚丙烯酸钠在水中的溶解度不受溶液酸碱度的影响，所以由它组成的水凝胶并不会收缩。可是这两个步调不一致的家伙已经连在了一起，"一损俱损，一荣俱荣"，于是最终的结果就是这块双层水凝胶既不是均匀收缩，也不会保持不变，而是朝向含有 pH 响应材料的这一侧弯曲，最终形成一个圆筒。如果将溶液重新调整为碱性，含有 pH 响应材料的水凝胶重新膨胀，又会迫使和它粘在一起的另一块水凝胶一起行动，使得弯曲的双层水凝胶重新舒展。

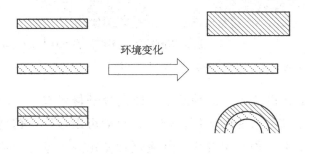

▨ 智能高分子材料　　▦ 普通高分子材料

基于智能高分子材料的驱动器的工作原理示意图

智能高分子材料在环境变化时体积会均匀膨胀或者收缩，而普通高分子材料的体积保持不变，因此若两者相连，当环境变化时，应力的存在会整个装置发生弯曲等变化

实际上，这样的现象在我们的生活中并不罕见，一个典型的例子是某些纸张在放置的过程中会逐渐变得弯曲。这是因为纸张的表面其实有一层涂层。随着温度变化，纸张和涂层都会热胀冷缩，但它们收缩或者膨胀的程度并不相同，总的结果就是纸张无法保持平整，而是朝向一个方向弯曲。不过大多数情况下，这种现象并不为我们所察觉。但在智能高分子材料这里，我们会刻意去利用双层结构的这种特点，从而让整个装置随着环境的变化实现复杂的结构变化，即所谓的驱动器。例如在下面这个例子中，研究人员把双层水凝胶中的 pH 响应高分子材料换成像聚 *N*- 异丙基丙烯酰胺这样的温度响应高分子材料。随着温度的升高，由温度响应高分子材料构成的水凝胶失水收缩，同样可以导致双层水凝胶弯曲。科研人员把这样的结构制成机器人的触手，就可以利用温度变化在水中抓取物体了。

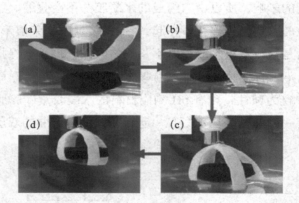

基于智能材料的双层水凝胶结构制成的触手可以在水中抓取物体

图片来源：Zheng W J，An N，Yang J H，et al.，2015

除了用于软机器人，这种基于智能高分子材料双层水凝胶的驱动器还有许多其他重要的应用。例如，它们可以被用作传感器，即能够感知环境中某种因素变化，并将这种变化的信息传递给其他元件的装置。仍然以前面提到的含有 pH 响应高分子材料的双层水凝胶为例。当水中的酸碱度发生变化时，双层水凝胶就会朝向一侧弯曲。通过分析弯曲的程度，就可以计算出水溶液的 pH 值。这种传感器在环境监测中很有可能会派上大用场，例如，如果当有人向水中倾倒了大量的酸性物质时，双层水凝胶就会通过自身的弯曲来发出警示信号。

二、不用亲自动手的折纸

在上面的这几个例子中，只需要构建一个双层水凝胶结构，就可以利用智能高分子材料的特性使得水凝胶动起来。通过调整双层结构水凝胶每层的尺寸、连接方式和材料力学性质，我们还可以让它在同样的环境中发生更为复杂的变化。例如，如果智能高分子材料的水凝胶和普通的水凝胶不是平行地粘在一起，而是通过一个斜面相连，当环境变化时，我们甚至可以得到螺旋结构。

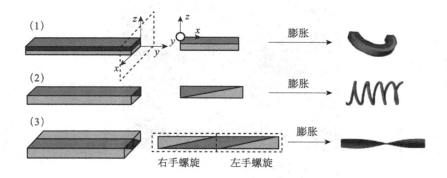

将基于智能材料的水凝胶与普通的水凝胶按照不同方式连接，在环境变化时可以
发生不同形式的形状变化

图片来源：Jeong K U，Jang J H，Kim D Y，et al.，2011.

如果将小块的智能高分子材料的水凝胶镶嵌到大块的普通水凝胶或者其他材料的特定位置，当温度或溶液酸碱度等条件发生变化时，智能高分子材料的水凝胶的收缩或者膨胀还有可能导致整块材料发生折叠。这种变化与当前备受欢迎的折纸游戏颇为类似，都是通过折叠将简单的二维结构变成复杂的三维结构。只不过在这里，由智能高分子材料代劳，折叠不需要我们自己动手，这种变化因此也被为"自折纸"。在下面这个例子中，随着环境的改变，原本的平面结构会自动变成一个立方体。

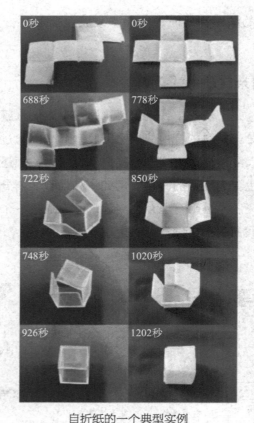

自折纸的一个典型实例

原本平面结构的物体随着温度变化会折叠成一个立方体

图片来源：Behl M，Razzaq M Y，Lendlein A，2010

　　自折纸有什么用处呢？如果你到商店买纸箱，多半会看到货架上摆放的是紧密地摞在一起的折叠前的纸板，而不是一个个折叠好的纸箱，显然这是因为平板状的物体比复杂的三维物体更方便储存和运输。假如一件设备预先做成平板，到了目的地再自动折叠成指定的形状，那么这种设备就能更方便地被运送到太空、深海或者重灾区等人类难以进入的区域。另外，与三维物体相比，二维物体加工起来也更加便捷。如果我们可以在一块平板上完成大部分的加工，然后通过简单的自折纸将其变成更为复杂的形状，无疑可以降低生产的成本。显然，在这些应用中，智能高分子材料将颇有作为。

不过，无论是机器人也好，还是自折纸也好，如果通过智能高分子材料的水凝胶来实现，都存在一个显而易见的缺陷，那就是环境变化引发的形态改变只能在水溶液中进行。为了摆脱对水的依赖，我们需要其他类型的智能高分子材料。接下来要出场的这种高分子材料，不管在室温下处于什么形状，只要温度升高，它总会恢复到一个固定的形状，看起来像是能够记住这个形状。这种材料因而得名"形状记忆聚合物"。那么它的"记忆力"是从哪里来的呢？

三、塑料也有记忆

一块橡胶，我们稍微用力就可以把它拉得很长，但只要一松手，它马上又会恢复原状，这就是之前我们讲过的橡胶弹性。然而如果把这块橡胶浸泡到液氮中一段时间然后再取出，我们会发现橡胶的弹性完全消失了，变得像塑料一样硬邦邦的，这又是为什么呢？

答案很简单，在前面我们提到，橡胶之所以具有弹性，是因为室温下处于液态的线性聚合物分子通过化学或者物理交联形成了三维的网络，因此在遇到外力时橡胶很容易被拉伸或者压缩，但外力撤除后，橡胶会立刻恢复原来的形状。常见橡胶的熔点或者玻璃化转变温度都显著低于室温，这保证了在通常情况下它们能够充分展现出弹性。然而液氮的沸点为 $-195.8\,°C$，远低于常见橡胶的熔点或者玻璃化转变温度。这就不难理解为什么这些橡胶泡到液氮中后就"面目全非"了：在如此低的温度下，构成橡胶网络的聚合物不再处于液态，自然无法再展示出弹性，取而代之的是热固性塑料的典型特征。

这个实验告诉我们，一种经过交联的高分子材料究竟是橡胶还是塑料，实际上取决于其所处的温度。室温下的橡胶到了低温环境中就有可能变成塑料；同样，室温下的热固性塑料在高温下也可以变成橡胶。例如，聚己内酯这种聚合物的熔点在 $60\,°C$ 左右，因此室温下它是典型的塑料。但如果把聚己内酯通过化学反应交联起来，然后放到沸水中里，它就会变得像我们常见的橡胶一样富有弹性了。

如果我们趁热将这块聚己内酯拉伸，然后马上把它从热水里取出来，但别着急松手，而是等它彻底冷却到室温后再松手，会是什么情况呢？显然，此时这块聚己内酯不再能够恢复原状，而是会继续保持被拉伸的状态。这也不难理解：我们将橡胶先拉伸再降至它的熔点或玻璃化转变温度以下，处在被拉伸状态的橡胶分子由于失去了流动的能力，即使外力撤除也不会回到原来的形状。但如果我们把这块聚己内酯再次浸入沸水中，随着橡胶弹性的恢复，它很快又会回到原来的形状。如果重复刚才的过程，我们可以让这块材料在室温下变成新的形状，高温下又回到同一个初始形状。你们看，是不是跟刚才介绍的形状记忆聚合物有点像？

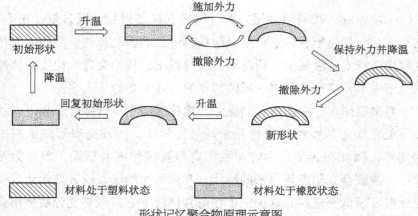

形状记忆聚合物原理示意图

形状记忆聚合物巧妙利用了橡胶和塑料截然不同的力学性质，以及两者随温度升降而互相转化的特点，使得材料可以在不同的形状之间变化

事实上，形状记忆聚合物正是巧妙地利用了塑料与橡胶截然不同的力学性质，以及两者随着温度变化而互相转化的过程。只不过我们通常见到的塑料或者橡胶，它们互相转化的温度要么明显高于室温，要么显著低于室温，因此除非借助液氮这样的非常规手段，否则我们很难有机会感受。但像聚己内酯这样的材料，它们的转变温度刚好略高或者略低于室温，因此我们很容易看到它们在塑料和橡胶之间的"华丽转变"，而这样的材料也就成了具有实际应用价值的形状记忆聚合物。例如，将形状记忆聚合物制成管状，在高温下令其沿着直径方向膨胀，然后在保持膨胀状态的前提下冷却到室温，就得到了通常所

说的"热缩管"。这种塑料管特别适合用于电线或者焊点的绝缘保护。在使用时，只需要先将它套在金属部件外部，然后对其加热，收缩后的管子就会牢牢覆盖在导线外部。

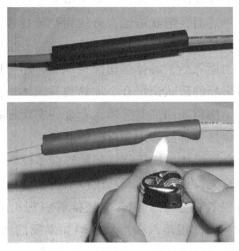

形状记忆聚合物的典型应用——热缩管

图片来源：http://www.gomog.com/allmorgan/soldering.html

还有些形状记忆聚合物的转化温度仅仅略高于体温，因此可以被用来制成"智能"的医用缝合线。如果先把用这些形状记忆聚合物制成的丝线在高于转化温度的环境下做成较为收紧的形状，用力将它拉直然后迅速降温，再用它去缝合伤口，我们无须特别用力，只要将伤口大致连接起来，因体温高于其转化温度，丝线会重新回到螺旋形状，从而自动将伤口收紧。

四、独特的机制带来独特的优势

提到形状记忆聚合物，有的朋友们可能会想到另一类材料——形状记忆合金。虽然本书的重点是高分子材料，但我们不妨稍微花些篇幅比较一下这两种具有形状记忆效应的材料。

与形状记忆聚合物相似，形状记忆合金也能在低温下处于不同的形状，但温度升高后总是回归同一形状，然而这两种材料记忆效应背后的机理却大相径庭。形状记忆合金之所以能够"记住"自己的形状，是它们在不同的晶体形态之间相互转化的结果。当温度升高时，形状记忆合金会从一种被称为马氏体的晶体结构转化为另一种晶体结构——奥氏体；而随着温度的降低，奥氏体又会变成马氏体。

处于奥氏体形态时，形状记忆合金较为坚硬且难以变形，但处于马氏体形态时，在外力作用下，其微观晶体结构发生变化，宏观形状随之改变。当外力撤除后，晶体结构保持不变，新的形状因此被固定下来。如果把变形后的形状记忆合金加热到马氏体－奥氏体转变温度以上，随着晶体结构重新回到奥氏体，合金的宏观形状也回到初始的状态，看起来就像是合金能够记住自己的形状。

形状记忆合金马氏体与奥氏体之间的转变不仅取决于温度，还与合金受到的外力有关，外力越大，马氏体结构就越稳定。由于这个特性，处于奥氏体结构的形状记忆合金还能够表现出另一种有趣的性质。奥氏体比较坚硬，很难改变形状。但如果我们施加的力足够大，奥氏体就有可能转变为马氏体，此时形状记忆合金就会变形。但当外力消失后，马氏体不再稳定，又重新变回奥氏体，形状记忆合金又恢复到原先的形状。形状记忆合金的这种特性与橡胶的弹性有些类似，但机理完全不同，因此常常被称为"伪弹性"或者"超弹性"。如果用这样的合金做成眼镜框，眼镜框在遇到外力时会变形，但外力撤除后就会恢复原有形状，因此不易损坏。

那么形状记忆聚合物和形状记忆合金谁的性能更胜一筹呢？这个问题恐怕没有标准的答案，只能视具体的应用需求而定。形状记忆合金的强度要远远高于形状记忆聚合物，但形状记忆聚合物也具有许多形状记忆合金难以比拟的优势，例如，形状记忆聚合物在较低的温度下就可以进行加工，生产成本也低于形状记忆合金，而且它的形状记忆效应可以体现在更大的形变范围内。

由于形状记忆聚合物的形状可随温度变化而变化，形状记忆聚合物也可以被视为温度响应智能高分子材料的一员，但两者的温度响应机制迥然不同，这也使得形状记忆聚合物具有许多独特的优势。首先，形状记忆聚合物的形状变化不需要水的参与，因此适用场合更广；其次，聚 $N-$ 异丙基丙烯酰胺只能凭借水凝胶的膨胀与收缩在两个固定的形状间转化，形状记忆聚合物则可以被加工成任意的临时形状，然后通过升温来复原到初始状态，因此这种材料有时也被称为"可编程的材料"。但形状记忆聚合物也有一个明显的缺陷，那就是其形状变化实际上是我们用力"拉一把"的结果，因此是单向的，只能发生在升温时。这导致它们不适用于软机器人等需要双向驱动的场合。

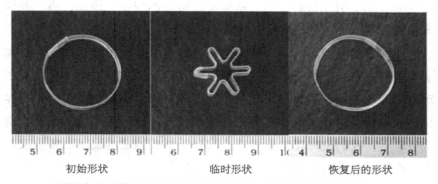

初始形状　　　　　　　临时形状　　　　　　恢复后的形状

形状记忆聚合物可以被加工成任意形状，然后再回复到初始状态，
因此被称为"可编程的材料"

图片来源：Huang W M，2012

　　不过近些年来，科学家们巧妙地突破了形状记忆聚合物的这一固有限制，成功开发出在升温和降温时都能够变形的双向形状记忆聚合物。这类材料具体是如何实现的，由于涉及更多的专业知识，这里就不再详细讲解了，有兴趣的朋友们可以参考本书后附参考文献（Behl M，Kratz K，Zotzmann J，et al.，2013；Zhou J，Turner S A，Brosnan S M，et al.，2014）。可以肯定的是，双向形状记忆聚合物的出现，极大地拓展了这一类材料的应用范围。许多原本基于聚 $N-$ 异丙基丙烯酰胺水凝胶的软机器人，现在都可以用它们来生产了。

　　让我们回到软机器人这个话题上来。前面提到的 pH 响应、温度响应等智能高分子材料，虽然都可以有效地利用环境变化来驱动机器人，但有时还是不那么方便。有没有可能让操作者站在远处，按下遥控器就让我们的"变形金刚"动起来呢？要满足这个愿望，我们就需要请光响应高分子材料出马了。

五、远程遥控：光响应高分子材料

光响应高分子材料是如何在光照下变形的呢？我们都知道，光是能量的一种传播方式，因此这里的关键在于如何让光子携带的能量为我所用。有些物质可以强烈地吸收可见光、紫外线或红外线，并将其转化为热能。如果把这样的物质添加到温度响应高分子材料中，就有可能通过光子引发材料升温，从而实现形状的变化。例如，将一些纳米颗粒添加到含有聚 N- 异丙基丙烯酰胺的双层水凝胶中，就可以通过光照引发的升温来让水凝胶弯曲。这种形状变化虽然本质上仍然源于温度的升降，但改为通过光照来引发，就可以实现无须直接接触驱动器的远程遥控，使用起来无疑更加方便。很多纳米颗粒可以吸收容易穿透人体且对身体没有伤害的红外线并将其转化为热能，如果利用这些材料，我们就可以把温度响应高分子材料制成的设备事先植入人体，再通过红外线照射完成药物施放等操作。

含有聚 N- 异丙基丙烯酰胺（图中深色部分）的双层水凝胶变形原理

由于聚 N- 异丙基丙烯酰胺的水凝胶中含有能够吸收光能并将其转化为热能的纳米颗粒，光照下整个结构会弯曲，光照停止后，原本弯曲的结构又重新舒展

图片来源：Lee E，Kim D，Kim H，et al.，2015.

还有一些光响应材料则是直接利用光照引发化学变化，这其中最为著名的要数偶氮苯了。偶氮苯的分子可以以顺式和反式两种不同的结构存在（附录 -13）。用波长在 300 ～ 400 纳米的紫外光去照射反式偶氮苯，它会变成顺式结构。停止光照后，顺式的偶氮苯又会逐渐转化为反式的偶氮苯。这种现象被称为光致异构化。

偶氮苯光致异构化的发现也颇为偶然。1937 年的某天，英国伦敦大学的讲师哈特利（G. S. Hartley）准备测定偶氮苯的吸收光谱。这个实验很简单，只要将偶氮苯配成溶液，比较入射光在透过溶液前后的强度变化，然后就能确定它对哪些波长的光有着更强的吸收。然而实验开始后，他却发现自己简直是中了邪。本来哈特利已经记录下了偶氮苯的吸收光谱，过了一段时间再去测，他发现光谱居然变成了另外一个样子，难道是见了鬼？哈特利经过仔细地观察和分析，终于发现在实验过程中，窗外照射进来的阳光不断引发偶氮苯的光致异构化，而顺式和反式结构的偶氮苯的吸收光谱有着很大的区别，所以哈特利的实验总是出问题。

1937年8月，哈特利在《自然》上发表文章，详细描述了自己这次有趣的实验经历。从此，人们不仅了解了这种有趣的现象，还意识到它在应用中的独特价值，如在药物的开发中。许多药物之所以能治疗各种疾病，是因为它们的化学结构保证了药物在进入体内之后能够与特定的蛋白质分子匹配，从而影响后者的生理机能，这就好比一把钥匙开一把锁。如果将药物和偶氮苯连在一起，当偶氮苯发生光致异构化时，"钥匙"一下子被掰弯了，自然就打不开对应的"锁"。这就为解决药物开发中许多令人棘手的问题提供了新的思路。例如，我们每次服用药物，总会有一些药物分子及其代谢产物随着尿液、粪便等排泄物进入环境从而造成污染，这其中最令人担心的是进入环境中的抗菌药物，因为它们可能会加速耐药细菌的出现，从而让我们在对抗致病微生物的战争中变得愈发无力。

为了解决这一问题，来自荷兰的研究人员把偶氮苯引入到喹诺酮这类抗菌药物的结构中。他们发现，经过这样处理的药物只有在偶氮苯处于顺式结构时才能起到杀菌的作用，而顺式结构需要在紫外线照射下才能形成。因此，这样的抗菌药物在平时处于没有活性的反式结构，需要用于治疗时，可以通过紫外线照射让偶氮苯转为顺成结构，药物从而具有活性。从体内排泄进入环境中的抗生素，其中的偶氮苯随着时间推移又会逐渐变成没有活性的反式结构，这样一来，我们就不必担心导致环境中的微生物对这种抗生素产生耐药性了。

如果将偶氮苯引入某些特殊的橡胶中，在紫外线照射下，众多偶氮苯结构共同发生光致异构化，其结果是在宏观尺度上产生了颇为可观的力，能够使得橡胶发生尺度不小的变形。这样一来，我们就可以凭借远程遥控来驱动材料。例如，将这种材料和普通的塑料薄膜粘在一起制成的传送带在光照下可以带动齿轮转动；如果让一块含有偶氮苯的橡胶薄膜顶部和底部的偶氮苯结构沿着不同方向排列，再把这块薄膜两端固定，在光照下，它能呈现出波浪式的波动。

从热固性塑料、橡胶到水凝胶，再到近年来风头正劲的智能高分子材料，交联为我们带来了一个充满独特魅力的世界。接下来，我们将要了解高分子材料为我们的生活所做出的另外一项重要的贡献。

第三章
黏合：让万物紧密相连

第一节 坚硬的塑料如何"如胶似漆"

在工作和生活中，我们经常需要将两个或者更多的物体连接在一起，这个时候，我们往往会想到用胶或者黏合剂来黏合它们。诚然，要完成这个任务，我们还有其他的备选方案，但这些方式往往不够方便。例如，焊接能够牢固地将两块金属连在一起，但焊接常常需要通过电弧等方式产生高温，别说一般的消费者根本不可能在家中常备相关的设备，许多生产厂家也会觉得头疼。而且如果要连接的物体是塑料，焊接就爱莫能助了。相反，如果使用黏合剂，不管待连接的物体是金属、纸张还是橡胶、皮革，只要把黏合剂轻轻涂在物体表面，再把它们按压在一起，用不了多久，两块物体就变得密不可分了。正是由于方便快捷，黏合越来越多地成为我们的首选，上至飞机汽车的生产，下至家中的修修补补、儿童的手工，黏合剂都是不可或缺的。

那么黏合剂是由什么组成的呢？说来你可能不信，绝大部分黏合剂的主要成分都是各种高分子化合物。然而黏合剂要么是装在瓶子里的胶水，要么是盘成卷的黏性十足的胶带，怎么能与硬邦邦的塑料画等号呢？这就要从黏合剂的作用机制说起。

一、黏合剂是如何粘住物体的

我们都有这样的生活体验：叠在一起的两张纸，我们很容易就能够将它们分开，但如果它们被水润湿，想要将它们分开就需要费点力气。这是为什么呢？

纸的主要成分是纤维素，在前面我们讲过，它是一种天然的高分子化合物。在纤维素分子内，碳、氢、氧等原子通过共价键牢固连在一起，而纤维素分子之间则通过分子间作用力相互吸引，从而使得纸张具有一定的强度。分子间作用力不仅存在于同种分子之间，也存在于不同种类的分子间。这一点非常重要，我们很快就会看到它是如何发挥作用的。

然而当把两张纸按压在一起时，分子间作用力哪里去了，它为什么不能把两张纸连在一起呢？这是因为两个分子之间虽然可以通过分子间作用力相互吸引，但这种互相吸引只有当两个分子相隔非常近的时候才会存在；只要它们稍稍远离一些，原本还算比较强烈的吸引力很快就无影无踪了。如果用显微镜仔细观察就会发现，看似平滑的纸张表面实际上坑坑洼洼，密布着许多微观结构。因此当把两张纸放在一起时，就算用力按压，表面上的纤维素等分子还是有很多隔得很远，根本无法有效地建立起分子间作用力。既然两张纸之间不存在任何吸引力，要将它们分开当然是轻而易举。

但如果纸的表面有水，情况就不同了。水是一种液体，可以在纸的表面自由流动，并填平表面上凹凸不平的结构。这样，水分子就与纤维素分子直接接触了。刚才提到，分子间作用力不仅存在于同种分子之间，也存在于不同的分子之间。因此，纤维素分子和水分子之间就会互相吸引。如果再把另一张纸放上去，那么第一张纸表面上的水分子又会和第二张纸表面的纤维素分子相接触并互相吸引。也就是说，本来两张纸表面上的纤维素分子彼此之间隔得很远，但是在水的帮助下被连在了一起。当我们试图分开这两片纸时，就必须克服水分子和纤维素分子之间，以及水分子之间的分子间作用力，自然要比分开干燥的两片纸要更费些力气。在这里，水实际上就起到了黏合剂的作用。同理，当我们把黏合剂倒在待黏合的物体表面时，黏合剂在原本隔得很远的分子间架起桥梁。

明白了这一点，我们就向理解黏合剂的作用机制迈出了重要的一步，但这还远远不够。如果我们如法炮制，想用水将两块塑料连在一起时，就会发现这一招似乎不灵了。那么问题出在哪里呢？

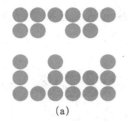 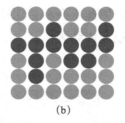

(a)　　　　　　　　　(b)

黏合剂作用机理示意图

（a）表示两个固体相接触时，表面上的分子往往仍然相距较远，分子间作用力很弱；
（b）表示黏合剂能够分别与两个固体表面上的分子发生作用，从而将两个固体牢固连在一起。

二、浸润：黏合的第一步

如果我问大家，水为什么会在纸的表面铺展开来？有的朋友可能会说，俗话说，人往高处走，水往低处流，重力使然嘛！的确，液体不像固体那样能够保持固定的形状，因此总是会在重力作用下到处流动。然而，如果你仔细观察一下落在不粘锅表面的水滴，就会发现这句话并不总是正确的。在这种情况下，液滴都不再自发地铺展在固体表面，而是尽量保持球形。这是为什么呢？

当一滴水落在固体表面的一刹那，有几种力开始互相较劲。重力试图让液滴在固体表面铺展开来。然而，当液滴足够小时，重力的作用就微乎其微了。真正决定液滴命运的是另外两种力量：首先是水分子之间的分子间作用力，它会让水滴趋于保持球形；其次是水分子与固体表面分子之间的分子间作用力，它的作用恰好相反，会使水滴趋于在固体表面铺展开来。因此水滴将何去何从，就取决于两种分子间作用力的"较量"了。

通常情况下，水分子与固体分子之间的分子间作用力要强于水分子之间的分子间作用力，那么水分子就会在固体分子的"吸引"下在固体的表面铺展开，形成均匀的一层膜。这种现象，我们称之为液体能"浸润"或者"润湿"某种固体的表面。例如，水在纸的表面就很容易铺展开，因此我们说水能浸润纸。相反，对于许多塑料而言，它们的分子与水分子之间的分子间作用力要比水分子之间的分子间作用力弱得多，因此水会尽量保持原来的液滴形状。这种情况，我们称为液体不能浸润固体表面。

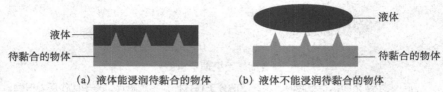

(a) 液体能浸润待黏合的物体　　(b) 液体不能浸润待黏合的物体
液体与待黏合的物体之间的关系
　　如果液体不能浸润要黏合的物体，两者之间就不能充分发生接触，在受到外力时，这样的地方就容易分离

　　液体是否能够浸润固体表面还可以从能量的角度考虑。一块固体除非置于真空中，否则它总要与空气接触，这就产生了一个额外的能量，叫作表面能。如果把一层液体覆盖在固体表面，那么固体和液体接触，液体则与空气接触，虽然一个表面变成了两个表面，如果总的表面能降低了，液体就容易在固体表面浸润。相反，如果某种液体覆盖到固体表面后，表面能显著升高，那么浸润就不大可能发生。

　　不管从哪个角度解释，一种液体总是有可能浸润某些固体，而无法浸润另外一些固体。如果液体无法浸润固体，我们自然无法用它来将固体黏合起来，因为此时液体无法与固体表面充分接触，不能在待黏合的固体表面架起桥梁。

　　正是由于浸润现象在黏合过程中的重要性，我们在选择黏合剂时，必须让黏合剂的理化性质与待黏合的物体表面的性质相匹配，否则黏合剂很难将物体牢固地粘在一起。一方面，在常见的固体中，纸张、木材、玻璃和金属等材料相对比较容易让液体在其表面浸润，而许多塑料和橡胶则相反，至于以"不粘"著称的聚四氟乙烯等少数材料，那更是老大难，不经过特殊处理休想把它们和别的物体粘起来。另一方面，就同一种物质表面而言，大多数有机物往往要比水更容易浸润，这就是为什么许多黏合剂都是有机物的一个重要原因。说句题外话，另一种室温下为液体的物质——水银，它保持液滴形状的能力实在是太强，因此很难浸润大多数固体，这就是为什么我们总是看到落在固体表面上的水银像钢珠一样滚来滚去。即便不考虑水银的毒性，恐怕也没有人想到要用它去粘东西。

三、固化：胶粘得牢的第二个关键

不过要想让黏合剂把物体粘牢，光考虑它的浸润能力还不够。设想你把一张通知单的背面用水打湿，然后贴在墙上，也许一开始通知单能贴得住，但用不了多久它就会"不翼而飞"。显然，这是因为水始终保持在液体状态，无法承受很高的外力，可能一阵风就会把通知单从墙上吹开。而且，水逐渐挥发，一旦挥发光了，通知单和墙之间往往无法保持良好接触，因此就会分开。

那么怎样才能让黏合剂粘得更牢呢？答案很简单，那就是用固体取代液体，从而提供更高的强度，使之耐受更大的负荷。然而这就带来了一个矛盾：固体虽然比液体坚固，但缺乏流动性，不能很好地与待黏合的表面接触。要解决这一矛盾，我们就必须让黏合剂本身保持在液体的状态，而一旦与待黏合的物体表面接触，又能够逐渐变成固体，这样的过程我们称之为固化。同浸润一样，固化也是保证黏合剂能够正常发挥作用的一个关键环节。

那么究竟什么材料才能成为合格的黏合剂呢？理论上，不管是无机物、有机物抑或是金属，只要能够顺利通过浸润和固化这两关，就可以成为有用的黏合剂。例如，一种俗称为水玻璃或者泡花碱的物质就是无机黏合剂，它的主要成分是硅酸钠。不过在现代的黏合剂市场上，主角无可争议地属于基于高分子材料的有机黏合剂。这不仅是因为有机黏合剂继承了高分子材料廉价、轻质、机械性能优异等特点，更是由于高分子化合物的特性使其可以更加方便地完成固化这一关键步骤。而且在后文中我们会看到，高分子材料还造就了一类特殊的黏合剂，它们不需要固化就可以牢固粘住物体。

四、人类的老朋友

我们的祖先很早就学会用天然高分子材料来制作黏合剂。面粉加水熬制成的糨糊、动物胶原蛋白加水熬制成的明胶，都是典型的例子。即便在合成高分子材料已发展到一定程度的今天，天然高分子材料在黏合剂市场上仍然占有一席之地。

同样很早就成为人类的好帮手的，还有另外一类重要的化工产品，那就是通常所说的涂料或者油漆。别看黏合剂和涂料在用途上简直是天壤之别——前者用于连接两个物体，后者则是覆盖在物体的表面起到装饰或者保护的作用，实际上两者之间有着千丝万缕的联系。要想在物体表面形成一层涂层，可以有很多办法，最常用的还是先用液体浸润物体表面，再设法使其固化。由于用途不同，对黏合剂和涂料性质的要求也不尽相同。黏合经常需要发生在不同材质的两种物体之间，如金属与塑料、橡胶与纸张等，所以往往要求黏合剂对许多种材料都能有良好的浸润作用。而由于涂层要暴露在外，因此不仅要求耐磨损、耐剐蹭、耐风雨侵蚀，而且需要颜色等外观也能够满足需求。高分子材料大都无色，要想得到指定的颜色，必须能够与颜料均匀混合。因此，虽然许多黏合剂和涂料都是基于相同类别的高分子材料，但是在生产过程中往往需要做出不同的调整。

不得不说，我们的祖先是相当聪明的，不仅很早就学会使用基于高分子材料的涂料，而且还敏锐地意识到黏合剂和涂料的相似性。《史记·鲁仲连邹阳列传》转引的邹阳在狱中给梁王的上书中写道："感于心，合于行，亲于胶漆，昆弟不能离，岂惑于众口哉。"你看，早在西汉时期人们就已经知道胶和漆两者都能够与别的物体紧密连接，因此可以用来形容感情上难舍难分。这里说的漆，指的是从漆树中采集到的乳白色树脂。我国古代劳动人民很早就发现，这种树脂在空气中放置后会逐渐变硬。如果将这些树脂预先涂在物体表面，时间一长，就形成一层坚固的薄膜，既能对物体起到保护作用，还可以通过预先在树脂中混入颜料来起到装饰的效果。

现在我们已经知道，漆之所以能够逐渐变硬，是因为其中含有一种名为漆酚的有机物。漆酚和前面介绍酚醛树脂时提到的苯酚一样，都属于酚类，其特征是苯环上连有羟基。不过漆酚的结构要更为复杂，性质也更为活泼。当漆树的树脂与空气接触时，其中的一种名为

正在收割生漆的工人

漆酶的酶会在氧气作用下将漆酚分子逐个连接起来——我们的祖先在无意中合成出了高分子材料。这可能是人类最早利用的聚合反应。漆酚聚合过程中，随着化学结构的变化，颜色会逐渐加深，直至黑色，这就是"漆黑"一词的来源。

另一种历史久远的天然有机涂料是来自植物油中的干性油。众所周知，植物油和动物油的主要成分都是脂肪酸，但常温下动物油多为固体，而植物油则通常为液体。之所以有这种差别，是因为构成植物油的脂肪酸多为不饱和脂肪酸，即分子中含有一个或者多个碳碳双键。相反，构成动物油的脂肪酸主要为饱和脂肪酸，分子中不含任何碳碳双键。碳碳双键的存在不仅使得植物油的熔点低于室温，还使得植物油的化学性质也更加活泼。

我们都知道，食用油及含有油脂的食物放久了会发生酸败，即俗称的产生"哈喇味"。哈喇味的形成除了由于油脂在储存过程中水解产生的某些脂肪酸具有臭味，另一个重要的来源是碳碳双键的存在使得植物油在与空气的长期接触中被氧化，生成许多具有难闻味道的产物。显然，氧气是植物油储存使用的大敌，但却也赋予了植物油另外的用途，因为氧化过程中，植物油的分子会被逐个连接起来，从而有可能变"干"——从液体小分子变成了固体高分子。脂肪酸中的双键越多，就越被容易氧化。那些脂肪酸中含有较多双键的植物油，如桐油、亚麻油、核桃油等，用不了太长时间就会变硬变干，因此被称为干性油。这样的植物油很容易发生酸败，不适合用于烹饪，但却是用作涂料的上乘选择。后来人们还发现，如果向干性油中加入铅、钴、钙等金属的盐，干性油的固化过程会大大加快，这就进一步促进了干性油在涂料领域的应用。由于漆和干性油的广泛应用，"油漆"在很长时间里成为涂料的代名词。不过这两个名称虽然经常分别指代不同的产品，但是从科学的角度来说并没有太明显的区别。值得一提的是，干性油的发现还极大地促进了油画的发展，使之成为西方美术中的主要绘画手段。

　　在漫长的历史中，我们的祖先通过不断地摸索，初步地掌握了将高分子材料转化为黏合剂和涂料的秘密。不过，黏合剂和涂料真正迎来大发展，还是在现代高分子科学诞生以后。从此，一出出精彩的大戏拉开了帷幕。

第二节 邮票的背胶的秘密

科学技术的发展给我们提供了诸如手机、电子邮件等高效快捷的联系手段，不过有的时候，我们仍然需要求助于寄信这种传统的通信方式。如果你把写好的信装进信封，准备贴邮票时才发现身边没有胶水怎么办？不要紧，你只需要把邮票的背面用水打湿，或是用舌头舔一舔，邮票就可以牢固地贴在信封上了。别小看了这个动作，它不仅揭示了黏合剂和涂料的一种重要的固化手段，还反映出相关产品在过去几十年间的变迁。

一、溶液型黏合剂与涂料的兴衰

在上一节我们提到，黏合剂和涂料要想正常发挥作用，一个关键是在使用前必须能够以液体形式存在，在浸润待黏合的固体表面后，又能够逐渐转变为固体，从而完成固化的过程。

那么如何实现固化的过程？一个最简单的办法是通过溶液挥发。一个典型的生活体验是，如果糖水洒到桌子上，最好马上用抹布擦掉，否则经过一段时间后就很难清除干净。这是因为糖水可以流动，从而与桌面形成良好的接触；随后水会逐渐蒸发，而其中的蔗糖却不会挥发，继续与桌面保持接触。当水挥发干净后，桌面上就留下了一层均匀的糖膜。相反，如果直接把白糖洒在桌子上，即便过了很久，我们仍然可以很容易就将其清理干净，正是因为缺少了溶剂的帮助，糖分子很难和桌子表面的固体分子充分接触并互相吸引。

基于同样的原理，我们也可以把塑料等高分子材料制成溶液。如果将这种溶液涂到物体表面然后任其挥发，过了一段时间之后，物体表面就留下了一层平整且坚固的高分子薄膜。如果我们趁着溶剂尚未完全挥发时将另一个待黏合的物体置于其上，那么当溶剂随着挥发或者渗透进固体而消失殆尽时，最终形成的高分子薄膜就会将两个物体牢固连接起来。你看，通过这样一个简单的操作，黏合剂和涂料都有了。

　　溶液型的有机黏合剂和涂料曾经在市场上大行其道，这是由于它们具有几个明显的优势。首先，能够溶解高分子材料的溶剂大多都很便宜，溶解的过程也不复杂，因此溶液型的黏合剂和涂料不仅加工简便，而且成本低廉。其次，溶剂的挥发是一个比较快的过程。例如，我们用酒精消毒皮肤时，涂有酒精的部位会感到凉爽，这就是因为酒精的快速挥发带走了热量。因此，使用溶液型黏合剂或者涂料时，不需要等太久就可以完成任务。特别是在涂料领域，相对于借助氧化来缓慢固化的干性油或者生漆，溶液型涂料的优势是显而易见的。最后，溶剂虽然容易挥发，但是如果把它们放在密闭的容器中，它们就像那纵有千般本事也逃不出如来佛掌心的孙猴子，是不可能逃逸出去的。所以，溶液型黏合剂和涂料虽然固化速度很快，但只要我们妥善保管，就不用担心它们随着时间推移而失去作用。因此，这一类的产品曾经相当受厂家和消费者的欢迎。

　　然而成也萧何，败也萧何。近些年来，溶液型的黏合剂和涂料正在迅速地遭到淘汰，其原因正是"挥发"。当溶剂挥发，一层平整而又坚固的高分子薄膜出现在我们眼前时，我们不要忘了，那些挥发掉的溶剂分子并不会凭空消失，而是继续游荡在空气中。高分子化合物大多易溶于容易挥发的有机溶剂，这些溶剂通常被称为挥发性有机物（VOCs）。挥发性有机物进入空气后，会逐渐与大气中的氧气和氮氧化物发生反应，生成的产物会严重降低空气质量。还有的挥发性有机物分子进入到空气中后，会经由呼吸道进入人体。尤其是黏合剂和涂料往往是在相对密闭且通风较差的室内环境中使用，这就更容易导致挥发的溶剂长久地停留在空气中，因而更容易被吸入人体。目前已经有许多有机溶剂被证实会对人体健康造成一定程度的损害。例如，苯是世界卫生组织确定的Ⅰ类致癌物，也就是对人体有明确致癌作用的物质，能够增加患白血病的风险。其他一些挥发性有机物虽然毒性相对较低，但是仍然可能对使用者的健康造成一定的危害。

　　当然，有些朋友可能不以为然：只不过用了一点黏合剂或者涂料，能对环境或者个人健康造成多大危害呢？问题是溶剂这里挥发一点，那里又挥发一点，累积的结果往往相当可观。而且人们不止今天接触溶剂，明天、后天甚至很长一段时间内都可能接触到溶剂，大祸往往就在不知不觉之间酿成了。例如十几年前，在以生产箱包闻名的河北省某地，许多箱包生产厂家大量使用含苯为溶剂的黏合剂，又不注意通风，导致许多女工患病甚至死亡。又如几年前据报道，我国南方一家智能手机屏幕供应商由于不注意相关防护，导致大批员工出现正己烷慢性中毒。在这一案例中，正己烷虽然是作为手机屏幕的清洗剂而不是黏合剂或者涂料的溶剂，但仍然反映出挥发性有机物对人体健康存在危害。因此，近些年来，要求在包括黏合剂、涂料在内的化工产品中限制乃至禁止使用挥发性有机物的呼声日渐高涨。

　　除了影响健康，有机溶剂大多易燃，由此对使用者人身安全带来的潜在威胁也不可忽视。记得笔者小的时候，每次随父母坐火车出门，总能听到车站工作人员用大喇叭提醒乘客不要携带易燃易爆物品，列在其中的除了鞭炮、爆竹、汽油等，通常还少不了香蕉水。笔者曾经好奇了很久，为什么一种跟香蕉有关的东西会禁止带上火车。记得已故著名相声演员马季在一段相声里也拿它开玩笑，说住店时工作人员提示不准带危险品，比如香蕉水、橘子汁。很多年之后笔者才明白，所谓的"香蕉水"指的是由多种有机溶剂组成的混合物，经常被用来稀释油漆，以具有类似香蕉的气味而得名。在写作本节时，笔者粗略检索了一下，就找到多起国内近年来因油漆引发的火灾，由此也可见溶剂型黏合剂和涂料的火灾隐患确实是个大问题。

　　要想减轻和消除挥发性有机物造成的室内空气污染和火险隐患，我们自然应该选用毒性低且不易燃的溶剂。那么什么溶剂能满足这两点要求呢？答案当然是水喽。

二、水：问题的解决之道

　　在介绍水凝胶时我们提到，有不少高分子材料都可以溶解在水中，即通常所说的水溶性高分子。把水溶性高分子配制成水溶液，我们就可以用它们来黏合物体了。我们通常所说的糨糊，就是淀粉部分溶于水得到的溶液性黏合剂。

我们不仅可以直接用水溶性高分子的水溶液去黏合物体，还可以先将水溶液涂到其中一个物体的表面，然后让水挥发，这个物体的表面就留下了一层高分子材料的薄膜。处于干燥状态的薄膜不会有任何的黏性，但只要我们用少量的水将它润湿，溶液重新形成，薄膜就会再次"焕发活力"，可以用来粘住另一个物体。这样的胶有时被称为"再湿胶"，邮票的背胶就是一个很好的例子。当我们需要把邮票贴到信封上时，只要用水甚至唾液打湿背胶，背胶就恢复了黏性，可以让邮票牢固地贴在信封上。

不过，水溶性高分子毕竟只占高分子材料的一小部分，因此如果我们单纯通过用水作为溶剂的方法来制备黏合剂或者涂料，不仅很多性能优异的高分子材料要被拒之门外，而且会带来一个显著的缺陷，那就是固化后的黏合剂或者涂料对水的抵抗能力会比较差。集邮爱好者都知道，将贴有邮票的信封长时间泡在水中一段时间，邮票就可以从信封上揭下来，这正是背胶逐渐溶解在水中的结果。与黏合剂相比，涂料要面对更多环境的侵蚀，因此如果使用水溶性高分子作为涂层，问题可能会更加严重。例如，你的汽车或者房屋外墙在一场雨过后可能就变成了大花脸，显然，这是谁都不愿看到的。因此，大部分用水作溶剂的有机涂料使用的并非水溶性高分子，而是不溶于水的高分子。

既然高分子材料不溶于水，我们怎么能把它们制成水溶液呢？答案是，我们并不需要让这些高分子材料溶解。这听上去很复杂，但实际上类似的例子在我们的生活中比比皆是，例如前面曾经多次介绍过的牛奶。牛奶中的微小油滴既然不喜欢水，为什么不会互相聚集并最终与水分开呢？这是因为油滴表面吸附着许多一端亲水一端亲油的表面活性剂。这些物质会让油滴表面带上电荷，由于同种电荷的排斥作用，这些微小油滴会变得像刺猬一样，彼此之间很难靠近。这样一来，油滴就可以稳定地分散在水中。

利用这种方法，我们也可以将很多原本不溶于水的高分子材料分散在水中。我们可以将高分子化合物的固体和表面活性剂一同添加到水中，然后不停地搅拌。在搅拌过程中，高分子的固体分散成微粒，然后表面活性剂吸附到这些小颗粒的表面，整个体系就稳定下来。另一种更为常用的办法是先将单体以小液滴的形式分散在水中，然后再设法令这些单体聚合，由此得到的高分子材料也会稳定地待在水里而不会沉淀。当乳液中的水分挥发后，同样可以得到一层涂层，只不过这样的涂层不再能够重新溶于水，在环境中自然可以更加持续耐久地发挥作用。

由于分散在水中的高分子材料微粒对光强烈的散射作用，用这种方法制成的黏合剂或者涂料如果不额外添加颜色，往往也会像牛奶一样呈现乳白色，因此人们常常也用含有"乳"字的名字称呼它们。例如，常用的白乳胶就是聚醋酸乙烯酯这种高分子材料分散在水中得到的，而家庭装修经常用的乳液漆则通常是丙烯酸酯等单体在水中聚合得到的。严格来说，这些称呼并不科学，因为乳液通常指的是液体分散在液体中，而在"乳液漆""乳胶"之类的产品中，分散在液体中的通常是高分子材料的固体，应该将其称为悬浊液才对。不过大家都习惯了这样的叫法，也就将错就错了。

乳液形式的黏合剂或涂料如果不外加颜料，通常会呈现出类似牛奶的白色，
因此得名"乳胶"或者"乳液漆"

图片来源：http://blog.northsidetoolrental.com/painting/practical-guide-thin-latex-paint/

　　不管是用哪一种方法得到的水胶或者水漆，与传统的基于有机溶剂的黏合剂和涂料相比，它们的优势都是相当明显的，既能够有效地减少挥发性有机物造成的室内空气污染，还可以大大降低黏合剂和涂料生产和使用过程中存在的火灾隐患，为生产者和使用者的人身安全和健康都提供了更好的保障，因此，这一类产品越来越受到消费者的欢迎。

三、并非完美的水胶与水漆

　　但水胶和水漆也并非没有缺点。首先，水的挥发速度比许多有机溶剂要慢，因此完成固化所需要的时间更久，在许多应用场合，特别是大规模的生产中，这往往意味着生产效率的大幅下降和生产成本的显著提高。其次，水分挥发对仪器设备造成的腐蚀在很多时候也令人头疼。还有另一个问题，隐藏在乳液形式的涂料中。

　　如果我们把高分子材料的溶液涂到固体的表面，无论溶液采用的溶剂是水还是有机物，随着溶液干燥，溶解在其中的聚合物分子会逐渐聚集，最终在固体表面形成一层坚固的薄膜。但如果涂在固体表面的是高分子材料的乳液，情况就不同了。在乳液中，高分子材料并非溶于水，而是以微粒的形式分散在水中。因此，当水分挥发干净后，留在固体表面的涂层实际上并非均匀的薄膜，而是一层层高分子材料的微粒。由于微粒之间并没有充分融合，因此这样的涂层强度有限，堪称"豆腐渣工程"。这一问题在乳液漆的应用中颇为突出，因为这意味着涂层很容易出现裂缝或者划痕等质量问题，耐久性会大打折扣。

　　为了解决这一问题，许多乳液漆在生产过程中都会加入少量的有机溶剂。这些有机溶剂的挥发速度通常比水要慢。当乳液漆中的水分逐渐挥发时，它们会留在固体表面，帮助一个个高分子材料的微粒逐渐融合起来，形成均一的薄膜。因此，虽然许多乳液漆的生产厂家把"不含挥发性有机物"作为产品的一大卖点，但是这些涂料中往往还是含有少量的有机溶剂。当然，这样的涂料仍然比基于有机溶剂的涂料要健康环保得多，但谁不希望彻底消除有机溶剂呢？

　　然而即便有了少量有机溶剂的帮助，乳液漆的性能在很多时候还是赶不上传统的油漆，因此在生产实践中很难完全取代后者。为了解决这一问题，许多研究人员求助于全新的高分子化合物。一位加拿大的研究人员发现，有一种高分子材料本身虽然不溶于水，但在与二氧化碳反应之后就变成了水溶性高分子，而这一反应又是可逆的，即新形成的水溶性高分子在释放出二氧化碳后又会重新不溶于水。如果把这种材料添加到富含二氧化碳的水中配成溶液，将溶液涂到固体表面。在水分挥发过程中，溶于水中的二氧化碳也随之逃逸到空气中，使得最终形成的薄膜变得不溶于水，从而更好地抵御风雨的侵蚀。利用这种方法，或许就可以打造出一款既环保，性能又不输传统油漆的新型水基涂料。

来自加拿大的研究人员开发的基于新型高分子材料的水漆（左）
比传统的乳胶漆（右）更耐磨损

图片来源：Drahl C，2018a

　　当然，设法改进水基黏合剂和涂料固然是值得努力的一个方向，但我们能否将步子迈得更大一些，不仅不用有机溶剂，而且不用水，彻底摆脱溶液形式的羁绊呢？

第三节　没有溶剂，胶如何粘得牢

设想你是一家工厂的负责人，工厂产品的生产离不开黏合部件这一流程。现在出于健康环保的考虑，你打算在工厂里停止使用基于有机溶剂的黏合剂，而水胶的性能又无法令你满意，该怎么办呢？笔者现在就带你到商店里转一圈，看看还有哪些类型的黏合剂可供选择。

一、热熔胶：加热搞定一切

说到黏合剂，人们不仅喜欢使用它的俗称"胶"，还常常在后面加上一个"水"字。"胶水"这个称呼或许不科学，但还算形象，因为许多黏合剂不管是否含水，看起来都是能够流动的液体。然而到了热熔胶那里，这个"水"字确实该去掉了，因为热熔胶要么是大块的固体，要么是小的颗粒，总之完全看不出能流动的样子。然而它们又确实可以把物体牢固粘在一起，这是如何做到的呢？

答案很简单，热熔胶的主要成分是聚乙烯、聚酰胺等常见的热塑性塑料或者我们前面介绍过的热塑弹性体。总之，它们在高温下可以熔化流动。因此，当我们需要黏合物体时，只需要用特殊的装置，即通常所说的热熔胶枪把热熔胶加热，将热熔胶涂在待黏合的一个物体表面，再趁热将另外一个物体按压上去。当温度冷却到室温时，随着热熔胶重新变成固体，两个物体就被牢固地粘在一起了。

热熔胶的优势是相当明显的。首先，这一类的黏合剂和涂料不需要使用任何溶剂，因此完全消除了有机溶剂挥发造成的室内空气污染和火灾风险，对使用者的健康无疑是一大福音。而且在使用过程中，没能被充分利用的黏合剂还可以被收集起来再次使用，有助于节约资源。

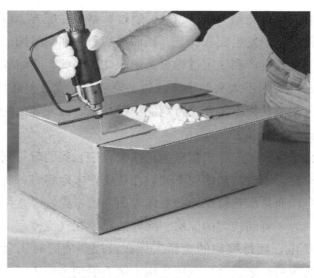

一位操作者正在用热熔胶来封装纸箱

图片来源：https://suretacksystems.com/2016/07/hot-melt-glue-application-tips-tricks/amp/

　　热熔胶的另一个显著优点是固化速度非常快，甚至超过了溶液型的黏合剂和涂料。溶液型的黏合剂或者涂料在涂到到物体表面时，一开始溶剂挥发速度很快，但经过一段时间后，残余的溶剂会逐渐被高分子化合物"困住"，挥发速度减慢，因此溶剂彻底挥发干净往往需要一定时间。这个问题对于涂料尤为突出，因为在溶剂挥发完全之前，涂层的表面仍然有可能是黏糊糊的。处于这一阶段的产品，无论是在生产线上还是在库房里都要特别小心，一旦他与其他物体接触，轻则涂层被破坏，重则两个物体粘在一起彻底报废，严重影响生产的效率。这就是为什么新粉刷过的地板或者家具往往需要放置一段时间"油漆未干"的警示牌，免得哪个冒失鬼一屁股坐上去，不仅人遭殃，涂层也遭殃。相反，对于热熔胶和粉末涂料来说，只要温度降得足够低，它们就会彻底固化。因此，这一类的黏合剂和涂料非常适用于大规模生产。

　　不过热熔胶的缺陷也很明显。为了保证高温下能够流动，这一类黏合剂通常只能使用未经交联的高分子材料，因此无法享受交联带来的诸多优点。例如用热熔胶黏合的物体，在高温下很可能就会脱落开，遇到溶剂也可能粘不牢。当然，通过调整产品配方，也可以让黏合剂在固化过程中发生交联反应，从而提高耐热和耐溶剂的能力，但这很有可能导致生产和使用过程更具挑战性。因此，热熔胶主要用于对黏合的性能要求不太高的场合，如书籍装订、食品包装的生产等。这一类日常用品往往不需要黏合剂能耐受高温、溶剂等极端环境，在室温下能够粘牢就够了。

如果将热熔胶的固化机制应用到在涂料中，我们就得到了通常所说的粉末涂料。不过与热熔胶不同，在使用粉末涂料时，我们不是加热粉末自身，而是加热待喷涂的物体表面。粉末涂料经常用于金属表面的喷涂，为了得到均匀的涂层，涂料的粉末在气流作用下通过高压电场带上负电，而待喷涂的金属工件在被加热的同时还会接地。这样，带电的涂料粉末就会在电场作用下被吸引到金属表面，随后迅速熔化并均匀铺展开。温度降低后，我们就得到了所需的涂层。

看过对于热熔胶的介绍，你可能觉得这一类产品无法满足你的需求？没关系，我们继续往前走，到隔壁货架上去看看。

二、AB 胶：一个巴掌拍不响

这一列货架上摆放的黏合剂比较有趣，每种产品的标签下都摆放着两个大罐子。是商家搞促销买一赠一吗？当然不是。你如果仔细看一下，就会发现，两个罐子的包装并不完全相同，往往是左边的罐子标着"A"，右边的罐子标着"B"，或者左边的标着"树脂"，右边的标着"固化剂"。这就是我们常说的双组分胶或者 AB 胶。那么 AB 胶为什么要分别储存在两个容器里呢？

前文中曾经多次介绍过聚氨酯，夸它是高分子材料中的"多面手"。那么聚氨酯是如何合成的呢？最简单的聚氨酯是由二元醇和二异氰酸酯，即分子中分别含有两个羟基和异氰酸酯结构的化合物反应而来（附录 -14）。

许多二元醇和二异氰酸酯在室温下都是化学性质比较稳定的液体，但一旦相遇，就如同干柴遇到烈火，很快就能发生聚合，得到强度很高的高分子材料。不难看出，如果将它们混合后在涂到待黏合的物体表面，随着反应的进行，两个物体就可以被牢固地粘在一起。可是随之而来的一个难题是：这样的黏合剂如何生产和储存？把二元醇和二异氰酸酯直接放到一个瓶子里显然是不可能的。这样的产品别说送到顾客手上，可能还没出厂，瓶子里的液体就变成一坨坚硬的固体，没法使用了。所以我们只能将它们分别储存在不同的容器中，使用前再混合，这也就是我们见到的 AB 胶。除了聚氨酯，还有许多不同的聚合反应可以用于 AB 胶的固化，例如前文中提到的重要的热固性塑料环氧树脂也可以做成 AB 胶，即通常所说的环氧胶，它的两个部分分别是环氧树脂预聚物和多元胺。混合之后，它们可以发生反应，得到环氧树脂。

不难看出，AB 胶使用时颇有一些不便之处。首先，在使用前必须将两个组分混合，这常常是个体力活。而且虽然有些例外，但是大多数 AB 胶在使用时需要将两部分按照特定的比例均匀混合，才能得到分子量足够高、机械强度足够好的高分子材料。因此，如果 AB 胶两部分的比例不合适或者混合不均匀，都有可能导致反应物偏离预期，从而严重影响黏合的效果。

很多时候，AB 胶的使用者既没有条件准确称量两个组分，也很难保证两个组分的充分混合。因此，为了保证 AB 胶的使用效果并且给用户提供便利，生产厂家往往会采用特殊的包装和施胶设备。一种常见的方法是将两个组分分别储存在通过侧面相连的两个圆筒中，在使用时，将连体筒安放到手动、电动或者气动的胶枪中，再将一个特制的喷嘴与连体筒的开口相连，随着使用者操作胶枪，两个组分就会按照一定的比例同时从筒中被挤出，在喷嘴中混合均匀。不过即便有了这样的设备，有些时候我们还是会觉得 AB 胶用起来很麻烦。

AB 胶的另一个缺陷在于"开弓没有回头箭"——两个部分混合后化学反应就会发生，因此有时容易造成浪费。比如今天混合了一定量的黏合剂，结果发现其实只需要一半的量就足够黏合手头的物体了，剩下的一半留着下个月再用？没戏！可能第二天早上起来，剩下的黏合剂就已经固化完全，没法再用了。

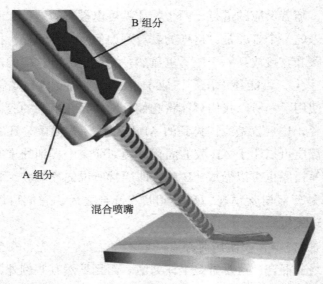

AB 胶常见的使用方式是事先将两个部分储存在连体的筒中，使用时两部分通过特制的喷嘴共同挤出，保证了两部分能够以指定的比例混合均匀

图片来源：http://us.henkel-adhesives-blog.com/post/LED-Assembly-Solutions/Dispensing-2-Component-Adhesives-LED-Assembly/

　　既然 AB 胶使用起来这么麻烦，为什么它们在很多时候还深受欢迎呢？首先，与热熔胶类似，AB 胶的固化过程也不需要溶剂的参与，因此可以避免挥发性有机物造成的室内空气污染。其次，AB 胶两个组分之间的反应性通常很强，在室温下就可以快速完成固化过程，因此我们不仅可以省去购置烘箱、烤炉之类设备的开销，还可以放心地用它来黏合不耐热的物体。

　　另外，无论是溶液型黏合剂还是热熔胶，要想得到经过交联的高分子材料都不大容易，因为交联一旦发生，高分子材料就无法熔融或者溶解了。然而通过使用 AB 胶，这个问题就迎刃而解了。仍然以聚氨酯 AB 胶为例，如果将二元醇和二异氰酸酯相混合，得到的是线性的聚氨酯分子，但如果把二元醇换成三元醇，即分子中含有三个羟基结构的化合物，就有可能得到经过交联的聚氨酯，黏合剂固化后的性能得以显著提升。因此，AB 胶经常被用作所谓的"结构黏合剂"，用于需要承受较大负荷的应用场合。像前面提到的聚氨酯或者环氧树脂的 AB 胶，甚至可以被用来黏合汽车和飞机上的许多重要部件。因此，虽然 AB 胶使用起来很麻烦，但是很多时候我们仍然必须依赖它。

那么有没有这样一种黏合剂，既保留了 AB 胶的优点，又只有一个组分，不需要预先混合呢？往前走，到头左拐，下一个货架就是。

三、光固化胶：随心所欲，想粘就粘

刚才我们提到，很多黏合剂之所以要做成 AB 胶的形式，是因为它们的两个组分过于活泼，在室温下一旦相遇就要发生反应，所以只能分开储存，使用时再混合，因此造成了不便使用的问题。

要想解决这个问题，一种可行的办法是降低其中一个组分在室温下的反应活性。例如在聚氨酯类黏合剂中，可以将二异氰酸酯预先用其他的化学基团"堵住"，让它在室温下变得异常稳定，不能够与二元醇反应；一旦温度升高，阻碍反应的化学结构被破坏，二异氰酸酯又可以迅速与二元醇反应得到聚氨酯。因此，我们可以将经过这种特殊处理的二异氰酸酯与二元醇预先混合，使用时将混合物涂到待黏合的物体表面，随后升高温度引发化学反应的进行，从而完成固化过程。通过这种方法，AB 胶就回归为单组分胶。

这样做虽然消除了使用时预先混合带来的烦恼，却又重新引入了加热，以及由此带来的诸多问题。那么有没有更好的办法呢？

在前面介绍智能材料时曾经提到，通过提供能量，光可以引发某些材料的物理或者化学性能发生变化。同样，光也有可能引发聚合反应。例如，含有碳碳双键的单体在引发剂作用下会发生聚合，从而得到高分子。不过很多时候光有引发剂还不行，还需要升高温度，将引发剂"激活"，才能保证聚合的顺利发生。但也有一些引发剂的激活不需要加热，而是通过特定波长的光的照射来实现。如果把这样的引发剂加入液态的单体中，只要注意避免光照，它们就可以稳定存在很久。当需要黏合物体时，只要将黏合剂涂在物体表面，然后用合适的光源照射，随着引发剂引发单体聚合，两块物体很快就被牢固粘到了一起。这样的材料，通常被称为感光性树脂。基于感光性树脂的黏合剂由于需要在光照下固化，因此被称为光固化黏合剂。

与其他类型的黏合剂相比，光固化黏合剂有着许多独特的优势。与 AB 胶类似，它同样可以在室温下不需要依赖溶剂挥发就完成固化过程，而且通过选择不同的单体，固化后形成的高分子材料的化学结构可以任意调节，因此可以满足不同的需要。与 AB 胶相比，它不需要特殊的装置来储存和混合两个组分，用的时候只需要用光轻轻一照，真可谓随心所欲，一切尽在掌控之中。

当然，光固化黏合剂的缺点也是显而易见的，那就是要黏合的两块物体至少有一块必须透明，这样才能让黏合剂中的引发剂顺利地从光照中吸收能量。如果我们需要黏合的是两块钢板或者木头，光固化黏合剂显然就无能为力了。因此，这一类黏合剂在黏合剂市场上只占有比较有限的份额。当然，如果把感光性树脂用于涂料，受到的限制倒是会小很多，毕竟不管喷涂什么样的物体，涂料总是有一面可以得到光照。感光性树脂的另一个典型应用是牙医材料。在补牙时，牙医需要先将液态的单体添加到待修补的区域，再设法让其固化形成高分子材料，与牙齿连为一体，因此感光性树脂是非常好的选择。相反，如果使用的是需要通过加热来完成固化的材料，牙医把电吹风或者电烙铁伸进患者口腔，那将会给患者带来多大的痛苦！前面在介绍嵌段共聚物时提到的光刻胶也是感光性树脂的一员。没有光刻胶，电脑、手机等众多电子产品的生产将成为难题。后面我们还会看到这一类材料是如何在 3D 打印中大显身手的。

听完关于光固化黏合剂的介绍，你摇了摇头：这一类黏合剂虽然神通广大，但你要黏合的物体都是不透明的部件，所以它们在你的工厂里毫无用武之地。没关系，我再带你到下一个柜台去看看。那边卖的是深受大家欢迎的 502 胶。

四、502 胶：我有一双隐形的翅膀

许多伟大的发明都是源于偶然，502 胶也不例外。1951 年的一天，美国伊斯曼柯达公司的两位研发人员弗雷德·乔伊纳（Fred Joyner）和纽特·希勒（Newt Shearer）正在实验室忙碌着。他们的

任务是从大量的有机化合物中筛选出能够用于飞机驾驶舱的耐高温涂层。在筛选过程中，他们需要测定液态有机物的折射率。根据操作流程，他们要将薄薄的一层液体夹在折射仪的两块棱镜中间，读取折射率数值后，将液体从棱镜上擦拭掉，再进行下一次测量。

然而当他们测量到一种名为氰基丙烯酸乙酯的液体时，意外发生了：测量结束后，他们惊讶地发现，两块棱镜被牢固地粘在一起无法分开了。两人恐慌极了，因为他们弄坏了一台价格不菲的仪器。然而他们的上司哈里·库弗（Harry Wesley Coover Jr）博士得知这次事故后，不仅丝毫没有责怪之意，反而异常兴奋，因为他意识到，一种全新的黏合剂即将诞生，它就是日后深受欢迎的 502 胶。

2010 年，美国总统奥巴马向 502 胶发明者之一哈里·库弗（1917—2011）
颁发美国国家技术与创新奖章

图片来源：Harris E A，2011

那么 502 胶为什么能够在如此短的时间内将物体粘住呢？这是因为它的主要成分氰基丙烯酸乙酯的化学性质极其活泼，只要遇到水就可以发生聚合反应，变成固态的聚氰基丙烯酸乙酯（附录 -15）。我们周围的环境看似干燥，实际上总是有一定的水气，待黏合的物体表面通常也有微量的水分存在，而这很少的一点水就足以让氰基丙烯酸乙酯完成聚合反应。氰基丙烯酸乙酯在水引发下的聚合反应速度非常快，因此 502 胶通常只需要十几秒甚至几秒就可以将物体黏合起来。

502 胶之所以深受欢迎，不仅由于它固化速度快，还由于它形式简单，使用起来非常方便。前文中介绍的几类胶，使用时总是需要一定的设备或者操作——热熔胶需要用胶枪熔化，AB 胶需要预先混合两个组分，光固化黏合剂则需要提供光源。但对于 502 胶来说，这些都不需要，只要将它从瓶子里倒出来涂到要黏合的物体表面，然后把两个物体紧密压在一起，稍等片刻，"隐形的翅膀"——环境中的水气就会帮助我们完成固化过程。如果你需要在家中制作一些手工模型或者用黏合剂修补破损的物体，502 胶无疑是最为理想的选择。即便是在大型的生产线上，502 胶也能给使用者带来很大的便利。

既然水能够引发氰基丙烯酸乙酯的聚合反应，而微量的水气在环境中又无处不在，为什么装在瓶子里的 502 胶能够保持稳定而不会固化呢？这是因为 502 胶在生产过程中通常会加入少量的酸性物质，它们能够防止氰基丙烯酸乙酯发生聚合反应。实际上氰基丙烯酸乙酯早在 20 世纪 40 年代就被合成出来，但人们一开始并没有发现它具有瞬间粘住物体的能力，很可能是因为最初得到的氰基丙烯酸乙酯不够纯净，其中含有的杂质阻碍了聚合反应的发生。另外，水气虽然无处不在，但它们容易接触到氰基丙烯酸乙酯的表面却很难渗入内部。这也是 502 胶既能够迅速粘住物体，也能在容器中保持稳定的一个重要原因。不过即便如此，如果放任氰基丙烯酸乙酯与水气接触，它仍然会逐渐发生聚合反应而失去使用的价值。因此，买来的 502 胶如果一次用不完，一定要将容器的盖子盖紧，防止水气进入。

502 胶除了使用方便、固化速度极快之外，还有一个优点就是对于许多不同类型的材料都有很好的黏合能力，这大概是它有时被冠以"万能胶"美称的一个重要原因。不过 502 胶绝非完美无瑕。事实上，我们可以挑出一大堆它的缺点来。例如，502 胶固化形成的聚氰基丙烯酸乙酯是一种比较硬脆的热塑性塑料，耐高温、耐潮湿等能力都不好，如果要黏合的产品需要经受比较苛刻的环境，那可能还是应该考虑前面提到的聚氨酯、环氧胶等产品。另外，502 胶的发现虽然源于它瞬间粘住玻璃，但后来的研究表明，502 胶对玻璃的黏合能力会随着时间推移而降低，因此 502 胶通常不推荐用来黏合玻璃，这也颇为令人遗憾。当然，就像我们常说人无完人，没有哪一种黏合剂是完美而万能的，需要的是根据具体需求来灵活选择不同类型的黏合剂。

除了 502 胶，还有一些其他类型的黏合剂也是通过环境中的水分来完成固化的。家庭装修中常用的硅酮密封胶就是一个典型的例子。这些密封胶中的硅酮本来以液体的形式存在，一旦暴露在空气中，在水气的帮助下，硅酮分子之间会通过化学反应连接起来，最终形成固体，将缝隙牢牢地堵住。

另一个通过水气固化的典型例子是单组分聚氨酯黏合剂。在前面我们提到，聚氨酯可以做成 AB 胶的形式。在聚氨酯 AB 胶中，二元醇和二异氰酸酯的分子个数之比会保持在 1∶1，这样才能保证反应得到的聚氨酯分子量足够高，从而机械性能足够强。但如果二异氰酸酯的分子远远多于二元醇，反应得到的聚氨酯分子量比较低，从而停留在液体的形式。此时就得到了单组分聚氨酯黏合剂。

那么这样的黏合剂如何粘住物体呢？由于二异氰酸酯过量，在单组分聚氨酯黏合剂中会存在不少未反应的异氰酸酯结构。当单组分聚氨酯黏合剂覆盖到物体表面上时，这些异氰酸酯就玩起了拿手好戏——"变身"。它可以与环境中的水气反应，让自己变成胺，而胺则可以像醇一样与异氰酸酯反应，从而使得原本停滞的聚合反应继续进行（附录 -16）。当原本液态的黏合剂变成了固体时，待黏合的固体就被牢固连接在一起。这种单组分聚氨酯黏合剂使用起来非常方便，被广泛用于建筑和室内装修。

异氰酸酯的这一"绝活"还赋予了聚氨酯另一项独特的应用，那就是发泡。异氰酸酯遇水产生胺时，同时会产生二氧化碳气体。因此，如果我们在混合二异氰酸酯和二元醇时加入少量的水，生成的聚氨酯就会变得无比的轻盈蓬松。这种泡沫状的聚氨酯有着很重要的应用。有些聚氨酯泡沫的孔洞之间互相连通，构成泡沫外壁的聚氨酯柔软而富有弹性。这样的泡沫遇到外力很容易变形，但又不会被压垮，一旦外力撤去就会恢复自身的形状，因此被用于生产床垫、沙发垫和汽车坐垫。另一种聚氨酯泡沫的外壁更为坚硬，内部的微小孔洞不再相连，而是彼此隔绝，这样的泡沫有着极好的隔热性能，因此被用于建筑隔热节能。冰箱厚厚的箱体和箱门里面填充的也是这种聚氨酯泡沫。

一位操作者正在利用聚氨酯泡沫对建筑物进行隔热处理

图 片 来 源：https://www.buildinggreen.com/blog/epa-raises-health-concerns-spray-foam-insulation

在这一节，我们了解了多种不同类型的黏合剂，加上之前介绍的水胶，相信总会有一款产品满足你的需要。当然，如果这些黏合剂都不能入你的法眼也没有关系，我们还有另外一种独特的黏合剂可供选择，那就是胶带。

第四节　撕出石墨烯的胶带，究竟有何奥妙

2010 年的诺贝尔物理学奖授予了一项颇不寻常的发现：英国曼彻斯特大学的科学家安德烈·海姆（Andre Geim）和康斯坦丁·诺沃肖洛夫（Konstantin Novoselov）成功从石墨中分离出石墨烯，并通过实验确定了它的性质。我们都知道，石墨可以看成由一层层的碳原子叠加而来的，这些碳原子层就是石墨烯。由于其厚度只有一个原子，石墨烯被认为具有许多不寻常的特点，如极高的强度和良好的透光性等。但长久以来，科学家们一直苦于无法制备出石墨烯的样品，人们甚至认为石墨烯只是假设性的结构，不可能真实存在。然而海姆和诺沃肖洛夫却将不可能变成了现实，让全世界为之震动。作为世界上最为知名的自然科学类奖励，诺贝尔奖对于获奖者的选择颇为慎重，许多科学家在做出重要发现十几年甚至几十年之后才终于有机会获得这一殊荣，而海姆和诺沃肖洛夫在 2004 年首次分离出石墨烯，6 年后就荣登诺贝尔奖的领奖台，由此可见这一研究的重要意义。

那么海姆和诺沃肖洛夫是如何分离出石墨烯的呢？他们的方法简单得令人难以置信：将办公室常用的胶带贴到石墨表面，再将胶带剥离下来，胶带表面就黏附了一些石墨的碎片。随后他们再把新的胶带按压到这些石墨碎片的表面然后剥离，重复几次之后，胶带表面上就只剩下单层碳原子了。

看起来毫不起眼的胶带居然帮助科学家们获得了顶级学术大奖，这听起来真的是不可思议。但胶带确实是我们生活中不可或缺的一部分。我们用它来给物体贴标签、在墙上张贴通知、密封包装箱、修补被撕破的书籍页面，还用医用胶带（如创可贴），来帮助伤口愈合。

胶带之所以备受人们的青睐，最主要的原因恐怕在于它的形式和使用都非常简单，轻轻在物体表面一按就能粘住，而不需要它们的时候常常又很容易就可以剥落下来，在被粘住的物体上几乎不留一丝痕迹。那么胶带的作用机制与前面介绍的几类黏合剂有什么区别呢？

一、最好的固化是没有固化

所谓胶带，如果单从外观上定义，指的是表面涂有黏合剂的固体载体。为了便于使用，这些固体载体，即通常所说的基材，一般会选用纸、塑料膜或者布等比较轻薄的材料，涂有胶的基材往往还会被预先裁成带状或者片状。但实际上，胶带还可以被分成两类，它们看上去相似的外表下其实隐藏着巨大的差别。

第一类胶带只是简单地将前面介绍过的几种黏合剂预先粘在一个物体的表面，用它来黏合另一个物体时，我们仍然需要特定的条件来完成固化。例如之前提到的再湿胶就属于这一类胶带，用它粘东西时，必须先用水润湿胶使其恢复到溶液状态。还有一种胶带是预先将热熔胶涂在物体表面，需要使用时加热背胶使其熔化，就可以粘住物体。像这样的胶带，单纯将它们按在物体表面是不会有黏合效果的。

第二类胶带不需要任何特殊条件，单纯通过按压就能粘住物体，它们被称为压敏胶或者压敏胶带。我们见到的大多数胶带，如透明胶、不干胶标签和双面胶，都属于压敏胶带。这么看来，压敏胶带的固化机制必定是异于其他类型的胶了？猜对了。压敏胶带已经把固化"修炼"到了极致——不需要固化。那么不经固化，压敏胶带又是如何粘住物体的呢？

在前面提到过用水打湿的两片纸时，水实际上就是将它们黏合了起来，只不过这种黏合是暂时的，因为水是液体，无法保持自身的形状。如果把一张被水打湿的纸粘在墙上时，水在重力的作用下会逐渐流动离开黏合的区域，从而使黏合的效果消失。另外，水不仅会流动，也容易挥发，这也是导致水的黏合作用不能持久的一个原因。

如果把水换成食用油会怎么样呢？食用油的分子要比水分子大得

多，这意味着什么呢？首先，随着分子的增大，分子间作用力增强，分子变得不容易挥发——谁也没听说过沾满油污的盘子放上几天就能变得干净；其次，更大的分子通常流动起来也更加困难，即黏度变大。所以，如果用油代替水去黏合两片纸，这种黏合作用可以持续得更久。不过即便是食用油，时间长了也会流走，所以我们需要把液体分子变得更大，让它们流动起来更加困难，高分子材料自然是非常理想的选择。

在前面我们提到，有不少高分子材料的熔点或者玻璃化转变温度低于室温，因此在室温下实际上就是处于液体的状态。然而这些聚合物的分子量动辄几万甚至几十万，如此庞大的分子使得这些高分子材料即便处于液态，流动起来仍然非常困难。因此如果把两个物体用这样的高分子材料连接起来，得到的黏合效果可以维持很久。你看，即便没有固化这一步，我们仍然可以将固体牢固黏合起来，如果将这样的聚合物涂到固体薄膜的表面，实际上就得到了压敏胶带。

然而随之而来的是另外一个问题：如果我们将室温下处于液体的高分子材料涂到物体表面，由于流动性的下降，它们很可能无法在短时间内建立起与物体表面的充分接触，而这同样会导致黏合的失败。但很显然，压敏胶带可以像其他类型的黏合剂一样牢固粘住物体，这说明我们担心的这种情况并不会发生。那么压敏胶带是如何破解这一看起来自相矛盾的局面呢？

设想有两块很大的互相平行的平板，夹在其中的是水。如果我们用力去平移上面的平板使其按照一定速度移动，而保持下面的平板不动，那么只要流速不太快，与上面平板接触的水会按照与平板移动速度相同的流速流动，而与下面平板接触的水则会保持静止，因此水的流速在两块板之间就存在一个梯度，我们称之为剪切速率。显然，施加在单位面积平板上的力（称为剪应力）越大，液体的剪切速率也就越大。但不管用多大的力去推平板，剪应力与剪切速率的比值总是固定不变的，这个比值就是水的黏度。像这样的液体，我们称之为牛顿流体，它的特点是黏度与剪切速率无关。

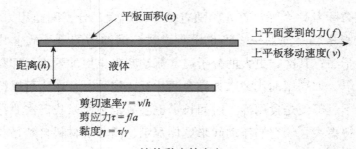

$$\text{剪切速率}\gamma = v/h$$
$$\text{剪应力}\tau = f/a$$
$$\text{黏度}\eta = \tau/\gamma$$

液体黏度的定义

　　但如果把水换成处于液态的高分子化合物，情况就不同了。随着推动上面那块平板的力度的加大，高分子的剪切速率自然也会增大，但如果仔细观察一下你就会惊奇地发现，怎么高分子材料一下子变得容易流动了许多？测量结果进一步验证了你的观察：随着剪切速率的增加，高分子化合物的黏度出现了明显的下降，这样的现象被称为剪切稀化，而具备剪切稀化特性的流体也就被称为剪切稀化流体，它属于非牛顿流体这个大家族的一员。顾名思义，非牛顿流体的黏度不再像牛顿流体那样与剪切速率无关。

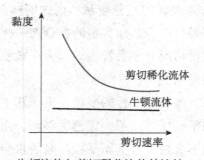

牛顿流体与剪切稀化流体的比较

　　那么为什么高分子材料会表现出剪切稀化的性质呢？如果你煮了一碗方便面，想从中挑出一根面条总是需要费些力气，因为这根面条很容易和其他的面条缠在一起。同样，由于高分子化合物的分子又长又富有柔性，它们彼此之间也会缠绕在一起。这些缠绕的存在使得高分子即便处于液态要想流动也是异常困难。但如果提供较高的剪切速率下，高分子材料的分子就可以从彼此缠绕中解脱出来，从而以较快的速度流动。

二、这种液体不寻常

介绍到这里，相信你已经理解了压敏胶带是如何粘住物体的：当我们将压敏胶带贴到物体表面并用力按压时，胶带表面处于液态的高分子化合物的剪切速率增大，黏度下降，流动性增强，可以充分接触待黏合的物体表面。而黏合完毕后，胶带本身的重力不足以提供较高的剪切速率，高分子的黏度急剧增加到流动几乎可以忽略不计的程度，因此胶带就可以牢固地贴在物体表面。

当然，即便在较低的剪切速率下，假以时日，液态的高分子仍然可以流动，从而导致胶带逐渐粘不牢。要想解决这个问题，最简单的办法是在高分子材料中引入一定程度的化学或者物理交联。这样一来，胶带从整体上失去了流动的能力，但是从局部上看，位于交联点之间的分子链条仍然具有流动的能力，因此依然能够让胶带与被黏合的物体表面充分接触。事实上，天然橡胶除了用于制造轮胎，也曾经是生产压敏胶带的重要原材料。不过近些年来，各种合成材料异军突起，终结了天然橡胶在压敏胶带领域一家独大的局面。

了解了压敏胶带的特点，我们也就不难理解为什么压敏胶带往往比较容易从被黏合的物体表面剥离下来而不留痕迹。当被黏合的两个物体在外力作用下重新被分开时，通常都是整个物件相对最薄弱的地方遭到了破坏。很多时候固化后的黏合剂本身的强度要弱于物体，因此断裂首先发生在这里，断裂后的两个物体表面都会残留一些黏合剂。还有的时候，黏合剂与其中某个物体接触的地方首先撑不住，断裂发生后，一个物体的表面会被黏合剂所覆盖，另一个物体的表面则比较干净。如果两个物体的黏合只是暂时性的，过了一段时间还要把它们分开，那么后一种断裂方式显然是我们更希望看到的，因为它保证了至少一个物体的表面的洁净。

当我们用压敏胶带去黏合物体时，虽然剪切稀化效应的存在使得覆盖在胶带上的高分子材料的黏度降低，但其流动性恐怕还是比不上溶液型黏合剂、光固化胶或者 502 胶等黏度更低的黏合剂，覆盖固体表面的能力自然不如后者。因此，用压敏胶带黏合的物体，胶带与物体的界面往往要比胶本身薄弱得多，因此，常常不需要用很大的力气就可以让断裂在界面处发生，从而使得胶带干干净净地从物体表面剥离。相反，用前面介绍的几种胶黏合的物体，固化后的黏合剂与物体的界面并不一定比黏合剂本身更易断裂，因此当我们把被黏合的物体分开时，很难保证物体表面没有黏合剂的残留。

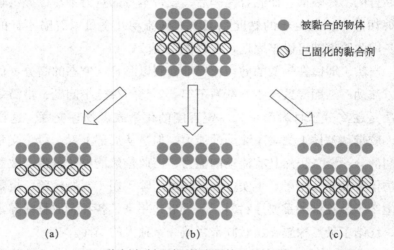

被黏合的物体

已固化的黏合剂

(a)　　　　　(b)　　　　　(c)

黏合被破坏时可能出现的几种情况

（a）黏合剂本身发生断裂；（b）黏合剂与物体的界面发生断裂；（c）被黏合的物体发生断裂

　　当然，这种比较只是一般性的描述，并不意味着压敏胶带就不能很牢固地粘住物体，也不意味着粘在物体表面的压敏胶带一定就可以很容易且干净地撕下来。用于包装的很多压敏胶带强度就相当高，用它们封装的纸箱可以承受相当的重量。当我们用力去撕胶带时，往往会发生另一种断裂的情形，那就是胶带与纸箱表面的连接没有被破坏，反倒是纸板自身先挺不住了。于是撕下来的胶带上就沾满了碎纸片，而纸箱也像是被扒了一层皮。如果你希望重复利用纸箱和胶带，这种情况肯定很令你头疼，不过海姆和诺沃肖洛夫这两位天才却成功利用这一现象打断了石墨片层之间的连接，得到了石墨烯，把坏事变成了好事。

不过细心的朋友可能会问这样一个问题：当我们从物体表面撕下胶带时，为什么发生断裂的是胶与物体之间的界面，而不是胶与基材之间的界面呢？这就涉及压敏胶带的生产过程了。

三、胶带是如何生产出来的

刚才我们提到，所谓胶带就是覆盖有胶的基材。对于压敏胶带来说，胶与基材之间的界面是相当重要的一个组成部分。当我们从物体表面撕下压敏胶带时，通常是希望撕掉胶带后的物体表面能够洁净如初，但如果胶与基材的界面不够牢固，剥离胶带时，胶就有可能与基材脱离，留在物体表面，从而前功尽弃。

那么如何让胶和基材牢固连接在一起呢？覆盖在基材表面的胶相当于一层涂层，因此如果我们复习一下前面提到的涂层形成的机制就会意识到，必须保证胶能够浸润基材的表面。对于纸这样表面能较高、容易被液体浸润的基材，这不难做到，但如果选择表面能较低的塑料作为基材，有些时候就必须对基材表面进行适当的处理，提高基材的表面能。

不过即便基材表面的性质合适，如果直接把室温下处于液态的高分子涂在基材表面，它们虽然在较高的剪切速率下能够顺利地流动，但是仍然不足以让胶与基材表面在短时间内形成充分的接触，难以在两者之间建立牢固连接。因此，需要在生产胶带过程中设法降低胶的黏度，让它更快地覆盖基材的表面。而做到这一点也不难，只需要将前文中介绍过的黏合剂和涂料固化的方法照搬过来就好了。例如，我们可以将高分子材料溶于有机溶剂或者分散在水中，将溶液涂在基材表面，待溶剂挥发后，一层均匀的胶就形成了；我们也可以将单体先涂到基材表面，然后施加光照让将单体转化为高分子材料；对于像热塑弹性体这样的材料，还可以采取类似热熔胶的方法，即通过升高温度来让它更容易流动。从这个角度看，压敏胶带虽然在使用时无须固化，生产过程中仍然需要固化这一阶段。

好了，现在我们选择了合适的基材，也把胶牢固地覆盖在了基材的表面，胶带的生产是否就万事大吉了呢？当然不行。如果直接让这样的胶带出厂，就相当于将溶液型的黏合剂放在敞口容器里储存，或者将光固化胶放在透明容器里任凭紫外线的照射，等产品送到顾客手上时，裸露的胶的表面很可能要么吸附了许多尘埃，要么粘上了别的物体，要么两块胶带自己粘在一起，总之产品多半已经废掉了。因此，在出厂前，胶带表面必须再施加一层起保护作用的薄膜，或者直接将它盘绕成卷，让这一层胶带的胶直接贴在上一层胶带的背面。

有了保护层，胶带在储存过程中不会粘住别的物体，但是需要使用的时候，保护层岂不是也很难与胶带分开？这个问题解决起来也不难。我们前面提到，黏合剂要想粘住物体，要能浸润物体表面。反过来，如果我们不想让黏合剂与物体之间粘的很牢，就需要设法让它不能浸润物体表面，这可以通过在物体表面施加特殊的涂层从而降低表面能来实现。例如前文介绍过的硅酮，覆盖在物体表面后能够有效地降低物体的表面能。用这种方法处理过的保护层，只需要轻轻一撕就能够顺利与胶带分离，丝毫不影响正常使用。

看完上面的介绍，你或许会惊讶，原来看上去毫不起眼的一卷压敏胶带，竟然暗藏了这么多的玄机。确实，胶带的生产看似简单，其实需要众多原材料和一系列复杂加工工序的密切配合才能得到性能令人满意的产品。像前面提到的很多技术一样，压敏胶带诞生与发展的背后，也有许多有趣的故事。

四、被压敏胶带改变的生活

压敏胶带最早进入公众的视野可以追溯到 19 世纪 40 年代。当时一位名叫霍勒斯·戴（Horace Day）的外科医生将天然橡胶等原料覆盖到织物的表面，从而发明了最早的医用胶带。19 世纪 70 年代，强生公司开始大规模生产医用胶带。

到了 20 世纪 20 年代，强生公司一位名叫厄尔·迪克森（Earle Dickson）的棉花采购商在无意间做出了一项改变历史的发明。厄尔的妻子约瑟芬（Josephine Dickson）是位家庭主妇，每天忙于操持家务，身上被刀划破口子是难免的事。每次受伤之后，约瑟芬总是先用纱布覆盖伤口，再用医用胶带把纱布覆盖住，但这样很不方便。厄尔灵机一动，将一小块纱布预先粘在胶带有胶那一面的中心。这样，约瑟芬可以直接将胶带裹在受伤处就可以了。厄尔很快意识到他的发明不仅让妻子做家务时更加方便，还能让千千万万的人受益，便把它介绍给了自己的上司。于是一种新的压敏胶带问世了，这就是如今几乎每个家庭药箱中都必备的创可贴。

发明创可贴的厄尔·迪克森（1892—1961）和妻子

在厄尔发明创可贴的同一时期，在美国明尼苏达州，一位名叫理查德·德鲁（Richard Drew）年轻人拿着几张砂纸走进一家汽车修理店。德鲁供职于明尼苏达矿业与制造公司，也就是后来大名鼎鼎的3M公司，砂纸是公司当时的主要产品之一。

德鲁此行的目的本来是测试和推销公司的砂纸，却无意间听到修车工人的抱怨。当时车身涂有两种颜色的汽车颇受消费者欢迎，然而这却让汽车制造商和修理商苦不堪言。因为在将车身某些区域喷涂上一种颜色时，必须将剩下的区域遮盖好以免被油漆玷污。工人们尝试将旧报纸粘在车身表面，这样虽然能够有效提供遮盖，但当喷涂完毕时，人们往往需要费很大力气才能将遮盖物移除，而且在移除的过程中，车身表面的涂层往往会受到损坏。当时的德鲁对胶可以说一无所知，但他仍然下决心解决这一困扰修车工人的大问题。经过几年的不懈努力，他终于开发出了圆满解决这一问题的压敏胶带。

理查德·德鲁（1899—1980），美国发明家

　　德鲁最初开发出的压敏胶带在修车行试用时效果不够理想，不满意的修车工人嘲笑德鲁说："把这些胶带拿回到你的苏格兰老板那里，告诉他们多放一点胶！"这里的"苏格兰"带有贬义，指人吝啬，德鲁却干脆把用作自己产品的名字，这就是日后风行世界的 Scotch 胶带。

　　不过德鲁的故事到这里还没有结束。当时杜邦公司刚刚推出了一种新产品——基于纤维素的薄膜。这种薄膜轻便、无色透明且不透水，因此得名玻璃纸，非常适合用于食品包装。一位 3M 公司的员工向德鲁提议将玻璃纸作为胶带的基材。此时已经升任公司实验室主管的德鲁采纳了下属的建议，并立刻组织力量进行研究。最初，新产品的研发遇到了很大的困难，例如玻璃纸在涂抹胶的过程中容易卷曲甚至破裂，胶本身带有颜色，影响玻璃纸无色透明的外观，等等。德鲁和同事们通过改进产品配方和生产工艺，逐渐克服了这些技术难题。终于，在 1930 年，最早的透明压敏胶带面世了。但正当德鲁和同事们准备分享成功的喜悦时，他们却发现凝聚着自己心血的新产品的未来似乎开始变得黯淡。其中的一个原因是杜邦开发出了直接密封玻璃纸的工艺，这使得基于玻璃纸的胶带变得多余。但更重要的原因在于，席卷美国乃至世界的大萧条开始了。

然而出乎德鲁意料的是，当各地的经济遭受重创时，他发明的透明胶带不仅没有被冷落或遗忘，反而备受欢迎。几乎每一天，人们都能为透明胶带找到新的用途。由于透明胶带的巨大成功，3M 公司在一片衰退中居然迅速发展壮大，成为大萧条期间少数几家没有裁员的公司。由于不少顾客抱怨成卷的胶带很难使用，1932 年，3M 公司一位名叫约翰·博登（John Borden）的销售经理发明了现在广泛使用的胶纸座。胶纸座将胶带固定在一头，然后通过另一头的锋利的锯齿切断胶带，使用起来非常方便。有了胶纸座，压敏胶带更成为人们日常生活中必不可少的组成部分了。

时光飞逝，转眼到了 20 世纪 60 年代。3M 公司的斯潘塞·西尔弗（Spencer Silver）博士受命开发新的能够用于压敏胶带的高分子材料，但测试结果令他大失所望：公司希望新的材料能够牢固粘住物体，而他开发出的材料黏合效果却很差，轻轻一撕就会从物体表面剥落。

不甘心就此放弃的西尔弗尝试为自己的发明找到其他用途。几年后的一天，他遇到公司同事阿特·弗赖（Art Fry）。弗赖每周都要参加教会合唱团的活动，活动结束时他会把纸质书签夹在乐谱中用来标记下一次要唱的曲目。然而这些书签常常会移动位置甚至不翼而飞，这让他大感不便。听完西尔弗的介绍，弗赖突然想到，如果把这种新材料涂在书签背面，那么书签就可以牢固地待在特定的位置，而用完之后又可以方便地移走，不会在页面上留下任何痕迹。两人一拍即合，很快开始了实验。1980 年，两人的合作结出了果实，一种新的产品出现在美国的商店里，它就是如今人们耳熟能详的便利贴。便利贴的正面可以书写，背面的胶条使得它可以很容易地贴在各种表面，不需要时又可以方便地取走。如今遍布墙上和桌上的便利贴不仅成为办公室一道亮丽的风景，还极大地改变了人们思考与交流的方式。

阿特·弗赖（1931—），便利贴发明人之一

压敏胶带下一次改变世界将会是什么时候呢？或许被海姆和诺沃肖洛夫用胶带撕下来的石墨烯将成为耀眼的大明星，让我们拭目以待吧。

第五节　胶水变墨水：高分子材料与 3D 打印

　　1984 年 8 月 8 日，在许多比较迷信的国人眼中，是一个良辰吉日，不过在科技发展史上，这一天确实是个有意义的日子，因为美国专利及商标局在这一天收到了来自美国人查理斯·赫尔（Charles W. Hull）的一份题为《用立体平版印刷生产三维物体的装置》的专利申请。当时 40 多岁的赫尔虽然绝非名声显赫，倒也算得上事业有成：本科毕业后从普通的工程技术人员做起的他，经过逐步升迁，此时已经是一家小公司的副总裁。但他似乎还是对按部就班的生活感到不满足，他利用工作之余尝试自己的一个新鲜想法，此次提交的专利申请，就是自己辛勤付出的成果。从此，一种新的加工技术——3D 打印，开始走入公众的视野。

赫尔（1939—），3D 打印技术的先驱之一

　　30 多年之后，3D 打印的发展可谓如火如荼，这一如今家喻户晓的技术虽然听起来高大上，本质上仍然不过是我们熟悉的黏合剂和涂

料换了一个"马甲",在其中挑大梁的,依然是形形色色的高分子材料。那么为什么这样讲呢?让我们先从什么是 3D 打印,我们为什么需要 3D 打印谈起。

一、什么是 3D 打印

设想我们需要一件金属材质的人物头像,该如何去做呢?一种常用的办法自然是机械加工,也就是说先买来一整块的金属,然后将特定区域的金属用切削、钻孔等方法除掉,留下来的部分就是我们需要的雕像。可是这种方法有不少弊端。首先,许多宝贵的材料被白白浪费掉;其次,对于一些复杂的结构,机械加工的方法往往难以奏效,例如如果想将头像内部镂空,靠这种方法就非常困难。

另一种途径是先根据我们的设计加工出对应的模具,再将金属熔化后倒入模具,最后等金属冷却后将它从模具中取出即可。这叫浇铸,也是制造业最常用的制造方法之一。每天都有不计其数的金属、塑料、玻璃等不同材质的物品通过形状各异的模具被生产出来。但模具本身的设计及加工往往并非易事,需要花费大量人力物力。这种方法虽然适合于大批量的生产,但对于只需要加工少量物品的场合,开模具的成本往往会高到令人难以承受。

现在你是否感到沮丧,认为这件头像只能停留在纸面上了?不要灰心,回想一下小时候玩过的积木,让我们来按照同样的方法把头像搭起来吧。假设这件头像高度是 10 厘米。那么我们首先把它在竖直方向上分成一百层,也就是说每一层的高度只有 1 毫米,然后从下至上将它们从 1 编号至 100。接下来我们从第一层开始,根据截面的形状一点一点地把金属材料放置到指定的位置。第一层完成之后,我们再根据第二层的截面形状把金属材料逐渐放置到第一层的指定位置,接下来是第三层、第四层,直到第一百层完成之后,我们也就得到了想要的雕像。

或许你觉得这样的过程用手工操作太过繁琐,不要紧,有自动化的设备为我们代劳。首先我们利用特定的计算机辅助设计软件准备好需要制造的物体的三维模型,再利用专门的软件将三维模型分割成若干二维的截面图，最后由适当的仪器设备根据这些图纸将材料一点一点、一层一层地堆积叠加起来，想要的物体就制造出来了。这样的制造方式是不是有些类似我们在家中或者办公室中用打印机打印文档？只不过打印不再发生在二维的纸上，而是在三维空间里进行，这就是这种制造方法被称为 3D 打印的原因。由于 3D 打印是用逐步逐层叠加的方法将物品制造出来，它又被称为增材制造技术（additive manufacturing，AM）；而传统的机械加工由于是通过选择性地除去材料来制造出特定的物品，因此被相应地称为减材制造技术（subtractive manufacturing）。

二、3D 打印需要什么样的"墨水"

与传统的制造方式相比，3D 打印有什么独特的优势呢？同切削、雕刻、钻孔这样传统的机械加工相比，3D 打印大大节约了原材料；而同浇铸等利用模具制造的方法相比，3D 打印又省去了制作模具的步骤，同样节约了宝贵的资源，特别是制造的数量不多时，省去加工模具这一步节约的人力物力是非常可观的。另外，由于实现了与数字化模型的无缝对接，3D 打印制造复杂的结构更加得心应手。

正是由于 3D 打印的这些独到之处，在制造复杂的结构，特别是只需要生产少量物品的情况下，3D 打印都迅速占据了一席之地，起到了传统制造业难以替代的作用。例如，如果你是一位艺术家或者设计者，3D 打印技术可以非常方便地帮助你建造出想要的模型；又如，你的汽车某天出了故障，需要更换零件，然而这种部件已经停产多年，原有的存货也早已售罄，让厂家用传统的制造方法为你单独生产一个零件显然是不可能的，但有了 3D 打印技术，就能很方便地加工出新的零件，让你的汽车可以继续行驶。

怎么样，3D 打印的概念是不是听起来很美妙？不过随之而来的问题是，怎样才能让 3D 打印成为现实？

要想通过 3D 打印的方式制造物品，需要计算机软件、自动化控制、仪器制造等诸多领域的密切配合，但毫无疑问的是，没有合适的材料，3D 打印将只是停留在纸面上的空想而已。那么 3D 打印需要什么样的材料？

从前面提到的 3D 打印的流程我们不难看出，3D 打印需要这样一种材料：它必须能够非常方便地被 3D 打印机输送到指定的区域，而一旦到达了指定的位置，它又必须能够保持住指定的形状，并且要保证样品的层与层之间能够牢固地连接在一起。换句话说，这种材料最好能够先以液体的形式被储存和输送，然后又能在很短时间内变成固体，而且为了方便消费者的使用，这种转变必须能够以不太高的成本、在温和的条件下来实现。你看，这和黏合剂或者涂料的固化过程多么相似。显然，赫尔也清楚地看到了这一点。他当时所在的公司的业务之一是用固化感光性树脂生产涂层。在与产品打交道的过程中，他敏锐地意识到：感光性树脂不仅可以用作涂料和黏合剂，还可以用于实现 3D 打印。

那么赫尔是如何利用感光性树脂来实现 3D 打印的？首先，准备一个大容器作为储存感光性树脂液体的原料池，这个原料池的中央有一个可以升降的平台与池底相连。接下来在池中灌满感光性树脂，让平台逐渐升高，直至接近液体与空气的界面。平台与液面之间的距离取决于加工样品时每一层的厚度，例如如果要把样品分成厚度为 200 微米的若干层，那么平台与液面之间就保持 200 微米的距离。

随后让一束紫外线从液面上方照射下来。由于平台的阻挡，光线无法穿透全部的液体，因此只有在距离液面 200 微米的这个区域内的感光性树脂才会发生反应而变成固体。如果再根据样品底面的形状让紫外线扫描指定的区域，那么样品最底部的这一层感光性树脂就固化了。接下来让平台下降，周围的液体补充过来，使刚刚加工好的这一层样品的上表面与液面之间的距离依然保持 200 微米，再让紫外线扫描特定的区域，就可以加工好样品的第二层。随着平台的不断下降和紫外线光束的不停扫描，整个样品就加工好了。这种 3D 打印技术就是赫尔申请专利的立体平版印刷（stereolithography）。

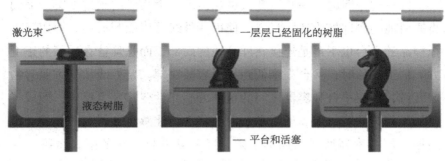

激光束

一层层已经固化的树脂

液态树脂

平台和活塞

立体平版印刷的基本流程示意图

图片来源：http://www.3dmaterialtech.com/3dprintsla.html.

　　值得一提的是，在赫尔之前，也有多位研究人员提出类似的想法，但由于种种原因都半途而废了。早在 1980 年，日本研究者儿玉秀雄（Hideo Kodama）就提出了利用感光性树脂实现 3D 打印的构想并申请了专利，但由于缺乏经费，他没能在一年的期限结束时提交完整的专利申请。当赫尔在 1984 年为立体平版印刷申请专利时，当时在法国国家科学研究中心工作的阿兰·勒梅奥蒂（Alain Le Mehaute）和同事捷足先登，在三个星期前已经提交了类似的专利。然而非常遗憾的是，法国国家科学研究中心不看好这一发明的商业价值，因此最终放弃了这一专利申请。相反，赫尔在申请专利后，还进一步创办了专门经营 3D 打印设备的公司——3D 系统，将 3D 打印技术逐渐发扬光大，因此称得上是当之无愧的 3D 打印技术先驱。在科学的发展历程中充满了类似的阴差阳错，往往只有能够牢牢把握机遇的人才能笑到最后。

三、"老革命"遇到新问题

　　作为最早投入商业化的 3D 打印技术，立体平版印刷很好地满足了 3D 打印的基本要求，让许多人能够如愿以偿地加工个性化的物品。但这种技术也存在不小的缺陷。其中最大的问题在于，由于打印时平台要自上而下地移动，加工的物体的高度自然受到原料池中液体深度的限制。

　　针对这一问题，一些研究人员想出了一个巧妙的改进方案。他们将原料池的底部换成透明材料，使得紫外线可以顺利通过，而用于支撑样品的平台也不再是连接在样品池的底部，而是悬挂在池子的正上方。加工开始时，平台先降低到接近容器底部。紫外线从下方照射指定区域，处在平台和容器之间的这部分感光性树脂发生反应，形成了要加工物体的第一层。然后平台向上移动，让感光性树脂液体充满样品第一层与容器底面之间的空隙，随后紫外灯再次照射，将第二层加工完成。随着平台不断向上移动，物体也就一层层被不断加工出来了。

　　不难看出，这种新的方法将产品移动的方向完全颠倒，加工物体的最大高度自然不再受到原料池高度的限制，只要加进原料池中的树脂总量足够就可以了。除此之外，研究人员还改进了紫外线的照射方式，不再让紫外线光束一点一点地扫描需要加工的区域，而是像放幻灯片一样，直接把要打印的某一层的图案透过原料池底部照射到树脂上。这样一来，紫外线只要照射一次就可以将处在同一层上的结构全部加工出来，大大提升了加工速度。

　　这种构思看上去很不错，但如果真照着做，就会发现设备在完成样品第一层的加工后就"死机"。原因很简单，加工第一层的过程相当于用光固化黏合剂去粘样品池和平台，使得平台没法继续向上移动。一种解决办法是像胶带背面的保护涂层那样，对容器底部做适当的处理，使得它的表面不太容易和固化的感光性树脂粘在一起。当样品第一层加工完成后，只要稍稍给平台施加一个向上的力就可以让样品和容器底部脱离开，液体原料重新填满样品和容器底部的空间后，就可以继续加工样品的下一层了。

　　即便如此，这种自下而上的 3D 打印技术使用起来仍然很麻烦。因为每加工完样品的一层，3D 打印机都需要花费一定的时间让样品与容器底面脱离接触，总的加工速度自然不可能太快。而且即便样品与容器底部之间只需要不太强的外力就可以脱离接触，这个过程仍然可能造成样品表面损伤，从而影响产品最终的质量。

　　不过就在几年前，聪明的科学家们已经成功找到了更好的解决办法，而帮助他们克服这一难题的竟然是感光性树脂的"宿敌"——
氧气。

四、氧气的妙用

之前我们提到，感光性树脂一旦遇到合适波长的光的照射就会迅
速固化，从液态的单体变成固态的高分子。但这一反应要想顺利进行
必须满足一个前提，那就是感光性树脂中不能含有氧气。别看感光性
树脂中溶解不了多少氧气，这一点点氧气就足以让固化过程中止。因
此，在使用感光性树脂时，我们一般要将溶解在其中的氧气"赶尽
杀绝"。

在经过改进的立体平版印刷技术中，由于紫外线要从储存感光性
树脂的容器底部向上照射，容器的底部必须使用透明的材料，例如玻
璃。通常情况下，氧气是无法透过玻璃的，这本来有助于避免氧气进
入感光性树脂影响其固化，可是美国北卡罗来纳大学教堂山分校化
学系的约瑟夫·德西蒙尼（Joseph M. DeSimone）教授却反其道而行
之，把玻璃替换成了一些能让氧气透过的透明塑料。这样一来，氧气
就"大摇大摆"地进入感光性树脂当中了，这岂不是坏了好事？但通
过下面的分析我们就会理解他的良苦用心。

氧分子虽然能穿过容器底部进入感光性树脂液体，但是它们"体
力"有限，走不了多远。研究人员测了一下，发现氧分子最多向上行
进到距离容器底部大约 100 微米的高度。如果事先把溶解在树脂中的
氧气清除干净，那么当紫外线透过容器底照射进来时，对于距离容器
底部 100 微米或者更近的这部分液体，由于氧分子源源不断地进来，
感光性树脂无法固化，始终保持液体状态。而在距离容器底部距离超
过 100 微米的地方，由于不存在氧气，感光性树脂的固化可以照常进
行。研究人员把距离容器底部 100 微米以内的这部分感光性树脂称为
"死区"。

现在开始加工样品。假设这个样品每一层的厚度是 100 微米，那
么在加工第一层时，我们不再需要让平台下降到距离容器底部 100 微
米的地方，而是让它们之间的距离增加到 200 微米，也就是说距离死

区的边界 100 微米。接下来让紫外线透过容器底部照射进来使得样品的第一层固化成型。现在有了死区，只有从死区上表面到平台之间这 100 微米厚的液体会变成固体，而死区中的感光性树脂一直保持液态。这样，有了死区的间隔，加工好的样品自然不会再与容器底部粘在一起了。因此，当样品的第一层加工完成后，就不再需要花费时间让样品摆脱与容器底部的接触了。只需要直接将平台升高，感光性树脂就会重新充满死区和样品之间的空间。

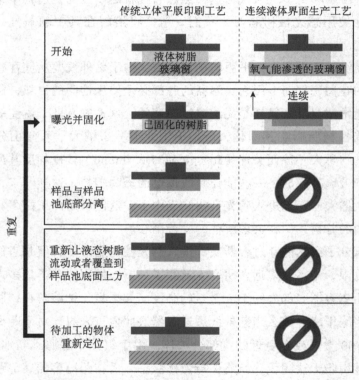

传统的立体平版印刷工艺与连续液体界面生产工艺的比较

图左侧表示用传统的立体平版印刷技术加工物体时，每加工完一层样品都需要花工夫使样品与容器底部脱离接触，因此速度较慢；图右侧表示在连续液体界面生产工艺中，样品表面与容器底部被始终保持液体状态的死区间隔开，加工完样品的某一层后直接向上移动即可加工下一层，因此大大提升了加工速度

图片来源：Tumbleston J R，Shirvanyants D，Ermeshkin N，et al.，2015

通过这一小小的变化，氧气从感光性树脂固化的"宿敌"摇身一变，成了 3D 打印技术的好帮手。此前的基于感光性树脂的 3D 打印技术由于要花费大量时间让样品表面与容器底部脱离接触，加工速度很慢，当样品的每一层厚度为 50～100 微米时，每小时只能加工几毫米厚度的样品。相反，这种被称为"连续液体界面生产"（continuous liquid interface production，CLIP）工艺的 3D 打印技术的加工速度可以达到每小时 50 厘米。由于在打印速度上的飞速提升，这项新的 3D 打印技术在 2015 年首次报道后，很快轰动了世界。相关的论文不仅发表在世界顶级学术刊物《科学》上，还荣登该期刊物的封面。无疑，更快的加工速度能够让 3D 打印技术更加高效快捷地为我们服务。

作为最早实现商业化的 3D 打印技术，立体平版印刷等基于感光性树脂的 3D 打印技术成功地帮许多人圆了个性化加工的梦想，而新近出现的连续液体界面生产工艺等改进更是让这一类 3D 打印技术如虎添翼。但即便如此，这一类型的 3D 打印技术在实际应用中仍然受到不小的限制。一个重要的原因是，这一类 3D 打印技术的关键是利用光照引发的化学反应将液体转化为固体，这就意味着可用它加工的材料基本上仅限于高分子材料特别是塑料，而且即便是加工塑料制品，我们的选择仍然不多，因为并非每一种塑料都可以通过光照来实现单体的聚合。因此，用这一类 3D 打印技术加工出来的物体的性能往往不尽如人意，可以用于展示，但很难胜任实际使用的考验。

幸运的是，近些年来，在科研人员的不断努力下，新的感光性树脂不断涌现。这些新的材料在性能上各具特色，为使用者提供了更为丰富的选择。与此同时，感光性树脂只能用于加工塑料这一传统观点也被打破。在一项最新研究中，研究人员将二氧化硅的纳米颗粒混合到感光性树脂中，当感光性树脂固化后，二氧化硅的纳米颗粒也就均匀分散在其中。随后的高温煅烧使得感光性树脂降解气化，只留下二氧化硅。通过这种方法，他们成功实现了玻璃的 3D 打印。

不过伴随新材料而来的一个问题是，许多新型感光性树脂由于化学结构特殊，需要专门合成，因而价格通常不菲，这常常让许多对

3D 打印感兴趣的用户望而却步。正是由于这些难以克服的缺陷，许多研究人员尝试用其他方法实现 3D 打印技术，例如下面我们要介绍的 3D 打印技术就是典型的例子。如果说立体平版印刷是将样品用光线一点一点"照"出来，那么这种技术则是将样品一点一点地"挤"出来。

五、挤出一个新世界

在前面我们曾经介绍过，挤出成型是比较常用的加工热塑性塑料的方法。这种方法首先将塑料粉末或者颗粒添加到挤出机的末端。挤出机内的高温使塑料熔化，变得可以流动。熔化后的塑料在转动螺杆的带动下从机器的末尾逐渐向前移动。挤出机的最前端有一个开口，熔融的塑料从这里离开挤出机，然后迅速被冷却，塑料的形状就重新被固定下来。塑料被赋予什么样的新形状，完全取决于挤出机开口的形状。如果开口是一个圆，那么就会得到一根根塑料棒；如果开口变成五角星形状，塑料棒的横截面也相应地变成五角星；如果开口是一条狭缝，就可以得到薄薄的塑料膜。这样的塑料加工过程与挤牙膏有几分相似，因此得名"挤出"。

那么挤出成型与 3D 打印又有什么联系呢？如果需要加工一件塑料制品，我们先将它横向分割成若干个薄层，再把每一个薄层沿纵向分割成若干细条，那么这件塑料制品就可以看成由许许多多非常细的塑料条所组成。如果这些塑料条能够通过挤出机逐步地加工出来，那么我们就可以非常方便地通过 3D 打印的方式来加工这件塑料制品。

有了基本的构想，接下来要做的就是制造合适的 3D 打印设备。首先需要将要使用的塑料预先加工成非常细的丝，接下来将细丝的一端与马达相连，另一端穿过一个加热装置与喷嘴相连。这个喷嘴可以在电脑控制下左右移动。当加工开始时，先启动与喷嘴相连的加热装置，让喷嘴内的塑料升温到可以流动；转动的马达不断将塑料细丝推向喷嘴，于是熔化后的塑料就源源不断地从喷嘴中被挤出。接下来，喷嘴在电脑控制下移动，将挤出的塑料细丝不断沉积到工作台的指定位置。塑料冷却凝固后，形状就固定下来，于是样品的第一层就加工好了。随后，工作台向下移动一定距离，让移动的喷嘴将熔化状态的塑料细丝沉积到刚刚加工好的这一层的指定位置，完成样品的第二层加工。随着这一过程的不断重复，整个样品就加工好了。这样的3D打印技术由于利用了熔融状态的材料，因此被称为熔融沉积成型（Fused Deposition Modeling，FDM）。

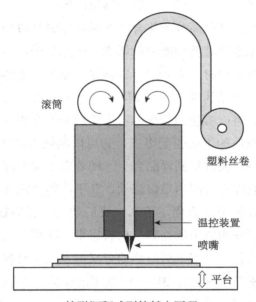

滚筒

塑料丝卷

温控装置

喷嘴

⇕ 平台

熔融沉积成型的基本原理

塑料细丝经加热熔融后从喷嘴被挤出，沉积到样品台的指定区域
图片来源：Gross B C，Erkal J L，Lockwood S Y，et al.，2014

与前文提到的立体平版印刷相比，不难看出熔融沉积成型这种3D打印技术的巨大优势：几乎每一种常用的热塑性塑料都可以通过这一技术实现 3D 打印。这不仅提供了更为丰富的材料选择，而且由于不再需要昂贵的感光性树脂，原材料的成本也大大降低。对于家庭、中小学、小型企业等难以负担昂贵仪器设备的用户，熔融沉积成型无疑是更为理想的选择。与立体平版印刷相比，熔融沉积成型还有一个独特的优势在于可以在加工物体的过程中根据需要更换不同的材料。例如，可以准备两个喷嘴，一个用于挤出 ABS 树脂，另一个用

于挤出聚碳酸酯。只要让它们轮流上阵，就可以加工出结构更加丰富多样的产品。

熔融沉积成型技术不仅可以更加方便地加工塑料制品，对于金属、陶瓷等需要更高温度才能熔化的材料，以及热固性塑料等即便在高温下也无法熔化的材料，它也能助一臂之力，因为我们有一个很好的助手，那就是上一节介绍过的剪切稀化流体。

前文中提到，各种高分子化合物在熔融态时是典型的剪切稀化流体，即流体的黏度随着剪切速率的增加而迅速下降。实际上，当高分子材料溶解在溶剂中时，常常也可以将原本是牛顿流体的溶剂转变为剪切稀化流体，这就为 3D 打印提供了一个很好的工具。对于那些很难熔化的物体，可以将它们研成的粉末然后分散在含有高分子材料的溶液中。如果液体的组成控制得当，它可以顺畅地被挤出 3D 打印设备的喷嘴，但一旦被沉积到样品台上，随着剪切速率降低，液体的黏度又会大到让它在短时间内难以流动，几乎和固体没什么两样，随后溶剂挥发，物体的形状就固定下来，我们就可以打印物体的下一层。如果你觉得残留在物体中的高分子材料碍事，还可以通过高温煅烧的办法令其降解气化，只留下更耐热的金属或者无机材料。通过这种方法，许多曾经被认为无法用 3D 打印加工的材质，如石墨烯和锂离子电池的电极材料等，现在都变得易如反掌。

有的朋友可能会问，有了如此使用方便且成本低廉的 3D 打印技术，立体平版印刷之类的 3D 打印技术该从市场上销声匿迹了吧？事实并非如此。这是因为熔融沉积成型这种 3D 打印技术也有一个明显的局限，那就是相邻的层与层往往不能非常好地融合，而是能够看出明显的界限，因此成品的精度不高。例如，巧克力在高温下也可以熔化流动，因此我们可以像 3D 打印塑料那样实现巧克力的 3D 打印。但如果我们仔细观察一下通过 3D 打印加工出的巧克力，就可以清楚地看到层与层之间的界限。而利用感光性树脂的 3D 打印技术在这一点上要好很多，因此虽然原料价格不菲，我们很多时候仍然离不开它们。另外，如果待加工的物体中存在突出或者孤悬的结构，比如一个桥梁的模型，还需要额外打印出支撑性设备，否则塑料可能还没有来

得及冷却固化就由于无法承受自身的重力而坍塌。这也是目前这一类
3D 打印技术的一大缺陷。

通过 3D 打印加工的巧克力，仔细观察可见层与层之间的界限
图片来源：https://3dprint.com/180460/world-chocolate-day-3d-printing/

到目前为止，我们已经拥有了两种原理截然不同的 3D 打印技术。
如果你觉得它们都无法很好地满足你的需求，下面介绍的 3D 打印技
术或许是不错的选择。

六、别拿粉末不当流体

我们都知道，液体和气体可以随意地流动，而固体则不具有这样
的能力。然而环顾身边，我们很快就可以发现种种例外——沙子、面
粉、奶粉都是固体，然而我们却可以像倒水一样把它们从一个容器倾
倒进另一个容器。它们都属于会流动的固体——粉末。

既然粉末具备流动的能力，我们是否可以把它们输送到指定的位
置并逐层叠加，从而实现 3D 打印的过程？要知道很多材料或许很难
做成感光性树脂或者在高温下熔化，但可以非常方便地研磨成粉末。
因此，理论上这种方法可以被用于任何材料的 3D 打印。

不过呢，你千万不要忘了一个成语——一盘散沙。这四个字形象
地揭示出了粉末状材料的一个大问题，那就是粉末与粉末之间缺乏足
够的凝聚力，因此也会像液体那样无法保持固定的形状。显然，要想
把粉末状的材料真正用于 3D 打印，不是简单地将粉末堆在一起就能

完事的，而必须想办法把原本松散的粉末凝聚得牢固才行。

散沙之所以会"散"，我们在介绍黏合剂时已经谈到了，主要在于两个粉末颗粒看上去离得很近，实际上彼此表面上的分子仍然隔得很远，很难有效建立起分子间作用力。要想将松散的粉末变成牢不可破的固体，我们就必须设法拉近它们之间的距离，而要做到这一点，基于高分子材料的黏合剂当然是最好的选择。具体来说，我们可以先在工作台上铺满一层粉末，用喷嘴将黏合剂喷洒在指定区域的粉末上。这一步完成后，我们再把下一层粉末铺展在工作台上，随后再将黏合剂喷洒在这一层粉末的指定区域。这样一层粉末一层黏合剂交替铺展若干回合之后，一部分粉末被黏合剂连接起来，成为我们想要的产品，而没有被喷洒黏合剂的粉末仍然处于松散状态，很容易与产品分开。这样的 3D 打印技术通常被称为 3D 喷墨打印（3D inkjet printing）。

通过黏合剂，3D 喷墨打印巧妙地将原本松散的粉末结合起来。不过这种方法也有一个问题，那就是成型的产品中黏合剂会占有一定的比例，而它的存在可能会对产品的性能带来负面影响。如果不想使用黏合剂又希望增强粉末之间的连接，最好的办法就是对粉末加热，增强表面上分子或者原子的流动能力。然而常规的加热方式，如用电阻丝或者火焰加热并不可行，因为这些办法加热的区域太大，会使得指定区域以外的粉末也熔化，这样就很难保证产品形状的精度。如果使用激光来加热，这个问题就迎刃而解了。

激光是功率很强又高度集中的光束，可以瞬时产生很高的温度，而它的光束又可以小到满足精度要求，能保证仅仅对指定区域精确地进行加热。因此，我们可以将 3D 喷墨打印的设备稍加改造：粉末被铺展到工作台上后，打印机不再喷洒黏合剂，而是用激光照射指定的区域。激光所到之处，原本松散的粉末熔化并聚集在一起；接下来再铺展下一层粉末，继续用激光照射特定区域。这些区域的粉末熔化后，不仅互相之间会融合，还会和位于它们下方的那一层粉末融合。重复若干轮之后，我们需要的产品就制造出来了。这种利用激光加热熔化粉末的 3D 打印技术，被称为选择性激光烧结（Selective Laser

Sintering，SLS）或者选择性激光熔融。这种技术不仅可以被用来加工塑料制品，还可以加工金属等材质，因此颇受欢迎。

3D 喷墨打印和选择性激光烧结等基于粉末的 3D 打印技术不仅可以用于加工范围相当广的材质，还有一个明显的优势，那就是在 3D 打印的过程中，没有被黏合或者熔融的粉末会一直留在正在加工的物体的周围，能够很好地起到支撑作用，因此非常适合制造有突出或者悬空部件的物体。相反，如果使用熔融沉积成型来加工这一类物体，塑料部件可能还没有来得及冷却固化就由于无法承受自身的重力而坍塌，给产品加工平添了不少烦恼。

在 3D 打印过程中，没有被黏合或者加热熔融的粉末可以对正在制造的结构起到支撑作用；制造完成后，这些粉末很容易被除去

图片来源 http://www.canadianmetalworking.com/article/madeincanada/speed-to-market-one-layer-at-a-time

3D 打印技术经过了 30 多年的发展历程，从最初只能使用感光性树脂的立体平版印刷技术到如今多种技术"百花齐放"的局面，可以说取得了相当可喜的进展。但我们必须看到，3D 打印自身的弱势仍然很明显。一个突出的缺陷是它往往需要使用特殊的材料，如感光性树脂或者专门的黏合剂，这些材料的性能很多时候明显逊于传统制造业使用的材料。即便使用同样的材料，由于 3D 打印技术自身的一些限制，用它制造出的物品的性能有时也难以媲美传统制造技术生产的产品。因此，要想用 3D 打印制造出更为经久耐用的产品，材料学上

的突破势在必行。

随着创新的不断涌现，3D 打印技术也不再仅限于传统的塑料加工，而是逐渐涵盖范围更广的材质。不过俗话说得好，吃水不忘挖井人。不管 3D 打印带来的是什么样的产品，我们都不应忘记，正是高分子材料促成了这一技术的发展壮大。

毋庸置疑，有了先进的 3D 打印技术，越来越多性能卓越的高分子材料制品将会走入我们的生活。然而你有没有想过，当你由于种种原因不再需要这些物品时，它们将何去何从呢？这是科学家一直在努力回答的一个严峻问题。

第四章
重生：高分子材料与环境

第一节　让材料自我修复，不再是梦想

　　设想某天你和朋友一起外出爬山，山坡上树木茂盛、荆棘丛生，这给你们的旅途带来了不小的麻烦。当你终于到达山顶时，你发现自己已经付出了不小的代价：锋利的树枝不仅在你的衣服上划出几个口子，还在你的身上留下了多处划痕。好在伤口并不是很严重，只是表皮被划破，略微有些出血而已，你甚至懒得在伤口处贴上创可贴。几天之后，皮肤就恢复正常，再也看不到之前的划痕了。可是衣服上的破洞依旧那么显眼。你不禁喃喃自语："要是被划破的衣服也能像皮肤一样自动愈合该多好啊。"

　　确实，虽然科技的进步使得我们已经可以制造出性能远远超过天然材料的合成材料，但在受到损伤时，生物往往可以主动地将破损处修复，使得身体在很短时间内恢复，而合成材料则只能眼巴巴地等待使用者前来修复。对于破损的材料，我们已经有了许多行之有效的修补手段，例如金属可以焊接、塑料可以用黏合剂黏合，而衣服上的破洞则可以打补丁。然而这样的修补毕竟费时费力，而且也不是每次修补都能让材料的外观和性能完全恢复到破损前的状态。当破损不严重的时候，本应是修补的最佳时机，很多人却会选择忽略，好比说你总不能因为车身的喷漆出现一点划痕就把汽车送去修理厂吧？况且很多破损最初形成时只有肉眼难以发现的几十微米宽，甚而出现在材料内部，这样的破损使用者根本无法察觉，这就更谈不上修理了。

　　俗话说：小洞不补，大洞吃苦。破损一旦形成，无论多么微小，都已经在原本完好的材料上打开一个缺口。随后缺口逐渐扩大，最终导致材料分崩离析，失去使用的价值。这个时候我们或许终于下定决心将材料送去修补，但很可能为时已晚；有时在送去修补前，大祸已然酿成。但如果为了防患于未然而在材料刚刚出现小的破损时就将其送进垃圾箱，又难免造成不小的浪费。可以说，一旦破损发生，摆在使用者面前的往往是两难的选择。

正是因为看到了合成材料的这一缺陷，近年来，研究人员提出了"自修复材料"（self-healing materials）的概念。顾名思义，这种材料在出现损伤时，不需要使用者的帮助或者只需要很少一点干预，就可以自动将破损处修复，从而延长材料的寿命，避免浪费，并大大降低使用者的维护成本。而为这一新型概念提供土壤，使之生根发芽的，正是高分子材料。

那么怎样才能让高分子材料具有自修复的能力呢？让我们以塑料为例，看看问题的关键在哪里。

前面我们提到，塑料根据其结构可以分为热塑性塑料和热固性塑料。在热塑性塑料中，由于分子间依靠范德瓦耳斯力等分子间作用力维系，而这些相互作用的强度远远低于共价键，因此如果我们施加的外力足够大，范德瓦尔斯力很容易就会被破坏，导致原本离得很近的塑料分子逐渐被拉开。这样一来，原本完整的塑料自然会破碎。由于热塑性塑料的分子在室温下缺乏足够的流动性，当我们将裂成两块的塑料沿着裂缝重新拼到一起时，裂缝两边的分子无法主动改变位置来彼此接近，从而重新建立起分子间作用力，因此仅仅靠拼接并不能让破裂的热塑性塑料重新融为一体。

那么当热塑性塑料通过交联变成热固性塑料时，它们是否就变得坚不可摧了？非也。如果外力足够强大，共价键同样可以被打断。而已经断裂的共价键要想重新修复，就不是将分子拉近那么简单了。因此，像热固性塑料、橡胶等经过交联的高分子材料，想让它们在出现破损后自我修复更是近乎异想天开。

要想将已经破损的高分子材料重新修复起来，比较好的选择是使用黏合剂。由于黏合剂能够流动，所以其分子们可以和原有的聚合物分子靠得足够近，重新建立起分子间作用力。随着黏合剂的固化，新形成的范德瓦耳斯力的强度大大增加，高分子材料的性能就会得到一定程度的恢复。

因此，如果想让塑料在出现损伤时能够自动将其修复，一种可行的方法就是让它"自带"黏合剂。那么这应该如何实现呢？科学家们从一种常见的办公用品中找到了灵感。

一、来自复写纸的启发

虽说随着打印机、复印机的日渐普及，复写纸已经不复往日的风光，不过有些时候我们还是会用到它。例如，去邮局或者快递公司寄送包裹时，工作人员会拿出一式三份的复写式单据让我们填写。当我们填写好最上层的单据后，同样的内容便被复制到下面两张单据上。

这样的复写纸被称为无碳复写纸（区别于过去常见的碳式复写纸）。它的基本原理是在上方纸张的背面涂上一层特殊的染料。这种染料本身没有颜色，但是遇到涂在下面那张纸正面的显色剂后，就会发生化学反应，生成有颜色的物质。所以这种复写纸看上去与普通纸张并没有什么区别，但在使用者用力书写时，随着染料和显色剂相接触，同样的内容就会出现在下面的纸上。如果要想同时完成两份复写也很简单，只需要在上下两张纸之间再加入一张正面涂有显色剂、背面涂有染料的纸就可以了。

不过问题随之而来：在正式使用前，无碳复写纸上下两张纸也有可能发生接触，导致染料显色，使得无碳复写纸无法正常使用。为何实际上不会发生这种情况呢？其实，无碳复写纸背面的染料并不是直接涂在纸上，而是被聚合物包裹起来，形成直径在几微米到几十微米之间的小球，这样的小球称为微囊（microcapsule）。微囊的聚合物外壳能够对包裹在其中的物质提供一定程度的保护。但如果稍微用力，这层外壳就会破裂，封闭在其内部的物质便会释放出来。微囊的"双重身份"保证了无碳复写纸上的染料和显色剂只有在使用时才会互相接触，从而得到了良好的复写效果。而这种非常实用的技术也引起了研究自修复材料的科学家们的注意。

2001 年，来自美国伊利诺伊大学厄巴纳－香槟分校的研究人员在实验室里制备了一批特殊的环氧树脂样品。普通的环氧树脂的制备通常是将室温下均为液态的环氧树脂预聚物和固化剂混合，让两者发生化学反应变成坚硬的固体。而此次研究人员还添加了另外两样原料：一种包裹了双环戊二烯的微囊及另一种名为格拉布催化剂的化合物。

接下来，研究人员做了一个实验：他们首先通过外力在这块环氧树脂中制造出微小的裂缝，然后过48小时之后再去用力拉伸这块样品。如果是普通的环氧树脂，只要稍微用力一拉，样品就会沿着裂缝断成两截。但是，这些特殊的环氧树脂却需要很大的力量才能拉断，好像从来没有裂缝一样。也就是说，在这48小时的时间里，塑料自己将裂缝修复了。这种神奇的自修复能力从何而来？

原来，双环戊二烯在温度略高于室温时是可以自由流动的液体（熔点为33℃），然而一旦遇到格拉布催化剂，就会在后者催化下迅速发生聚合反应，变成坚硬的固体——聚双环戊二烯。当双环戊二烯被包裹在微囊中时，由于微囊外壁阻隔了与催化剂的接触，反应自然无从发生。但当环氧树脂在外力作用下受损时，情况就不一样了。外力在将环氧树脂内部撕开裂缝的同时，还打破了微囊薄薄的外壁，使得原本包裹其中的双环戊二烯流出并填满缝隙。随后，在格拉布催化剂的作用下，填充进裂缝的双环戊二烯变成聚合物，将裂缝两侧的塑料牢牢连接起来。也就是说，不需要我们进行干预，这些包裹在微囊中的"胶水"就已经主动将裂缝修补好了。实验表明，这种特殊的塑料在受损后，其机械性能可以恢复到初始值的70%左右。

这项研究让科学家们深受启发：只要设法将黏合剂包裹在微囊中，就能实现塑料材料的自修复。随后，研究人员们对这一类自修复材料进行了优化。例如，最初应用于自修复材料的格拉布催化剂存在着稳定性差等缺陷，于是改用硅酮等代替。最终成功开发出了具有自修复能力的涂料。如果把这种涂料用于汽车的表层喷漆，或许就不必担心汽车表面被刮花了。

不过这种自修复材料的缺点也很明显，那就是自修复能力有限。而原因也很简单：没有那么多的"胶水"。例如在2001年那项研究中，微囊的含量只占到环氧树脂总重的10%，如果微囊加得太多，"干货"就少了，环氧树脂的机械性能反而会下降。当裂缝第一次

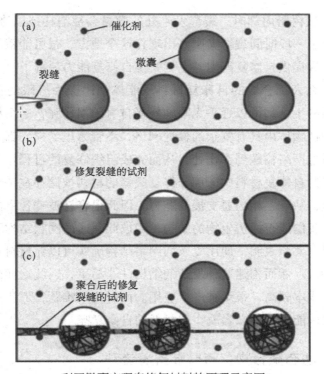

利用微囊实现自修复材料的原理示意图

（a）表示裂缝出现，（b）表示胶囊破裂后事先封装在内部的液体释放出来填充裂缝，（c）表示在催化剂作用下固化，将裂缝修补

图片来源：White S K，Sottos N R，Geubelle P H，et al.，2001

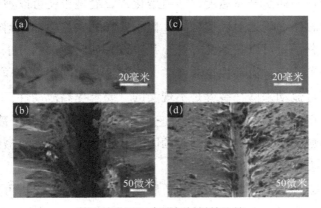

普通的涂层与自修复材料的比较

普通的涂层在出现破损后无法自动修复，因此保护能力下降，覆盖在其下方的钢板很快出现锈蚀（a）（b）。基于微囊的自修复涂料在出现破损后能够自动将破损处修复，因此保护能力未受影响（c）（d）

图片来源：Cho S H，White S R，Braun P V，2009

出现在环氧树脂内部时，裂缝发生处的微囊会被消耗掉以修补裂缝。但如果过了一段时间裂缝又刚好出现在这个地方，很可能就不会再有足够的微囊提供自修复能力，也就是说自修复能力耗竭了。

为什么人工合成的自修复材料只能体现出极为有限的自修复能力，而各种生物却可以近乎无限地修复自身的损伤呢？一个根本的区别在于动植物体内具有复杂的输送网络，不管哪里受损，都可以把营养物质通过网络输送到受伤处，从而完成组织修复的过程。相反，在人工合成的自修复材料中，用于修复裂缝的材料被储存在一个个孤立的微囊里，缺乏互相沟通支援的能力。因此很容易被"各个击破"。

那么我们能否模仿生物的结构，用彼此联通的网状结构取代分散的微囊呢？实验表明，使用复杂的网络结构确实可以让材料自修复能力更加持久。然而构建这种复杂的结构并非易事，因此这样的自修复材料往往成本较高，很难被广泛应用。面对这一难题，那我们干脆换个思路吧，能否不用微囊就实现材料的自修复呢？

二、动态聚合物：随时准备着流动

让我们再次回到热塑性塑料这个例子。既然热塑性塑料断裂后不能自行修复，是由于分子处于固态，缺乏流动性所导致的。那么如果不用黏合剂，而是升高温度让塑料熔化，裂缝是否就可以被修复了？

这个思路在理论上确实可行，但不要忘了，热塑性塑料的分子非常庞大，分子量可以高达几万甚至几十万。如此庞大的分子意味着它们即便处于液态，流动性也非常差，指望这些如同蜗牛一样行动迟缓的分子通过流动来修补裂缝是不现实的。要想提高流动性，一个可行的办法是把塑料分子"剪短"，让它们的分子量降低到几千甚至数百。然而分子量的降低在提高流动性的同时，也使得塑料的机械强度急剧下降，失去了实用价值。

如何破解看上去不可调和的矛盾呢？有科学家提出，可以依靠那些强度介于共价键和范德瓦耳斯力之间的"超分子作用"，如氢键。氢键是我们很熟悉的一种相互作用，它广泛存在于多种化合物中，对生命的存在有着非常重要的意义。氢键是由形成极性共价键的氢原子与附近另一个分子上的氧、氟、氮等原子因正负电荷相吸而建立起来的。其中含有氢原子从而提供正电荷的分子被称为氢键的供体，而另一个分子则称为氢键的受体。

如果在刚才那些被"剪短"的塑料分子中分别引入氢键的供体和受体，那么它们就会通过氢键互相吸引。这样一来，这些分子量只有几千的分子，从性能看上去分子量又恢复到几万到几十万的程度，材料的机械性能自然得到了提高。这样的材料通常被称为超分子聚合物或者动态聚合物。如果适当调节化学结构，还可以让这些分子通过氢键连接成三维网络。例如 2008 年，来自法国巴黎高等物理化工学院的研究人员就通过这种方法得到了"超分子橡胶"。它看上去与普通的橡胶并无二致，然而一旦破损发生时，两者的差异就体现出来了。

由于氢键的强度要弱于共价键，当我们用力去拉伸这块超分子橡胶时，氢键会首先被破坏，借由超分子作用力维系的材料被"打回原形"，变成一个个分子量只有几千的分子，于是破损就出现了。但当外力撤除后，由于这些分子流动性好，可以在短时间内寻找到各自的"伙伴"，重新建立起氢键，从而将破损处修复。这时只要将断成两截的超分子橡胶沿着断裂面紧密接触，用不了多久，它们就会重新变成一块橡胶。

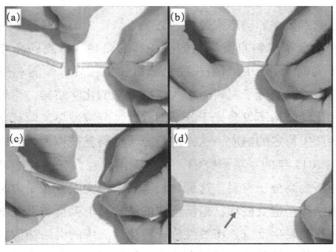

　　基于超分子聚合物的自修复橡胶在被切成两段后（a），只需重新拼接在一起（b）（c），就可以恢复成一块橡胶（d）

　　图片来源：http://www2.cnrs.fr/en/1124.htm.

　　很快，人们发现除了氢键，还有许多超分子作用，如疏水效应、π-π 堆积、金属离子的配位作用等，都可以被用来赋予高分子材料自修复的能力。简而言之，这样的材料平时是固态，一旦出现破损就自动变成很容易相互吸引的液体，整个结构看起来始终处于动态的平衡，因此得名"动态聚合物"。基于动态聚合物的自修复材料由于不需要使用微囊，不仅加工过程大大简化，而且其自修复能力可以近乎永恒地保持下去。特别是通过动态聚合物，热固性塑料和橡胶等经过交联的高分子材料也可以具备自修复的能力，因此这种材料在实际应用中很有价值。

　　当然，基于动态聚合物的自修复材料也并非完美无瑕。首先，许多动态聚合物要想顺利地自修复，仍然需要提供一定的外部条件，例如将其加热至温度稍高于室温或者用特定波长的光去照射；其次，这一类自修复材料在诞生之初只能用于较为柔软的橡胶、水凝胶等材料。不过前一段时间，新的研究表明，通过一些手段，动态聚合物的机械强度可以显著增强。因此，在不久的将来，这一类自修复材料或许会取代传统的塑料出现在超市的货架上。

三、材料学的新变革

　　除了微囊技术和动态聚合物，近些年来，力响应高分子材料也成为了实现高分子材料自我修复的一条新的途径。常规的高分子材料在遇到外力时，分子的断裂往往是随机发生，难以预测和控制。但如果我们有意在高分子材料中引入一些特殊的化学结构，当外力出现时，这些化学结构不仅会先于分子的其他部分被破坏，而且化学结构的变化会产生特定的响应，这样的高分子材料就被称为力响应高分子材料。在 2013 年的一项研究中，来自美国杜克大学的科学家们开发出了一种新的高分子材料。这种材料本身未经交联，在受力时，聚合物中某些结构会遭受破坏，但新形成的结构马上就会与事先添加到材料中的交联剂发生反应，将线性分子转化为三维的网络结构。其结果是不仅裂缝得以修复，材料还会变得愈发坚强。有关力响应高分子材料的研究虽然起步较晚，但发展迅速，相信在不久的将来，它们还会有更多施展拳脚的机会。

值得一提的是，自修复材料的概念不仅被应用于高分子材料，还扩展到各种金属和混凝土等无机非金属材料中，引发了整个材料科学界的一场新变革。在开发自修复无机材料的过程中，研究人员不仅借鉴了已经被用于自修复聚合物的几种自修复机制，还根据不同材料的特性有所创新。例如，为了让混凝土具有自修复的能力，科学家们求助于芽孢杆菌属的某些细菌。当这些细菌遇到不利于生存的环境时，它们能够形成孢子，通过休眠来保护自己。如果将细菌的孢子与乳酸钙等养分一起封装到混凝土内部，细菌就会进入长时间的休眠状态。然而一旦混凝土出现裂缝，空气和水分渗透进混凝土内部，细菌就会结束休眠，开始生长繁殖。在这一过程中，它们会将乳酸钙转化为不溶于水的碳酸钙，从而将裂缝重新填充。用这种混凝土制成的建筑，相比可以省去不少维护的成本。

与聚合物和无机非金属材料相比，金属材料的自修复过程实现起来要更具挑战性。目前自修复金属的研发取得了一些初步的进展。例如有研究表明，如果将出现裂缝的金属置于特定的电镀液中，借助电化学过程，我们可以让新产生的金属填充原有的裂缝，从而完成自修复的过程。不过总体而言，这一领域的研究还刚刚起步，未来仍然需要更多的努力。

毋庸置疑，自修复材料的出现不仅将会给消费者带来更多实惠，对保护环境和节约资源也有极大的推动作用。但即便高分子材料可以"永葆青春"，它们所承载的任务总有完成的那一刻。当我们喝完一瓶碳酸饮料后，剩下的塑料饮料瓶除了被扔进垃圾箱，还有什么好的选择呢？

第二节　靠细菌和虫子能吃掉白色污染吗

2015 年 11 月，一向比较低调的高分子科学界突然整出了一个大新闻：来自中美两国的研究人员发现，黄粉虫这种昆虫的幼虫，即俗称的面包虫，能够吞食和降解塑料。

这则消息传出后，真可谓一石激起千层浪。有不少读者倍感欣慰，认为长期困扰人类社会的白色污染问题终于有了解决之道。但也有一些读者表示不解，认为黄粉虫能以塑料为食早就不是什么惊天的秘密。甚至有人在搜索之后发现，早在十余年前就有国内的中学生发现黄粉虫可以吃掉塑料，怀疑此次报道的研究不仅毫无新意，甚至有剽窃他人成果之嫌。

这一报道引发的争议，实际上既体现了广大民众对近年来方兴未艾的生物可降解塑料这一研究领域的关注和期待，也反映出人们对于这一新生事物的某些误解。因此要想准确理解这项研究，我们不妨先梳理一下生物可降解塑料发展的脉络。

当各种合成高分子材料刚刚进入我们的视野时，人们在欣喜于它们给生活带来的极大便利的同时，并没有过多地去考虑这些材料在寿终正寝之后该如何处理。废弃的高分子制品往往只是简单地被送到垃圾填埋场甚至随手扔在街上。然而随着时间的推移，人们逐渐意识到它们的化学性质通常非常稳定，在环境中可以长时间存在。因此废弃的高分子材料，尤其是塑料，造成了严重的环境问题，也就是通常所说的"白色污染"。这迫使人们不得不寻求解决问题之道。

然而在塑料诞生前，人类一直在利用天然的高分子化合物，为什么在过去的几千年间并没有出现白色污染的问题呢？一个重要的原因在于，在与这些天然高分子化合物共存的漫长岁月里，各种微生物已经进化出一系列的酶，能够将这些庞大的分子转变成可以为生物再次利用的养料。事实上，如果没有微生物扮演分解者角色，保证生态系统中的物质循环，恐怕早在人类诞生之前，地球上的资源就被生物消耗殆尽了。相反，合成高分子材料诞生至今不过100多年的历史，微生物对它们并不熟悉，面对这些全新的化学结构时往往会感到无计可施。这样一来，人工合成的高分子材料难免在环境中长久地累积下来。

既然如此，我们把天然高分子材料直接请回来，白色污染问题不就迎刃而解了吗？接下来我们就来分析一下这条路是否走得通。

一、心有余而力不足的天然高分子材料

在天然高分子化合物中，含量最为丰富的要数纤维素了。纤维素广泛存在于植物特别是树木中，是由数百至上千个葡萄糖分子相互连接而形成的线性高分子。要问纤维素的机械强度如何，那些参天大树是再好不过的证明。按理说如此强劲的高分子化合物足以秒杀一切合成的塑料了，但偏偏正是这一点成了纤维素的软肋。我们知道，塑料之所以应用广泛，很重要的一点在于这个"塑"字，即可以通过熔融流动来被加工成任意形状。即便是高温下不能熔化的热固性塑料，也可以通过溶液等其他液体形式来实现成型加工。然而纤维素由于分子间的相互作用极强，在高温下宁可降解也不肯流动，同时它也很难溶于大部分溶剂，这就使得纤维素的应用受到很大的限制。

当然，长久以来，人们从未放弃过更好地利用纤维素的努力，其中造纸术的发明或许可以看作第一步。在造纸过程中，木材等富含纤维素的原料通过机械或者化学过程被分解成纤维素的短纤维，这些短纤维干燥成型后就得到了纸。纸的出现无疑让我们对纤维素的利用更加充分。时至今日，纸张仍然在我们的生活中扮演着不可或缺的角色，目前全球纸制品的产量一点也不比塑料少。这些纸制品除了用于书写、印刷、个人卫生等，也经常替代塑料用于包装、餐具等领域。但纸毕竟不是真正意义上的塑料，许多性能也无法媲美塑料，例如纸遇水后强度就下降许多，而且无法像塑料那样做到完全透明。事实上，许多纸质的包装材料往往还需要塑料的配合才能达到比较理想的

效果，例如许多用来装牛奶的纸盒就必须在内部涂上一层塑料才能保证良好的防水效果。另外，纸虽然以可再生的植物为原料，废弃后也可以被微生物降解，但其生产过程中要产生大量的污水，对环境的负面影响也不容忽视。因此，用纸制品来进一步代替塑料制品恐怕未必是很好的选择。

到了近代，人们在不断地摸索中发现了更好地改造纤维素的方法。纤维素之所以难以熔化或者溶于溶剂，是因为分子间存在着强烈的氢键，而氢键的存在又是源于纤维素分子中大量的羟基结构。如果我们通过化学反应让羟基转化为别的结构，就有可能破坏纤维素分子之间的氢键，让纤维素变得能够溶解，这也正是这些新方法的切入点。例如纤维素与浓硝酸发生硝化反应得到的硝化纤维，与醋酸酐反应得到的醋酸纤维素，都可以形成溶液，从而实现进一步的加工，让我们更好地利用纤维素。如果在硝化纤维中加入樟脑作为增塑剂，可以得到性能进一步改善的赛璐珞，它被公认为是最早的塑料，诞生之后曾经很受欢迎。但赛璐珞有一个致命的缺陷，那就是太容易着火，要知道硝化程度高的纤维素可以被用作火药。作为塑料的硝化纤维硝化程度没那么高，但仍然很危险。例如，早期的电影胶片都是用硝化纤维制作，因此胶片库的火灾屡见不鲜，许多珍贵的影片拷贝就这样在火焰中灰飞烟灭。相比之下，醋酸纤维素没有那么易燃，因此逐渐取代了赛璐珞。但即便是这一类较为安全的材料，其生产加工仍然不如聚乙烯、聚丙烯等完全人工合成的塑料来得方便，因此在合成塑料兴起后就逐渐退居次要的位置。而且经过化学修饰的纤维素虽然加工更加容易，却也有可能因此失去了可被微生物降解的特性，这也是值得注意的一个问题。

另外一种改造纤维素的方法是用碱溶液和二硫化碳处理纤维素，纤维素分子中的羟基会与二硫化碳反应，这同样会让纤维素变得可溶。随后如果把酸加入溶液中，与二硫化碳反应结合的羟基又会被破坏。经过复杂的过程，纤维素的化学结构没有改变，物理结构却发生了变化，加工起来变得更加容易，这就是所谓的"再生纤维素"。我们在挑选服装时可能会注意到有些衣服会注明材质是"人造丝"，这就是用再生纤维素加工的纤维。前面提到的曾经被用于透明胶基材的玻璃纸，则是用再生纤维素制成的高度透明的薄膜，其由于高度透明度曾被广泛用于食品包装。

与赛璐珞和醋酸纤维素相比，再生纤维素的一个优势是纤维素的化学结构最终没有改变，因此其生物降解的能力也不受影响。然而不幸的是，再生纤维素的生产过程中要用到二硫化碳这种毒性很高且易燃的物质，对工人的健康和安全是一个严重的威胁。因此，推广这样的天然高分子材料显然，无助于保护环境。不过近些年来，许多科学家们尝试用更加安全环保的化学试剂来取代二硫化碳，并取得了一定的进展，这让人们看到了一定的希望。

介绍了纤维素，就不能不提一下它的"小兄弟"——淀粉。与纤维素一样，淀粉也是由葡萄糖连接而成的高分子化合物，但淀粉中葡萄糖分子之间的连接方式与纤维素的不同，而且纤维素分子完全是直链结构，而淀粉分子则有一部分是分支结构，这使得淀粉分子之间的相互作用更容易被破坏。如果把淀粉与少量的水混合并加热，淀粉就可以像热塑性塑料那样熔化流动，从而被加工成不同的形状，这样得到的淀粉被称为热塑性淀粉。热塑性淀粉同样可以被微生物降解，而且加工又比纤维素容易得多，加之淀粉的来源也很广泛，因此热塑性淀粉近年来颇受重视。然而不幸的是，相对较弱的分子间作用力既使得淀粉比纤维素容易加工，也导致热塑性淀粉的强度要比纤维素逊色许多，因此通常要和其他高分子材料混合才能达到令人满意的效果，这就严重制约了热塑性淀粉的推广应用。

当然，除了纤维素和淀粉，还有许多其他的天然高分子化合物也有可能成为塑料的替代品。但这些天然高分子化合物大多也面临着这样那样的问题，如果用一句话来概括，那就是好用的不够用，够用的不好用。例如有一种名为普鲁兰多糖的天然高分子化合物，结构与纤维素类似，机械性能也不差，但它可以直接溶于水，因此加工起来要方便得多，但这种材料目前只能通过微生物发酵来获取，如果作为塑料的替代品，搞不好塑料要成为奢侈品的代名词了。因此，天然高分子材料在未来也许会经历一定程度的复兴，但要想全面取代合成的塑料以消除白色污染，恐怕是非常困难的。

天然的高分子材料不够给力，科学家们只好求助于人工合成，而一大批新的生物可降解塑料也应运而生，其中最为人所熟知的大概要数近年来"出镜"频率颇高的聚乳酸了。

二、聚乳酸：时势造英雄

聚乳酸，顾名思义，是乳酸聚合得到的高分子化合物（附录-17）。乳酸是我们并不陌生的一种有机物。我们进行剧烈运动时，葡萄糖在体内会被代谢为丙酮酸，后者再进一步代谢为乳酸。牛奶在发酵成酸奶时，乳酸菌会将乳糖转化为乳酸，从而带来独特的酸味。事实上，乳酸这个名称的由来就是由于它最初是在发酵的牛奶中被发现，而做出这一发现的是以发现氧气闻名的瑞典化学家舍勒。而乳酸能够聚合成聚乳酸，最早则是被卡罗瑟斯发现的。因此，卡罗瑟斯不仅是公认的尼龙之父，也应该是当之无愧的聚乳酸之父。

不过，在聚乳酸被发现后很长一段时间里，它却一直被束之高阁，这是为什么呢？由于技术所限，卡罗瑟斯最初得到的聚乳酸分子量不高，因此强度不高。后来研究人员通过改进方法，成功增加了聚乳酸的分子量。但即便如此，聚乳酸在性能上仍然没有太多的亮点，有些方面比其他塑料还要差，例如它比较脆，热稳定性也不太好。与此同时，聚乳酸的生产成本却高出别的塑料一大截。有谁会给这种"价高质次"的材料委以重任呢？

在沉寂了几十年之后，聚乳酸终于迎来了它的第一个"伯乐"——生物医学行业的从业者。与其他合成的塑料相比，聚乳酸有一个独特之处，那就是在合适的条件下可以降解成无毒无害的乳酸。因此，它可以实现其他材料无法做到的一些独特应用。例如用聚乳酸制成的手术缝合线在伤口愈合过程中会逐渐被人体吸收，因此为患者免去了拆线的烦恼。又如聚乳酸虽然在体内能够被降解，但它本身并不能直接溶于水，因此如果把药物包裹在聚乳酸的微球内，微球进入体内后，药物并不会一下子跑出来，而是随着聚乳酸的降解而逐渐与组织接触，从而实现药物更加缓慢持久的释放。至于机械性能不够好、成本高等缺点，为了治病救人，都可以容忍。这样，聚乳酸终于结束"待业"状态，开始走入实际应用。

但聚乳酸真正迎来更大的发展机遇还是在白色污染问题得到重视以后。人们意识到，如果用聚乳酸来代替传统的塑料，不就可以通过降解来缓解废弃塑料制品在环境中的积累吗？虽然聚乳酸机械强度等方面的性能不够出色，但也不比常规塑料差得太多，并且通过一些技术手段可以适当提高。而且不像纤维素塑料的加工需要繁琐的化学反应，聚乳酸可以像其他塑料那样通过加热熔融来成型，在生产上要方便很多。另外更重要的一点是，人们发现乳酸可以通过淀粉的发酵而得到，这使得聚乳酸的成本显著下降。因此，聚乳酸开始被大量用于生产食品包装、餐具等常规的塑料制品。可以预见，在不久的将来，聚乳酸还将迎来更加迅猛的发展。

在聚乳酸的带动下，近些年来，可降解塑料的队伍愈发庞大。然而细心的人们很快就发现，这其中似乎混进了一些可疑的家伙。

三、环境公害变身环保明星

虽然聚乳酸在过去的几十年间进步飞速，许多传统的塑料在性能上仍然具有聚乳酸难以企及的优势，那么有没有可能在继续使用这些材料的同时，又设法让它们变得能够被生物所降解呢？

一个可能的办法是对自然界进行"拉网式排查"，看看有没有可能在某个此前不为人所知的角落找到能够有效吃掉白色污染的神奇生物。通过这一途径，科学家们还真的收获了不少令人振奋的结果。除了本文开头提到黄粉虫，一个典型的例子是2016年的关于聚对苯二甲酸乙二醇酯的一项发现。聚对苯二甲酸乙二醇酯通常被认为无法被微生物降解，但就在这一年，日本科学家在一处聚对苯二甲酸乙二醇酯制品的回收工厂中发现了一种此前从未被报道过的细菌，它能够利用体内两种特殊的酶将这种塑料分解为对应的单体对苯二甲酸和乙二醇。这项研究启发科学家们，遍地的塑料垃圾或许已经成了一种新的环境因素，可以帮助我们筛选出那些能够让微生物以塑料为食的基因突变。一年之后，来自英国和西班牙的研究人员还发现大蜡蛾这种昆虫的幼虫可以将聚乙烯降解为乙二醇。研究人员推测，由于大蜡蛾的幼虫以蜂蜡为食，而蜂蜡的化学结构与聚乙烯具有一定的相似性，因此这些毛虫能够以聚乙烯为食也就不奇怪了。

除了寄希望于新的微生物，一些生产厂商还将特殊的添加剂添加到聚乙烯、聚丙烯等难以降解的塑料中，声称这些添加剂能够借助光照、微生物等外界因素，加快塑料的降解。还有的厂家将聚乳酸、淀粉等可降解的塑料与不可降解的塑料混合。这样的塑料在进入市场时，往往也带上了"可降解"的标签。许多曾经的白色污染的罪魁祸首，摇身一变，成了对环境友好的明星材料。

然而这种转变太过突然，让不少人心生疑窦：这些所谓的可降解塑料真的能降解吗？

要回答这一问题，我们必须明确，究竟什么样的塑料可以被称为生物可降解塑料？一般来说，有这样两条标准必须符合：首先，这种材料必须能够在合理的时间内被环境中的微生物降解。因为即便是传统意义上化学性质稳定、难以被微生物分解的塑料，长时间暴露在环境中，仍然可能会发生一定的降解，如果给它们统统贴上可降解塑料的标签，显然是自欺欺人之举。因此，我们希望进入环境中的塑料最好在较短的时间内降解完全，例如几周或者数月是可以接受的。但光是降解完全还不够，如果降解产物是对环境有害的物质，那还不如不降解。因此我们还要加上第二条标准，那就是降解产物必须无毒无害，能够被生物再次利用。

有了这两条标准，市面上五花八门的可降解塑料哪些名实相符，哪些则是滥竽充数的南郭先生，就一目了然了。

四、是骡子是马，拉出来遛遛

如果用上面两条标准去衡量，淀粉、纤维素这样的天然高分子材料很容易过关，毕竟它们都是微生物的老朋友了，但聚乳酸就有些麻烦了。细心的读者可能注意到了，在前面介绍聚乳酸时，笔者使用了"合适的条件"这样的字眼，这并不是平白无故加上去的。乳酸在自然界很常见，聚乳酸对于微生物来说却是相当陌生。虽然近年来科学家们找到了一些能够直接降解聚乳酸的微生物，但聚乳酸在环境中的降解主要并不是依赖于微生物，而是通过聚乳酸与水发生水解反应导致分子逐渐变小。只有当聚乳酸的分子变得足够小时，微生物才有可能参与进来分一杯羹。

聚乳酸的水解过程要想较快发生，通常需要维持60℃左右的温度和较高的湿度，即通常所说的工业化堆肥条件。在这样的条件下，聚乳酸制品只需要一两个月的时间就会消失不见。但如果环境中的温度或者湿度过低，聚乳酸的水解就会非常缓慢。例如来自英国的研究人员曾经测试了各种可降解塑料制品在冬春两季户外堆肥装置中的降解情况。英国的气候虽然较为温和，在研究人员所处的东南部，冬季气温也可以降至10℃以下。实验结果表明，经过6个月的时间，淀粉制成的器具基本降解完全，纸制品可以降解一半左右，而聚乳酸制品则几乎没有任何降解的迹象。因此，聚乳酸要想符合生物可降解塑料的两条标准，必须以满足合适的降解条件为前提。直接将聚乳酸埋在自家后院或者扔进垃圾填埋场不仅很难让它们回归自然，甚至有可能加剧原本已经严重的白色污染问题。有些研究人员就担心生物可降解塑料的标签会让消费者错误地认为可以毫无顾忌地将塑料垃圾丢弃到环境中。

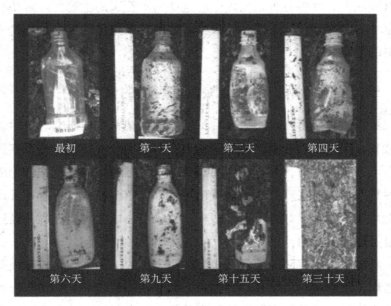

最初　　　第一天　　　第二天　　　第四天

第六天　　　第九天　　　第十五天　　　第三十天

在合适的条件下，聚乳酸能够在环境中彻底降解

图片来源：Kale G，Kijcharengkul T，Auras R，et al.，2007.

　　至于那些通过向传统的塑料中混合添加剂而的得来的所谓生物可降解塑料，问题就更大了。同聚乳酸一样，这些塑料也并非在什么条件下都可以顺利降解。例如有研究人员把宣称可降解的聚乙烯等塑料的薄膜埋在土壤中，3年后再挖出来，薄膜仍然完好无损，所谓的降解完全是空头支票。但更大的问题在于，即便这些所谓的可降解塑料真的消失不见了，它们在环境中最终会变成什么，仍然是一个未知数。很可能它们只是从大块的塑料制品变成了看不见的小碎片，这些小碎片仍然可以长期在环境中存在，甚至有可能吸附有毒物质，对环境造成更大的危害。特别是近年来许多研究指出，这些肉眼难以察觉的塑料碎片，即所谓微塑料，对环境特别是海洋生物的威胁恐怕不亚于大块的塑料垃圾。进入海洋的微塑料有一些来自添加于沐浴液、牙膏等日化用品中的塑料微球，但相当一部分源于塑料垃圾在环境中部分降解后产生的碎片。由于海洋环境与陆地环境相差甚远，微生物组成也大不相同，这些部分降解的塑料碎片在进入海洋后很可能以微塑料的形式长期留存于海洋环境中，这显然是我们不希望看到的。正因为这些原因，许多有识之士呼吁将这些名不符实的生物可降解塑料剔除出去。例如欧洲议会的一些议员就曾提议以立法的形式禁止这一类塑料的使用。

五、生物降解，恐非消除白色污染的良药

　　最后让我们再回过头来看看黄粉虫降解塑料这项研究。虽然确实早就有人观察到黄粉虫能够以塑料为食，但实验者往往只是观察到黄粉虫可以取食塑料，并不能证明被黄粉虫吃下的塑料究竟被转化成了何种物质，因此很难令人信服黄粉虫可以降解塑料。做出这些发现的主要是业余科学爱好者，研究塑料在黄粉虫体内的代谢过程已经远远超过了他们的能力范围。

　　此次来自中美两国的研究人员利用先进的检测手段，成功证明聚苯乙烯塑料被黄粉虫取食后确实有一部分变成了二氧化碳和黄粉虫自身的生物质，这就无可辩驳地证实黄粉虫确实能够在一定程度上降解塑料。不仅如此，研究人员还进一步证实，黄粉虫之所以能够消化

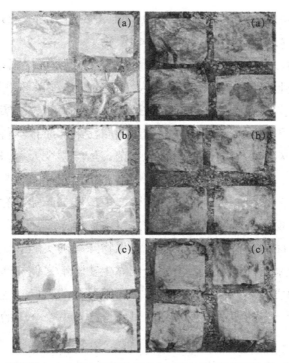

普通的聚乙烯薄膜（a）与添加了宣称能够加速生物降解过程的添加剂的聚乙烯薄膜
（b）（c）埋入土壤 3 年后（右）与埋入前（左）的比较
图片来源：Selke S，Auras R，Nguyen T A，et al.，2015.

塑料，是由于其消化道中的细菌在帮忙，并且成功分离鉴别出这种细菌，为进一步的研究奠定了基础。这也就是为什么看起来毫无新意的发现能够荣登知名的学术刊物，并成为媒体关注的焦点。

　　然而值得注意的是，根据论文中提供的数据，被黄粉虫吃下的聚苯乙烯有一半左右变成二氧化碳排出体外，很少一部分留在黄粉虫体内，剩下的一半都通过粪便被排泄掉。同时，在粪便中仍然可以检测到平均分子量相当于原先 80% 的聚苯乙烯，也就是说聚苯乙烯并没有完全消失。因此，一个合理的推断是，黄粉虫虽然从塑料中获取一定的养分，但并不能将其完全降解。残存在黄粉虫粪便中的聚苯乙烯及其他可能的降解产物对环境会产生什么样的影响，仍然需要进一步的研究。正因为如此，虽然大多数媒体对于这项研究毫不吝惜溢美之词，一些专业媒体却表现得较为冷静和谨慎。例如美国化学会主办的

《化学化工新闻》就援引的一位业内人士的话指出聚苯乙烯并没有被完全降解，对环境仍然可能产生负面影响。

类似的，近年来其他一些关于通过生物来降解传统塑料的报道，也受到了不同程度的质疑。例如大蜡蛾的幼虫能够降解聚乙烯的报道，发表不久就遭到德国同行的质疑，后者认为相关的实验证据不够确凿有力，不排除是聚乙烯样品被蛋白质污染。而日本科学家发现的能够降解聚对苯二甲酸乙二醇酯的细菌，虽然颇令人振奋，但也有业内人士指出，实验所用的聚对苯二甲酸乙二醇酯样品结晶度较低，而通常用于生产饮料瓶等产品的聚对苯二甲酸乙二醇酯具有一定的结晶度，会给生物降解带来极大的挑战。

通过上面的分析我们不难看出，生物降解确实能够在一定程度上缓解塑料带来的环境问题，但完全依靠生物降解来促使塑料垃圾进入自然界的物质循环，目前仍然是一个遥不可及的目标。既然如此，面对源源不断产生的塑料垃圾，我们只好自己建一个全新的循环了。

第三节　塑料回收，咋就这么难

刚刚过去的 2018 年注定要成为塑料行业发展史上不同寻常的一年。新年伊始，我国政府正式禁止进口包括废塑料在内的多种固体废物。虽然我国政府早在 2017 年夏天就向世界贸易组织通告了这一决定，禁令正式生效后，仍然让习惯了将塑料垃圾送出国门的欧美发达国家感到措手不及。在我国禁令发布几周后，欧盟委员会宣布，将投入大量资金，设法提高塑料回收的比例。在我国禁令发布几个月后，在加拿大魁北克举行的七国集团峰会上，七国集团中的加拿大、德国、法国、意大利和英国 5 个成员国与欧盟一起签署了《海洋塑料问题宪章》，提出到 2030 年实现全部塑料垃圾的回收再利用。

这一系列重要举措背后，是一个个令人感到尴尬甚至惊心动魄的数字：目前全世界范围内只有约 21% 的塑料垃圾通过各种渠道实现了回收。即便在塑料回收做得相对较好的欧洲，收集到的塑料垃圾仍然有将近 30% 进入垃圾填埋场，未能实现有效的再利用。与此同时，据估算，每年有 800 万吨的塑料垃圾进入海洋，面对这些严峻的事实，人们不禁要问：塑料垃圾为什么无法得到有效的回收再利用？

这个问题恐怕无法用一两句话说清楚，因为塑料垃圾的回收是一个复杂的过程，需要方方面面的良好协作。不过让我们先从技术角度来分析一下，塑料的回收究竟存在着哪些障碍？

我们需要清楚，塑料垃圾究竟是通过哪些途径实现回收的？目前公认的塑料回收方法包括了自上而下的四级回收。

一级回收：将塑料垃圾重新加工成性能与初始的塑料制品相似的产品。

二级回收：将塑料垃圾加工成性能不同于初始产品的塑料制品或

者将塑料垃圾与新合成的塑料原料混合后加工成塑料制品。

三级回收：将塑料垃圾转化为燃料或者化工原材料。

四级回收：将塑料垃圾转化为能源。

不难看出，在一级和二级回收中，我们只是改变塑料的物理形状，而在三级和四级回收中，塑料的化学结构也将发生变化。

如果按照这一流程走下来，每一块塑料垃圾都应该能够得到合理的利用，重新转化为生产所需的原材料，但这只是纸面上的构想，实际执行情况又是如何呢？

一、机械回收，难在哪里

一级回收和二级回收通常又合称机械回收，因为它们都是通过加热废弃的塑料使其熔融流动来实现塑料的再次加工成型。我们通常所说的塑料回收指的就是这两类回收。从字面描述上看，机械回收确实是颇为理想的一种回收方式，因为我们可以将塑料垃圾收集起来进行再加工，从而实现反复利用。机械回收占据了塑料回收的一级和二级的位置，也说明在研究人员和监管部门眼中，它们确实是塑料垃圾首选的回收途径。

然而令人遗憾的是，尽管从政府到民间都在不断努力，塑料机械回收的实行情况仍然不尽如人意。例如欧洲是机械回收执行较好的地区，但塑料回收率也不过30%左右。而在美国，只有不到9%的塑料垃圾通过机械回收的形式被再利用。那么问题出在哪里呢。要找到这个问题的答案，我们需要站在从业者的角度设身处地思考一下。

设想你拥有一家加工塑料制品的工厂，平时你都是向厂家购买新的塑料原料进行加工，但现在有人把一大车塑料垃圾近乎免费地送进来，这让你很开心。因为这意味着你可以把原材料成本砍掉一大块，从而使得你的产品在市场上占有价格优势。然而你绝对不可以为了贪便宜而把这些塑料垃圾一股脑收下来，有几样必须毫不客气地拒之门外。

热固性塑料的垃圾，像什么美耐皿做的餐具、环氧树脂做的风车叶片，是万万不能收的。前面我们已经提到，这一类塑料不具备在高温下流动的能力，显然无法通过熔融来进行再加工。把它们收进来只能给你添乱。

　　但即便收上来的垃圾全部是热塑性塑料，你仍然要加以小心。如果塑料垃圾里包含着不同类型的塑料，你一定要让对方先把它们分门别类区分开。这是因为不同种类的塑料通常不能互溶，如果直接将它们混合起来进行再加工，由此得到的塑料制品的性能会大打折扣。如果对方不肯花时间把垃圾事先分类，你也可以考虑让你的员工来做这件事情。因为目前许多塑料制品都已经依照美国塑料工业协会在1988年提出的塑料编码系统，在产品上打上相应的编码。你的员工一看编码就知道哪些是聚乙烯，哪些是聚丙烯等。另外，许多新型的塑料回收设备通过化学结构、密度、颜色等差别，不仅可以将塑料和非塑料的垃圾分开，还可以尽可能地将不同类型的塑料分开。但或许你的工厂还没有配置这样的高级设备，让员工手动分拣塑料垃圾也并不划算，所以对不起了，这批塑料垃圾别说免费赠送，倒给钱你也不能接受。

常见塑料分类

　　目前较为常用的塑料编码系统将常见塑料分为 7 类，各数字的对应关系为：1 代表聚对苯二甲酸乙二醇酯；2 代表高密度聚乙烯；3 代表聚氯乙烯；4 代表低密度聚乙烯；5 代表聚丙烯；6 代表聚苯乙烯；7 代表其他

　　在将塑料垃圾分类的时候你还要当心一点：塑料制品的生产商为了达到满意的性能，常常会在一件塑料制品里使用多种塑料。例如用来装碳酸饮料的塑料瓶，瓶身用是聚对苯二甲酸乙二醇酯，瓶盖却是高密度聚乙烯做的，如果不加注意混到一起，势必会影响新产品的性能。当然，这种情况处理起来并不难，只要把瓶盖拧下来单独存放就好了。但在另外一些塑料制品中，不同类型的塑料已经结合成为一个有机的整体，例如一些食品包装用的薄膜看上去只有一层，实际上是不同的塑料层层叠加而来，即所谓的共挤出薄膜。这样的塑料制品，

你是很难将不同的塑料分开的，所以别心软，一定要拒之门外，否则就是给自己找麻烦。

现在不同类型的塑料完全被区分开了，你可以长舒一口气了？恐怕还是不行。因为此时的塑料垃圾中虽然没有了其他种类塑料的干扰，但不同的生产厂家在加工塑料制品时，为了让产品符合要求，往往要向塑料中加入化学组成和比例都不尽相同的添加剂，例如增塑剂、阻燃剂、颜料、无机填料等，这些也是令人头疼的因素。比如你的工厂可能主要生产无色透明的塑料制品，而收集到的塑料垃圾里大量的却是花花绿绿的有色塑料制品，那你一定要三思而后行，因为与其花工夫把颜料从塑料中分离出去，还不如直接买新的原料，不仅成本上更加合算，而且产品质量也更有保障。

另外，像一次性塑料购物袋、塑料薄膜、发泡塑料餐具这样的塑料垃圾，我劝你也不要收下。因为这些塑料制品密度太低，辛辛苦苦拉了一大车，结果放到机器里还不够生产一个塑料瓶子的量。而且那些快餐盒和塑料盘子上面往往沾满了油污和食物残渣等非塑料类的垃圾，必须花费大量的人力物力清洗干净，何必要费力不讨好呢？这些塑料制品，厂家不愿意回收，消费者自然缺少动力去收集，于是它们在废弃后就容易进入环境。偏偏这些塑料垃圾又很轻质，容易随风顺水跑得满世界都是，成了白色污染的主力军。近年来，一次性塑料袋和发泡塑料餐具在许多地方被禁止使用，也就不难理解了。

好了，忙碌了一天，你自己看看真正能有多少塑料垃圾被回收？现在你应该理解了，为什么回收比例比较高的只限于为数不多的易于收集且成分相差不大的塑料制品。例如聚对苯二甲酸乙二醇酯的软饮料瓶就是回收较为成功的塑料制品。得益于遍布大街小巷的废饮料瓶回收系统，聚对苯二甲酸对乙二醇酯的回收再利用率在所有的塑料中最高，接近 20%。除了聚对苯二甲酸乙二醇酯，高密度聚乙烯的回收也相对容易，回收率在 10% 左右。当然，即使是这样的数字仍然距离我们的期望有很大差距，但相比聚氯乙烯、聚苯乙烯等塑料近乎零的回收率，你就应该知足了。

经过一番折腾，你终于收集了足够的可以被再次加工的塑料垃

一位消费者正在回收塑料饮料瓶

图片来源：http://www.ebeijing.gov.cn/BeijingInformation/BeijingNewsUpdate/t1292114.htm

圾。但在你准备开动机器之前，我还必须要提醒你的是，理论上塑料可以被无限次地再加工成各种形状，但实际上在加工过程中，高温及机械力的作用都会导致塑料的化学结构遭受一定程度的破坏，从而使得塑料制品的性能逐渐下降。例如仅仅经过三次再加工，聚对苯二甲酸乙二醇酯的韧性就下降到不到原来的 1%。因此，如果你收集了一大堆聚对苯二甲酸乙二醇酯材质的废饮料瓶，最好不要幻想着能够把它们再次加工成新的饮料瓶，还是退而求其次，生产些地垫、户外家具什么的比较现实。这就是为什么机械回收要细分为一级回收和二级回收——进入二级回收的塑料垃圾，其价值已经大不如前。由于反复回收再加工导致的性能下降，塑料垃圾会从抢手的香饽饽沦落为市场的弃儿。此时，我们就需要寻找新的处理手段了。

尽管塑料回收在实际操作中面临着不少技术上的难题，它仍然是处理塑料垃圾最好的手段。因此，近年来在世界各地，从政府到塑料行业的研发人员都在试图通过技术上的创新来提高塑料回收的比例，其中比较引人瞩目的是所谓的"增容剂"，即能够促进不同类别的塑料更加相溶的添加剂。例如聚乙烯和聚丙烯这两种非常重要的塑料，虽然化学结构差别不大，却极难混合。当它们一起出现在塑料垃圾中

时，就会给回收者带来不小的难题。来自美国康奈尔大学和明尼苏达
大学的研究人员想到，可以利用由聚乙烯和聚丙烯组成的嵌段共聚物
来促进聚乙烯和聚丙烯的混合。这种嵌段共聚物的分子中一部分亲近
聚乙烯，另一部分则亲近聚丙烯，因此当它与两种均聚物相遇时，就
像一位热心的红娘，把一对原本陌生的青年男女拉近，促进两人结下
情缘。实验表明，如果直接将聚乙烯和聚丙烯混合，加工出的塑料制
品性能很差，但只需要向聚乙烯和聚丙烯的混合物中加入少量聚乙
烯－聚丙烯嵌段共聚物，重新加工出来的塑料的性能就会有显著的提
升。毫无疑问，这种嵌段共聚物不仅能够更好地促进聚乙烯和聚丙烯
的回收，还有可能通过混合实现强强联合，打造性能比聚乙烯和聚丙
烯都优越的新材料。

　　当然，无论我们如何努力，总是有一部分塑料制品在废弃后无法
通过机械回收的方式来消化。对于这部分塑料垃圾，我们就需要通过
三级和四级回收的方式加以处理。

二、变成单体从头再来

　　既然塑料的机械回收存在着不同类别的塑料分离困难，以及反复
加工造成塑料的化学结构发生破坏、机械强度下降等问题，我们有没
有可能通过一定的方法，例如高温降解，将塑料重新分解为对应的单
体，然后再次聚合成新的塑料呢？这就是所谓的化学回收。与机械回
收相比，化学回收看似更加麻烦，但实际上有着两个潜在的优势：首
先，由于经过了"塑料－单体－塑料"这样一个流程，我们可以保证
重新合成出的塑料的化学结构与初始的塑料一模一样，从而保证了再
生的塑料各方面的性能不会下降。理论上，通过化学回收，我们可以
实现塑料制品无限次的循环。其次，如果收集到的塑料垃圾包含不同
类别的塑料，我们可以将它们转化成对应的单体再进行分离。分离小
分子的混合物要比分离高分子的混合物容易得多，例如通过蒸馏的方
法，我们可以很容易地将沸点不同的化合物分开。这样一来，不同的
塑料在回收过程中可以做到"井水不犯河水"，避免了再生过程中的
互相干扰。因此，化学回收也颇受研究人员的重视，希望它能够有效

解决白色污染的问题。

然而当你真正进入实际操作，就会发现塑料的化学回收远非想象的那么简单。目前广泛应用的常规塑料，虽然有些确实可以比较顺利地分解，例如聚对苯二甲酸乙二醇酯与乙二醇或者甲醇反应，尼龙与氨气反应，都可以得到对应的单体。但大多数常见的塑料化学性质都非常稳定，当我们试图将其重新分解为单体时，它们绝不会乖乖就范。相反，一些新合成的塑料倒是很容易降解，但是性能却又不尽如人意，特别是热稳定性往往不太好。如果用这样的塑料制成产品，或许使用过程中一不小心，它们就"不辞而别"，降解为单体了。如何破解这种两难的局面，对科学家们来说是一个不小的挑战。

前不久，来自美国科罗拉多州立大学的华人学者陈有贤（音）带领的研究团队经过反复摸索，发现一种代号为 3,4-T6GBL 的单体聚合后得到的塑料其性能与目前常用的生物可降解塑料聚乳酸相仿，因此可以代替现有的塑料用于许多应用场合。这种塑料在 300℃ 的高温下能够重新降解为单体，而降解得到的单体又可以再次聚合为塑料。如果使用氯化锌作为催化剂，降解只需要在 120℃ 的条件下就可以进行。这一发现经顶级学术刊物《科学》报道后，在世界范围内引起了轰动。很显然，它重新燃起了人们通过化学回收解决废弃塑料的希望。不过考虑到这项研究仍然处于初始阶段，这种新的塑料能否获得厂家和消费者的认可，恐怕还有待观察。

三、烧掉：塑料垃圾的另一个归宿

如果机械回收或者降解为单体都不可行，塑料垃圾还有一条出路，那就是转化为能源。塑料的原料主要来源于石油、煤、天然气等化石能源，因此它们也基本保留了可燃的特性，许多塑料的燃烧热甚至与汽油相当。因此，在塑料制品结束它们的使命之后，我们完全可以设法将蕴含在塑料中的能量释放出来。而且与降解为单体类似，将塑料转化为能源这种回收手段能够更好地处理混合塑料垃圾。

将塑料转化为能源最简单的办法就是直接焚烧，即塑料的四级回收。事实上，通过焚烧包括塑料在内的生活垃圾来发电或者供暖一直是处理塑料垃圾的一种手段。但直接燃烧弊端很多，例如塑料常常不能燃烧完全，会产生大量污染环境的固体颗粒。因此提高塑料焚烧设备的燃烧效率是非常有必要的。

除了直接焚烧，更好的方法是将塑料通过降解来转化为液体或者气体形式的燃料。一种常见的方法是裂解，即在隔绝氧气的情况下将塑料加热到几百摄氏度的高温。由于缺乏氧气，塑料无法燃烧。相反，它们会发生分解，分解产物除了一部分固体残渣，大部分会变成气态和液态的有机物，可以作为燃料使用，也可以用作化工生产的原料。不难看出，裂解也属于化学回收的范畴，只不过在裂解过程中，我们并不要求塑料必须分解为对应的单体，因此实施起来难度要小很多。不过同将塑料降解为单体一样，通过裂解塑料获取燃料也需要在高温下进行，同样需要消耗不小的能源。因此，这一类塑料回收技术今后发展的重点是如何通过优化条件，特别是通过使用高效率的催化剂，让塑料能够在更低的温度下被分解。近年来，科学家们在这个方向上做出了不少有益的探索。例如聚乙烯的裂解通常需要在400℃的高温下才能顺利进行，但前不久，来自中国科学院上海有机化学研究所和美国加利福尼亚大学尔湾分校的研究人员通过选择合适的催化剂，成功地在不到200℃的温度下将聚乙烯转变为燃油，这无疑是可喜的进展。

与机械回收相比，塑料的三级和四级回收在各种塑料回收手段处于优先级更低的位置，甚至很多时候不被看作塑料回收体系的一员。这主要是因为理论上这两种回收方式带来的价值不如机械回收，特别是如果将塑料转化为能源，烧掉之后就没有了，而机械回收则可以保证塑料垃圾被反复利用。但实际操作中，由于不同类型的塑料垃圾往往混合在一起，进行机械回收往往难度很大甚至完全不可行。在这种情况下，将塑料垃圾转化为能源或者其他化工原料反倒成了一个更好的选择。毕竟不管你是聚乙烯也好，聚丙烯也好，在熊熊的烈焰下都不会有太大的差别。正是由于这个原因，塑料的三级和四级回收，特别是三级回收，在近年来颇受重视。目前在欧盟，有超过40%的塑料垃圾最终转化为能源。这一部分塑料垃圾不能重新变成塑料制品，固然有些可惜，但比进入填埋场或者污染环境还是强太多了。

不过，虽然塑料的三级和四级回收对于混合塑料垃圾的处理能力要大大强于机械回收，但是对混合塑料也做不到无止境的包容。以裂解为例：我们都知道，汽油、柴油等来自化石能源的燃油，成分是只含有碳和氢两种元素的有机物，即通常所说的烃类。因此，如果塑料只含有碳和氢，就比较容易通过裂解产生高质量的燃油，例如聚乙烯、聚丙烯和聚苯乙烯都是如此。但如果塑料中除了碳和氢还含有其他元素，裂解的结果往往就不够理想。例如聚对苯二甲酸乙二醇酯由于含有氧，裂解时会产生酸性物质腐蚀设备，而聚氯乙烯由于含有氯，裂解时会产生腐蚀性更强且有毒的盐酸，通常必须事先进行脱氯才能裂解。使用中有增塑剂逃逸的问题，回收时又有一大堆麻烦事，这也难怪聚氯乙烯愈发不受人待见。由此可见，即便是化学回收和塑料焚烧，事先的分类往往仍然是很有必要的。

塑料回收的潜力是巨大的。据估算，每回收 1 吨的塑料垃圾，我们可以节约 1.3 亿千焦的能量。如果全世界的塑料垃圾都得到合理的回收，每年节省下的能源相当于 35 亿桶原油，价值约 1760 亿美元。可见，蕴藏在塑料垃圾中的是巨大的财富。因此，我们需要尽全力去攻克塑料回收中存在的种种技术难关。

当然，塑料回收的顺利进行也离不开每一位消费者的参与和配合。哪怕我们手中的技术再先进，如果你仍然习惯于把塑料垃圾随手丢弃，那仍然会让科学家们的心血付诸东流。所以呢，希望各位读者在读完这一节后认真行动起来，自己作为一名普通消费者无能为力，但至少你可以做到不乱扔垃圾，并认真参与本地的塑料回收项目，为保护我们的环境尽一份力。

第四节　如果石油用完了，我们拿什么造塑料

在为塑料带来的白色污染问题寻找解决之道时，我们不要忘记另一个问题，那就是绝大部分塑料生产所需要的原料都是来自石油、煤、天然气等不可再生的化石能源。一旦这些化石燃料都用完了，我们就会陷入没有原材料生产塑料的窘境。显然，这是谁都不愿意看到的。

当然，用于塑料及其他高分子材料生产只是化石能源用途的一小部分，全世界石油开采量只有约 6% 被用于塑料生产。虽然，现有的化石能源储量维持几十甚至上百年的使用仍然不成问题，但未雨绸缪总不是坏事。因此在本书的最后一节，我们就来尝试回答一个许多科研人员都在思考的问题：假如石油等化石能源用完了，我们拿什么生产塑料？

完全依靠回收现有的塑料制品是否可行？显然，答案是否定的。在上一节我们已经了解，塑料在反复加工过程中会不断降解。导致产品性能下降，而且混合塑料难以通过机械加工的方式进行回收。在未来，随着经济发展，对塑料的需求可能会进一步增加。因此，即便塑料垃圾能够实现 100% 的回收再利用，我们仍然不可避免地要新合成相当数量的塑料。

那么这个缺口用什么来填补呢？一些研究人员指出，即便石油用完了，地球上还有储量丰富的生物质，即构成生物体的有机物。如果用生物质代替石油，合成高分子材料就有了取之不尽用之不竭的原料，从而可以实现可持续的发展。这一概念听起来确实相当美好，但是否可行呢？这需要我们来问几个问题。

第一，生物质够用吗？这个不必担心。据估算，地球上每年光是新被生产出来的生物质就高达 1000 亿吨，其中不乏天然的高分子化合物，而这些生物质只有大约 3.5% 被人类所利用。作为对比，目前全世界每年的塑料产量不过是 4 亿吨左右。显然，如果充分发掘生物质的潜力，我们完全可以满足现有的塑料乃至其他高分子材料的生产需求。

然而够用并不等于直接可用。在前面我们已经提到，虽然生物质中有很大一部分都是天然的高分子化合物，但总的来说并不好用，因为这些高分子化合物的结构距离我们的要求有一定差距，即便我们可以通过化学方法对其进行一定的修饰，它们的性能往往仍然不尽如人意。而人工合成的高分子材料之所以性能更加优越，是因为它们走的是"从头开始"的路线：首先得到结构合适的单体，再将单体聚合成高分子材料，从而使我们能够更好地控制材料的性能。

不过不要忘了，乙烯、丙烯、氯乙烯等重要的单体并不是天然存在于石油、煤炭或者天然气中，而是利用这些化石能源经过复杂的化学变化转化而来。所以，我们能否如法炮制，对生物质也进行脱胎换骨式的大改造，将它们转化成可以被我们所利用的单体呢？这就是通常所说的"生物质精炼"。通过生物质精炼得到的单体，聚合之后得到的塑料就被称为生物塑料或绿色塑料。

到此为止，生物塑料这条路该如何走已经相当清楚了，接下来就让我们看看科学家们在这条道路上走到哪里了。

一、糖：看我七十二变

在五花八门的生物质中，最常见也最重要的要数碳水化合物了。碳水化合物种类繁多，但主要包括三大类：单糖，例如葡萄糖和果糖；双糖，例如蔗糖、麦芽糖和乳糖；多糖，例如淀粉、纤维素等天然高分子化合物。双糖和多糖都是由两个或者更多的单糖分子失水缩合而来。虽然这些碳水化合物的名字中都带有糖字，但我们通常提到糖时，往往指的是单糖和双糖，因为它们能溶于水，让人感到甜味。千百年来，单糖和双糖给我们带来了愉悦的味觉，而现在，它们又在为生物塑料的发展添砖加瓦。

单糖和双糖如何被转化为生物塑料呢？将糖通过发酵变成乙醇是我们再熟悉不过的过程了，没有它就没有不计其数的美酒了。而乙醇只要再失去一分子水就变成了乙烯。有了乙烯，聚乙烯的生产就不用愁了。以这种方法得到的"生物聚乙烯"化学结构和性能与以石油为原料生产的聚乙烯完全相同，因此可以直接替代后者用于塑料加工。目前已经有不少化工企业建立了生物聚乙烯的试验性生产线，例如巴西的化工企业布拉斯科以甘蔗为原料，已经拥有了年产 20 万吨聚乙烯的能力。

除了生产聚乙烯，乙烯还可以被转化为一系列其他重要的单体。例如乙烯可以被氧化为环氧乙烷，后者经过水解就变成了乙二醇。有了乙二醇，聚对苯二甲酸乙二醇酯这种重要塑料的一半原料就有了着落。另外，从乙烯还可以得到氯乙烯，这样一来聚氯乙烯的生产也可以改以生物质为原料。

除了乙烯，通过微生物发酵或者化学反应，我们还可以从单糖和双糖中得到许多好东西。通过发酵可以得到乳酸，进而得到重要的生物可降解塑料聚乳酸，这在前面已经介绍过。另一种重要的转化产物是 2,5- 呋喃二甲酸（附录 -18）。它有什么用呢？前面我们提到聚对苯二甲酸乙二醇酯是一种非常重要的塑料，尤其是大量被用来生产饮料瓶。据报道，仅仅在 2016 年，就有超过 1300 万吨的聚对苯二甲酸乙二醇酯用于饮料瓶的生产。因此研究人员早就希望改以生物质为原料生产它。在生产聚对苯二甲酸乙二醇酯需要的两种单体中，乙二醇可以很方便地从碳水化合物转化而来，这一点刚才已经提到。但要想从碳水化合物中得到聚对苯二甲酸则比较困难。为了克服这一难题，研究人员另辟蹊径，用 2,5- 呋喃二甲酸代替对苯二甲酸与乙二醇反应得到聚呋喃二甲酸乙二醇酯（PEF），聚呋喃二甲酸乙二醇酯的性质与聚对苯二甲酸乙二醇酯相仿甚至更优，例如它对气体的阻隔能力是聚对苯二甲酸乙二醇酯的数倍，因此更适合用作食品外包装。不仅如此，使用聚呋喃二甲酸乙二醇酯代替聚对苯二甲酸乙二醇酯还能显著降低生产过程中的能源消耗和温室气体排放。有分析表明，如果完全改以聚呋喃二甲酸乙二醇酯生产饮料瓶，每年节省下来的能源相当于荷兰全国的能源消耗。因此，聚呋喃二甲酸乙二醇酯是一种颇具发展前途的生物塑料。不过近年来的一些研究也表明，将生物质转化为对苯二甲酸也是有可能的。看起来，面对聚呋喃二甲酸乙二醇酯的挑战，聚对苯二甲酸乙二醇酯并不愿意轻易让出饮料包装界老大的位置，未来两种材料之间免不了一场明争暗斗了。

以单糖和双糖为原料，我们还可以得到其他许多重要的单体，从而合成出更多的生物塑料，这里就不再详细介绍了。毫无疑问，以单糖和双糖为原料生产生物塑料是非常有发展潜力的技术，但这一类生物塑料也面临着一个很大的问题，那就是目前用于塑料合成的单糖和双糖要么直接来自于甘蔗等糖料作物，要么通过粮食作物中的淀粉水解而来。因此，这一类生物塑料不可避免地要与粮食生产争夺资源，会让公众对粮食安全产生担忧。因此，这一类的生物塑料要想获得更大的发展，关键在于能否利用储量更加丰富的一类资源——木质纤维素类生物质。

二、木质纤维：待开垦的荒原

所谓木质纤维素类生物质，指的是纤维素、半纤维素和木质素这三种天然高分子化合物相连得到的复杂结构。在高等植物中，细胞壁中的纤维素首先与半纤维素相连，后者又通过共价键与木质素相连。半纤维素与纤维素一样属于碳水化合物，但纤维素为直链结构，结晶度高，而半纤维素则具有大量的支链结构，不能结晶，强度也低。木质素则与碳水化合物完全不搭边，是含有大量苯环的结构复杂的天然高分子。可以说，木质纤维素类生物质就是植物生物质的代名词。

与单糖和双糖等小分子糖类不同，木质纤维素类生物质不能被人体吸收利用，因此利用它来合成生物塑料不仅不容易与农业生产争夺土地等资源，还可以帮助消化秸秆、甘蔗渣、锯末等农业生产和农林产品加工的废弃物，可谓一举两得。但不幸的是，将木质纤维素类生物质转化为各种单体，无论是通过微生物发酵还是化学手段，难度都要大得多。毕竟这是高等植物特别是树木"安身立命"的根本，哪能轻易就被我们破解。不过难度大并不等于没有办法，一向敢于挑战困难的科学家们已经取得了相当的进展。

由于将小分子糖类通过生物或者化学手段转化为其他化合物的技术已经较为成熟，因此目前转化木质纤维素类生物质的方法主要集中于设法对它们进行预处理，将木质素与纤维素和半纤维素分开，再将后两者水解为相应的单糖。目前研究人员已经开发出许多不同的预处理手段，有些已经进入商业化生产。但进一步优化现有的预处理手段，提高木质纤维素生物质的转化效率，仍然是研究人员在未来需要努力的。

纤维素和半纤维素被拿掉后，剩下的木质素怎么办呢。以前人们只是简单地把它作为燃料烧掉，特别是造纸过程生产者为了提高纸张质量，避免纸张随着时间推移而变黄，会利用化学方法将木质素与木材纤维相分离，由此产生的大量的木质素都被用来给造纸过程提供能源。这虽然不失为一种利用手段，但对于一种天然高分子化合物来说未免有点大材小用。因此，近年来，各国的研究人员都在探索如何从木质素中发掘更大的价值。

木质素之所以备受人们的关注，是因为它具有其他生物质中通常比较少见的结构，那就是苯环。苯环结构对于维持塑料的性能往往有着不可替代的作用。我们前面介绍过，最早由卡罗瑟斯合成的聚酯由于分子骨架中没有苯环，因此性能不佳，直到后来的研究人员使用了含有苯环的单体对苯二甲酸，才得到了具有实用价值的聚苯二甲酸乙二醇酯。刚才我们提到，从生物质中获取对苯二甲酸不太容易。为了解决这个难题，除了以 2,5-呋喃二甲酸代替对苯二甲酸，还有研究人员打起了木质素的主意。木质素经过适当的处理可以被转化为香草醛。通常这样得到的香草醛都是作为香料使用，但如果通过适当的化学反应，它们也可以变成聚合物。由于香草醛中同样含有苯环，这样得到的聚合物性能也与聚对苯二甲酸乙二醇酯颇为类似。可以预见，随着研究的深入，我们还将从木质素中提炼出更多有用的单体。

毋庸置疑，利用木质纤维素类生物质来合成生物塑料既是一块难啃的硬骨头，又是一片颇有希望的沃土，在未来将吸引更多的研究人员为之倾注心血。不过虽然木质纤维素生物质在生物质中含量最丰富，其他类别的生物质的潜力也不可小看。接下来我们就来看一看如何将生物质中的油转化为生物塑料。

三、油：流动的宝库

油这个概念的界定其实比较模糊。一般来说，凡是不溶于水的液体有机物都可以被称之为油。不过当我们讨论生物质中的油时，通常指的是植物油。在前面讨论黏合剂和涂料时我们已经看到，人类很早就学会将植物油转化成高分子材料。除了历史悠久的直接将植物油作为涂料的干性油，到了近代，人们还学会以化学手段对植物油加以改造，得到具有类似固化机理，但性能更上一层楼的醇酸树脂涂料。

虽然随着其他类别的有机涂料的兴起，干性油和醇酸树脂失去了涂料市场的霸主地位，但植物油作为合成高分子材料的原料反而更受重视。其中一个典型的例子就是蓖麻油，构成蓖麻油的脂肪酸主要是蓖麻油酸，它的结构比其他不饱和脂肪酸更加特殊（附录 -19），因此在高温下很容易被转化为其他结构。蓖麻油酸在碱性条件下可以被转化为癸二酸，将其与己六胺发生化学反应就可以得到重要的塑料尼龙 6,10。在另外的条件下，蓖麻油酸还可以被转化为 11- 氨基十一酸，聚合后得到另一种重要的尼龙——尼龙 -11。目前市场上的尼龙 -6,10 和尼龙 -11 都是以蓖麻油为原料生产的，如果改以石油裂解产物为原料，步骤反而比较繁琐。随着对不饱和脂肪酸转化技术的研究的深入，在未来我们有望以植物油为原料生产出更多新型塑料。

除了植物油，另一类带有"油"字的生物质是松节油、香精油等植物提取物。虽然名称中同样含有油字，它们的主要成分却并非脂肪酸甘油酯，而是含有萜烯及其萜烯的衍生物。萜烯一般指通式为（C_5H_8）$_n$ 的链状或环状烯烃类，其中结构最简单的萜烯是天然橡胶的单体异戊二烯。与异戊二烯相比，其他的萜烯过去较少受到塑料工业的关注，主要是用作溶剂、香料或者药物。新的研究表明，许多萜烯要么也可以像异戊二烯一样直接聚合，要么可以转化为其他类型的单体，许多基于萜烯的新型高分子材料已经出现。

　　油类生物质虽然也能够提供许多重要的塑料单体，但这一类生物质的产量明显不如木质纤维素类生物质，例如全球植物油产量虽然近年来节节攀升，但仍然不超过 2 亿吨，都变成塑料也满足不了现有需求。一个典型的例子是当年卡罗瑟斯在成功发明尼龙后，最初选中作为商业化的对象并不是我们都很熟悉的尼龙 -6,6，而是尼龙 -5,10。但他的上司博尔顿则颇具远见地认为，尼龙这种性能上乘的材料一旦推向市场必然大受欢迎，而合成尼龙 -5,10 的单体之一癸二酸即便在现在也只能通过蓖麻油获得，靠种植蓖麻绝无可能满足庞大的需求。相反，尼龙 -6,6 的两种单体都有可能从化石能源中获得，因此更有发展前途。在博尔顿的建议下，杜邦公司选择了尼龙 6,6 进行大规模生产，最终成就了尼龙的辉煌。这个例子很好地反映了基于油类生物质的塑料的局限性。但尽管如此，人们对于以这一类生物塑料仍然充满期待。前不久，瑞典著名家具销售商宜家家居宣布与一家芬兰的化工企业合作，以植物油和餐饮业产生的废弃油脂为原料生产聚乙烯和聚丙烯，这让人们看到了这一类生物塑料的潜力。

　　除了糖、木质纤维素、植物油和精油，还有哪些生物质可以被用来合成生物塑料呢？让我们抬头看看天空，再低头看看脚下。

四、向天空和细菌要原料

　　二氧化碳虽然在严格意义上不属于生物质的一员，但它可以说是所有生物质的"老祖宗"。因此，当我们在寻找其他原料用于替代石油生产塑料时，不要忘记二氧化碳也是值得考虑的对象。由于二氧化碳直接来自大气，而不像生物质需要占用土地等资源才能获取，因此如果能够直接通过二氧化碳生产塑料，生产成本不仅有可能进一步降低，还有可能直接消耗燃烧化石燃料产生的二氧化碳，从而对缓解气候变暖做出更大的贡献。

　　由于是有机物燃烧的最终产物，二氧化碳给人的印象常常是化学性质十分稳定、难以被利用。但实际上不仅植物可以通过光合作用来转化二氧化碳，通过化学手段，我们也可以在合适的条件下将二氧化碳转化高分子化合物。例如在催化剂作用下，二氧化碳会与环氧化合物共同聚合（附录-20），由此得到的高分子材料既可以直接使用，也可以作为合成其他高分子材料的原料。这种方法即便所使用的环氧化合物仍然有可能需要来自化石能源，对环境的正面影响仍然是相当可观的。例如有研究表明，如果塑料中只有20%的质量来自二氧化碳，虽然总的生产过程仍然会造成温室气体排放，并不能起到储存二氧化碳的作用，但与完全基于化石能源的塑料相比，温室气体的排放量仍然可以降低10%～20%。目前已经有研究人员尝试直接利用火电厂尾气中的二氧化碳为原料生产塑料，并取得了成功。

在能够与二氧化碳聚合的环氧化合物中，尤其值得一提的是氧化柠烯。柠烯属于刚才提到的萜烯类化合物的一种，橘子、柠檬等柑橘类水果的果皮之所以带有令人愉悦的香气，就是由于它的缘故。我们在吃橘子时，通常总是把果皮扔掉。但如果把橘子皮集中起来，每年大约能提取出52万吨柠烯，是相当丰富的资源。柠烯被氧化后得就得到氧化柠烯，它与二氧化碳一起聚合得到的高分子材料的性能可以媲美聚碳酸酯。在前面我们介绍过，聚碳酸酯由于高度透明并且耐热、耐冲击，因此是颇受欢迎的工程塑料。聚碳酸酯的生产目前不仅完全依赖于石油化工的产物，而且其单体之一的双酚A由于有可能干扰人体体内某些内分泌过程，导致聚碳酸酯的应用受到一些限制。相反，柠烯是柑橘类水果加工和消费过程中的副产物。如果这种新材料能够取代聚碳酸酯，无疑将有利于保护环境和节约资源。

还有一类基于生物质的聚合物较少为普通读者所了解，那就是聚羟基烷酸酯（polyhydroxyalkanoates，PHA，附录-21）。这类材料有一个独特之处，那就是它们的合成完全由微生物完成。目前已知有数百种细菌都具有合成聚羟基烷酸酯的能力，特别是在碳源过剩，而氧、氮、磷等营养元素的供应相对紧张时，这些细菌会合成这一类聚合物累积在细胞间质中，作为储存能源和碳元素的媒介。

那么聚羟基烷酸酯有什么特别之处呢？首先，聚羟基烷酸酯虽然是一种天然高分子化合物，但它可以像合成塑料一样直接通过加热熔融来加工成型，而不像纤维素那样需要繁琐的转化过程，使用起来显然更为方便。而且聚羟基烷酸酯不是一种聚合物，而是一大类具有相似结构的聚合物的统称，它们的性质会随着结构的不同而发生很大变化。因此，通过调整生产条件，我们可以很方便地得到很多功能各异的材料。其次，与前面提到的聚乳酸一样，聚羟基烷酸酯也可以被生物降解，但聚乳酸的生产需要先将糖类发酵变成乳酸，再将其聚合，需要多个步骤。相反，所以，聚羟基烷酸酯的生产则不需要这么麻烦，只需要为细菌提供合适的条件，就可以"坐享其成"了。

然而聚羟基烷酸酯的缺陷也很明显，那就是目前的生物发酵技术无论效率还是成本都还不尽如人意。因此，聚羟基烷酸酯在市场上的竞争力不仅难以匹敌传统的合成塑料，也不如许多新兴的生物塑料。这一类材料要想在竞争激烈的塑料市场上站稳脚跟，研究人员还有许多功课要做，例如通过基因工程技术来提高细菌合成聚羟基烷酸酯的效率等。

五、能否胜出，"钱"字最关键

通过上面的分析我们不难发现，从技术的角度来看，以生物质代替化石能源作为塑料生产的原料是完全可行的。事实上，有分析表明，聚乙烯、聚丙烯、聚氯乙烯和聚对苯二甲酸乙二醇酯这四种需求量最大的塑料可以实现 100% 为生物塑料替代。然而技术上的可行仅仅是问题的一方面，要想让生物塑料在市场上能够获得成功，我们还必须考虑以下几个问题：

首先，与传统塑料相比，生物塑料在性价比上能否占有优势？这是生物塑料在今后发展中要面对的最关键的问题。有许多调查研究都表明，虽然许多受访的消费者都表示愿意支持更加绿色环保和生产上更具有可持续性的产品，但到了要掏腰包的时候，仍然会精打细算，如果生物塑料比传统塑料贵得太多，很多人还是更倾向于传统的塑料。普通消费者尚且如此，要想赢得那些唯利是图的商家和投资者的青睐就更不容易了。尤其是近几年由于石油价格总体偏低，许多涉足生物质精炼和生物塑料领域的企业可以说是举步维艰。例如，作为利用生物质来生产塑料单体丁二酸的先行者，加拿大企业"生物琥珀"（BioAmber）在 2017 年完成了近 1200 万美元的销售额，但仍然不得不在 2018 年上半年申请破产。另一家尝试完全以生物质为原料生产尼龙 -6,6 的企业由于无法吸引足够的投资，也于近期黯然地中止了运行。

当然，我们不必因为这些暂时的挫折感到灰心丧气。如果回顾高分子科学的发展历程，我们就会发现，许多合成高分子材料也不是甫一问世就大获成功，例如前面提到的合成橡胶，相当长一段时间里就难以与天然橡胶竞争。生物塑料及生物质精炼仍然属于新生事物，假以时日，随着生产工艺的不断改进，生物塑料超越现有的合成塑料并不是不可能的。

其次，需要说明的是，虽然生物塑料经常被称为"绿色塑料"，但生物塑料是否一定意味着更加绿色环保，往往并不是那么显而易见，需要具体的分析。生物塑料虽然不再使用不可再生的化石燃料，但生物质的生产和加工过程同样需要消耗大量资源，产生大量的温室气体排放。如果生物塑料对生态环境的破坏更为严重，那么这样的转换是得不偿失的。令人欣慰的是，在前面的很多例子中，用生物质代替化石能源用以生产塑料确实会对环境带来有益的影响。在今后的开发中，我们需要时刻关注整个生产过程对环境的影响，确保生物塑料的发展能够为保护环境做出贡献。

另外，许多人往往将生物塑料和生物可降解塑料画上等号，这也是常见的误解。生物塑料着眼于塑料的原材料，要求原料必须来自生物质，而生物可降解塑料只是要求塑料能够在较短时间内分解为对环境友好的产物，对于塑料的原料并无限制。因此生物塑料未必都能降解，例如前面提到的"生物聚乙烯"就是典型的例子。反过来，生物可降解塑料也不一定都是以生物质为原料，例如以化石能源为原料合成的聚乳酸就是一个典型的反例。

生物塑料的兴起，以及前几节提到的塑料回收和可降解塑料的进展、自修复材料的出现等，都表明整个高分子行业正处在一个新的十字路口。塑料、橡胶等高分子材料为人类社会的进步做出的贡献有目共睹，对环境造成的负面影响也是无法回避的。对于这些庞大的分子，人们有爱，也有恨。但不可否认的是，在不远的将来，面临不断增加的人口、日益增长的物质需求和日趋紧张的资源，我们仍然需要它们的帮助。高分子材料，将继续与我们同行。

主要参考文献

何曼君，陈维孝，董西侠，2000. 高分子物理 . 修订版 . 上海：复旦大学出版社 .

潘祖仁， 2002. 高分子化学 . 第三版 . 北京 : 化学工业出版社 .

搜狐新闻 . 2002. 白沟中毒事件 . http://news.sohu.com/47/56/subject148335647.shtml [2018-09-27].

伍君仪 . 2011. 聚焦毒苹果事件：正己烷中毒没有特效药 . http://tech.ifeng.com/it/ special/toxicapple/content-1/detail_2011_02/26/4866625_0.shtml[2018-09-27].

邢其毅，徐瑞秋，周政，等，1993. 基础有机化学 . 第二版 . 北京：高等教育出版社 .

Abreu C M R, Fonseca A C, Rocha N M P, et al. 2018. Poly(vinyl chloride): Current status and future perspectives via reversible deactivation radical polymerization methods. Progress in Polymer Science, 87: 34-69.

Agbor V B, Cicek N, Sparling R, et al. 2011. Biomass pretreatment: Fundamentals toward application.Biotechnology Advances, 29(6): 675-685.

Alaee M, Arias P, Sjödin A, et al. 2003. An overview of commercially used brominated flame retardants, their applications, their use patterns in different countries/regions and possible modes of release. Environment International, 29(6): 683-689.

Albertsson A C, Hakkarainen M. 2017. Designed to degrade.Science, 358(6365): 872-873.

Alexander R. 2017. A brief history of pressure-sensitive adhesives. http://tombrowninc. com/blog/brief-history-pressure-sensitive-adhesives/[2018-09-27].

Al-Salem S M, Antelava A, Constantinou A, et al. 2017. A review on thermal and catalytic pyrolysis of plastic solid waste (PSW). Journal of Environmental Management, 197: 177-198.

Al-Salem S M, Lettieri P, Baeyens J. 2009. Recycling and recovery routes of plastic solid waste (PSW): A review.Waste Management, 29(10): 2625-2643.

American Chemical Society. 1995. The first nylon plant. https://www.acs.org/content/ dam/acsorg/education/whatischemistry/landmarks/carotherspolymers/first-nylon-plant-historical-resource.pdf[2018-09-27].

American Chemical Society International Historic Chemical Landmarks. Foundations of polymer science: Hermann Staudinger and macromolecules. https://www.acs.org/ content/acs/en/education/whatischemistry/landmarks/staudingerpolymerscience. html[2018-09-27].

American Chemical Society National Historic Chemical Landmarks, U S. Synthetic Rubber Program. https://www.acs.org/content/acs/en/education/whatischemistry/ landmarks/syntheticrubber.html[2018-09-27].

American Chemical Society National Historic Chemical Landmarks. Bakelite: The World's First Synthetic Plastic. http://www.acs.org/content/acs/en/education/whatischemistry/landmarks/bakelite.html[2018-09-27].

American Chemical Society National Historic Chemical Landmarks. Foundations of polymer science: Herman Mark and the polymer research. https://www.acs.org/content/acs/en/education/whatischemistry/landmarks/polymerresearchinstitute.html[2018-09-27].

American Chemical Society National Historic Chemical Landmarks. Foundations of polymer science: Wallace Carothers and the development of nylon. http://www.acs.org/content/acs/en/education/whatischemistry/landmarks/carotherspolymers.html[2018-09-27].

American Chemical Society National Historic Chemical Landmarks. Scotch® Transparent. https://www.acs.org/content/acs/en/education/whatischemistry/landmarks/scotchtape.html[2018-09-27].

American Chemical Society National Historic Chemical Landmarks.Polypropylene and High-density Polyethylene. https://www.acs.org/content/acs/en/education/whatischemistry/landmarks/polypropylene.html[2018-09-27].

American Physical Society. 2009.This month in physics history: 22 October 2004: Discovery of graphene. https://www.aps.org/publications/apsnews/200910/physicshistory.cfm[2018-09-27].

Andrady A L. 2003. Plastic and the environment. Hoboken: John Wiley & Sons, Inc.

Andrady A L, Neal M A. 2009. Applications and societal benefits of plastics. Philosophical Transaction of The Royal Society B, 364(1526): 1977-1984.

Barnatt C. 2014. 3D Printing. 2nd Edition. Create Space Independent Publishing Platform.

Bashir R, Hilt J Z, Elibol O. et al.2002. Micromechanical cantilever as an ultrasensitive pH microsensor. Applied Physics Letters, 81(16): 3091-3093.

Bates F S, Fredrickson G H. 1999. Block copolymers—Designer soft materials.Physics Today, 52(2): 32-38.

Bates F S, Fredrickson G H. 1990. Block copolymer thermodynamics: Theory and experiment. Annual Review of Physical Chemistry, 41: 525-557.

Bawn C E H. 1979. Giulio Natta, 1903—1979. Nature, 280(5724): 707.

Behl M, Kratz K, Nöchel U, et al. 2013. Temperature-memory polymer actuators. Proceedings of the National Academy of Sciences of the United States of America, 110(31): 12555-12559.

Behl M, Kratz K, Zotzmann J, et al. 2013. Reversible bidirectional shape-memory polymers. Advanced Materials, 25(32): 4466-4469.

Behl M, Lendlein A. 2007. Shape-memory polymers. Materials Today, 10(4): 20-28.

Behl M, Razzaq M Y, Lendlein A. 2010. Multifunctional shape-memory polymers. Advanced Materials, 22(31): 3388-3410.

Bellis M. 2018. The history of scotch tape. https://www.thoughtco.com/history-of-scotch-tape-1992403[2018-09-27].

Benedek I. 2004. Pressure-Sensitive Adhesives and Applications. 2nd Edition. New York: CRC Press.

Birnbaum L S, Staskal D F. 2004. Brominated flame retardants: Cause for concern? Environmental Health Perspectives, 112(1): 9-17.

Bombelli P, Howe C J, Bertocchini F. 2017. Polyethylene bio-degradation by caterpillars of the wax moth Galleria mellonella. Current Biology, 27(15): R292-R293.

Bomgardner M M. 2017. Building a better plastic bottle. Chemical and Engineering News, 95(43): 17-19.

Bomgardner M M. 2017. Making better contact lenses. Chemical and Engineering News, 95(13): 29-33.

Bomgardner M M. 2018. Ikea, Neste pilot renewable plastics. [2018-09-27]. https://cen.acs.org/business/consumer-products/Ikea-Neste-pilot-renewable-plastics/96/i25.

Braskem. 2018. I'm Green™ Polyethylene. http://plasticoverde.braskem.com.br/site.aspx/Im-greenTM-Polyethylene[2018-09-27].

Braun D. 2003. Recycling of PVC. Progress in Polymer Science. 27(10): 2171-2195.

Brooks A L, Wang S, Jambeck J R. 2018. The Chinese import ban and its impact on global plastic waste trade. Science Advances, 4(6): eaat0131.

Buchholz F L. 1996. Superabsorbent polymers: An idea whose time has come. Journal of Chemical Education, 73(6): 512-515.

Burgess S K, Leisen J E Kraftschik B E, et al. 2014. Chain mobility, thermal, and mechanical properties of poly(ethylene furanoate) pompared to poly(ethylene terephthalate). Macromolecules, 47(4): 1383-1391.

Campbell T, Williams C, Ivanova O, et al, 2011. Could 3D printing change the world?[2018-09-27]. http://www.atlanticcouncil.org/publications/reports/could-3d-printing-change-the-world.

Caruso M M, Davis D A, Shen Q, et al. 2009. Mechanically-induced chemical changes in polymeric materials. Chemical Reviews, 109(11): 5755-5798.

Chapman A M, Keyworth C, Kember M R, et al. 2015. Adding value to power station captured CO_2: Tolerant Zn and Mg homogeneous catalysts for polycarbonate polyol production. ACS Catalysis, 5(3): 1581-1588.

Chen S C, Kuo S W, Jeng U S, et al. 2010. On modulating the phase behavior of block copolymer/homopolymer blends via hydrogen bonding. Macromolecules, 43(2): 1083-1092.

Cho S H, White S R, Braun P V. 2009. Self-Healing Polymer Coatings.Advanced

Materials, 21(6): 645-649.

Cole M, Lindeque P, Halsband C, et al. 2011. Microplastics as contaminants in the marine environment: A review.Marine Pollution Bulletin, 62(12): 2588-2597.

Collias D I, Harris A M, Nagpal V, et al. 2014. Biobasedterephthalic acid technologies: A literature review.Industrial Biotechnology, 10(2): 91-105.

Coover H W, Dreifus D W, O'Connor J T. 1990. Cyanoacrylate adhesives. In: Handbook of Adhesives. New York: Springer US: 463-477.

Cordier P, Tournilhac F, Soulié-Ziakovic C, et al.2008. Self-healing and thermoreversible rubber from supramolecular assembly. Nature, 451(7181): 977-980.

Creton C. 2003. Pressure-sensitive adhesives: An introductory course.MRS Bulletin, 28(6): 434-439.

Dasari A, Yu Z Z, Cai G P, et al. 2013. Recent developments in the fire retardancy of polymeric materials. Progress in Polymer Science, 38(9): 1357-1387.

de Wit C A, 2002. An overview of brominated flame retardants in the environment. Chemosphere, 46(5): 583-624.

Denissen W, Winne J M, Du Prez F E, 2016. Vitrimers: Permanent organic networks with glasslike fluidity.Chemical Science, 7(1): 30-38.

Di Filippo G V, González M E, Gasiba M T, et al. 1987. Crystalline memory on polycarbonate. Journal of Applied Polymer Science, 34(5): 1959-1966.

Dixon M E. 2015. The history of Wallace Carothers. http://www.delawaretoday.com/Delaware-Today/May-2015/The-History-of-Wallace-Carothers/[2018-09-27].

Drahl C, 2018a. Carbonated-water-based paint acts like high-performance coating. https://cen.acs.org/environment/green-chemistry/Carbonated-water-based-paint-acts/96/i16[2018-09-27].

Drahl, C. 2018b. Plastics recycling with microbes and worms is further away than people think. https://cen.acs.org/environment/sustainability/Plastics-recycling-microbes-worms-further/96/i25[2018-09-27].

Drury J L, Mooney D J., 2003. Hydrogels for tissue engineering: Scaffold design variables and applications.Biomaterials, 24(24): 4337-4351.

Eagan J M, Xu J, Girolamo R D, et al. 2017. Combining polyethylene and polypropylene: Enhanced performance with PE/iPP multiblock polymers. Science, 355(6327): 814-816.

Edward Hand Medical Heritage Foundation. 2010. A history of contact lenses. http://edwardhandmedicalheritage.org/history_of_contact_lenses.html[2018-09-27].

Eerhart A J J E, Faaij A P C, Patel M K. 2012. Replacing fossil based PET with biobased PEF; process analysis, energy and GHG balance.Energy & Environmental Science, 5(4): 6407-6422.

El-Sherbiny I M, Yacoub M H. 2013. Hydrogel scaffolds for tissue engineering: Progress and challenges. Global Cardiology Science & Practice, 2013(3): 316-342.

Erickson B E. 2015. Regulators and retailers raise pressure on phthalates. Chemical & Engineering News, 93(25): 11-15.

Feldman D. 2008. Polymer history. Designed Monomers and Polymers, 11(1): 1-15.

Figueiredo K C S, Alves T L M, Borges C P. 2009. Poly(vinyl alcohol) films crosslinked by glutaraldehyde under mild conditions.Journal of Applied Polymer Science, 111(6): 3074-3080.

Flory P J. 1937. The mechanism of vinyl polymerizations. Journal of the American Chemical Society, 59(2): 241-253.

Fox J, Wie J J, Greenland B W, et al. 2012. High-strength, healable, supramolecular polymer nanocomposites. Journal of the American Chemical Society, 134(11): 5362-5368.

Furukawa Y. 1998. Inventing polymer science: staudinger, carothers, and the emergence of macromolecular chemistry. Philadelphia: University of Pennsylvania Press.

Gallezot P. 2012. Conversion of biomass to selected chemical products. Chemical Society Reviews, 41(4): 1538-1558.

García J M, Jones G O, Virwani K, et al. 2014. Recyclable, strong thermosets and organogels via paraformaldehyde condensation with diamines.Science, 344(6185): 732-735.

Garcia J M, Robertson M L. 2017. The future of plastic recycling. Science, 358(6365): 870-872.

Ge D, Lee E, Yang L, et al. 2015. A robust smart window: Reversibly switching from high transparency to angle-independent structural color display. Advanced Materials, 27(15): 2489-2495.

Geens T, Aerts D, Berthot C, et al. 2012. A review of dietary and non-dietary exposure to bisphenol-A. Food and Chemical Toxicology, 50(10): 3725-3740.

Gelebart A H, Mulder D J, Varga M, et al. 2017. Making waves in a photoactive polymer film.Nature, 546(7660): 632-636.

Geyer R, Jambeck J R, Law K L. 2017. Production, use, and fate of all plastics ever made.Science Advances, 3(7): e1700782.

Gong J P. 2009. Why are double network hydrogels so tough? Soft Matter, 6(12): 2583-2590.

Gong J P, Katsuyama Y, Kurokawa T, et al. 2003. Double-network hydrogels with extremely high mechanical strength. Advanced Materials, 15(14): 1155-1158.

Gross B C, Erkal J L, Lockwood S Y, et al. 2014. Evaluation of 3D printing and its potential impact on biotechnology and the chemical sciences. Analytical Chemistry, 86(7): 3240-3253.

Gross R A, Kalra B. 2002. Biodegradable polymers for the environment.Science,

297(5582): 803-807.

Halden R U. 2010. Plastics and health risks. Annual Review of Public Health, 31: 179-194.

Hamad K, Kaseem M, Yang H W, et al. 2015. Properties and medical applications of polylactic acid: A review. eXPRESS Polymer Letters, 9(5): 435-455.

Hansen C J, Wu W, Toohey K S, et al. 2009. Self-healing materials with interpenetrating microvascular networks.Advanced Materials, 21(41): 4143-4147.

Haraguchi K, Takehisa T. 2002. Nanocomposite hydrogels: A unique organic–inorganic network structure with extraordinary mechanical, optical, and swelling/de-swelling properties. Advanced Materials, 14(16): 1120-1124.

Harper C A, Petrie E M. 2004. Plastics materials and processes: A concise encyclopedia. Hoboken: John Wiley & Sons, Inc.

Harriott L R. 2001. Limit of lithography.Proceedings of the IEEE, 89(3): 366-374.

Harris E A. 2011. Harry Coover, super glue's inventor, dies at 94. https://www.nytimes.com/2011/03/28/business/28coover.html[2018-09-27].

Hart L R, Harries J L, Greenland B W, et al. 2013. Healable supramolecular polymers. Polymer Chemistry, 4(18): 4860-4870.

Hartley G S. 1937. The Cis-form of Azobenzene. Nature, 140(3537): 281.

Hashimoto K, Irie H, Fujishima A. 2005. TiO_2 photocatalysis: A historical overview and future prospects. Japanese Journal of Applied Physics, 44(1): 8269-8285.

Hauenstein O, Reiter M, Agarwal S, et al.2016.Bio-based polycarbonate from limonene oxide and CO_2 with high molecular weight, excellent thermal resistance, hardness and transparency. Green Chemistry, 18(3): 760-770.

Hermes M E. 1996. Enough for one lifetime: wallace carothers, inventor of nylon. Washington D C: American Chemical Society and the Chemical Heritage Foundation, 1996.

Hickey S. 2014. Chuck Hull: the father of 3D printing who shaped technology. https://www.theguardian.com/business/2014/jun/22/chuck-hull-father-3d-printing-shaped-technology[2018-09-27].

Ho J, Mudraboyina B, Spence-Elder C, et al. 2018. Water-borne coatings that share the mechanism of action of oil-based coatings.Green Chemistry, 20(8): 1899-1905.

Hoare T R, Kohane D S. 2008. Hydrogels in drug delivery: Progress and challenges. Polymer, 49(8): 1993-2007.

Hoffman A S. 2013. Stimuli-responsive polymers: Biomedical applications and challenges for clinical translation. Advanced Drug Delivery Reviews, 65(1): 10-16.

Hong M, Chen E Y X. 2017. Chemically recyclable polymers: A circular economy approach to sustainability. Green Chemistry, 19(16): 3692-3706.

Hopewell J, Dvorak R, Kosior E. 2009. Plastics recycling: Challenges and opportunities.

Philosophical Transactions of The Royal Society B, 364(1526): 2115-2126.

Hosler D, Burkett S L, Tarkanian M J. 1999.Prehistoric polymers: Rubber processing in ancient Mesoamerica. Science, 284(5422): 1988-1991.

Hu J, Zhang G, Liu S. 2012. Enzyme-responsive polymeric assemblies, nanoparticles and hydrogels. Chemical Society Reviews, 41(18): 5933-5949.

Huang W M. 2012. Shape memory polymers (SMPs)-Current research and future applications. https://www.azom.com/article.aspx?ArticleID=6038 [2018-09-27].

Huang Y, King D R, Sun T L, et al. 2017. Energy-dissipative matrices enable synergistic toughening in fiber reinforced soft composites.Advanced Functional Materials, 27(9): 1605350.

Hussan S D, Santanu R, Verma P, et al. 2012. A review on recent advances of enteric coating. IOSR Journal of Pharmacy, 2(6): 5-11.

Iler H D, Rutt E, Althoff S. 2006. An introduction to polymer processing, morphology, and property relationships through thermal analysis of plastic PET bottles. Exercises designed to introduce students to polymer physical properties. Journal of Chemical Education, 83(3): 439-442.

Immergut E H, Mark H F. 1965, Principles of plasticization. Advances in Chemistry, 48: 1-26.

Ionov L. 2014. Hydrogel-based actuators: Possibilities and limitations. Materials Today, 2014, 17(10): 494-503.

Isikgor F H, Becer C R. 2015. Lignocellulosic biomass: A sustainable platform for production of bio-based chemicals and polymers.Polymer Chemistry, 6(25): 4497-4559.

Jakus A E, Secor E B, Rutz A L, et al. 2015. Three-dimensional printing of high-content graphene scaffolds for electronic and biomedical applications. ACS Nano, 9(4): 4636-4648.

Jambeck J R, Geyer R, Wilcox C, et al. 2015. Plastic waste inputs from land into the ocean. Science, 347(6223): 768-771.

Jamshidian M, Tehrany E A, Imran M, et al. 2010. Poly-lactic acid: Production, applications, nanocomposites, and release studies.Comprehensive Reviews in Food Science and Food Safety, 9(5): 552-571.

Jensen W B, 2005. The origin of the name "nylon". Journal of Chemical Education, 82(5): 676.

Jeong K U, Jang J H, Kim D Y, et al. 2011. Three-dimensional actuators transformed from the programmed two-dimensional structures via bending, twisting and folding mechanisms. Journal of Material Chemistry, 21(19): 6824-6830.

Ji B, Gao H. 2010. Mechanical principles of biological nanocomposites. Annual Review of Materials Research, 40: 77-100.

Jia X, Qin C, Friedberger T, et al.2016. Efficient and selective degradation of polyethylenes into liquid fuels and waxes under mild conditions.Science Advances, 2(6): e1501591.

Johnson & Johnson Consumer Inc. Band-Aid® brand heritage. https://www.band-aid.com/brand-heritage[2018-09-27].

Johnson W S, Stockmayer W H, Taube H. 2002. Paul John Flory 1910-1985. Washington D C: The National Academy Press.

Jonkers H. 2011. Self-healing concrete. Ingenia, 2011(46): 39-43.

Kale G, Kijchavengkul T, Auras R, et al. 2007. Compostability of bioplastic packaging materials: An overview.Macromolecular Bioscience, 7(3): 255-277.

Karamanlioglu M, Preziosi R, Robson G D. 2017. Abiotic and biotic environmental degradation of the bioplastic polymer poly(lactic acid): A review.Polymer Degradation and Stability, 137: 122-130.

Kaufman M T. 1998. Otto Wichtele, 84, chemist who made first soft contacts. [2018-09-27]. http://www.nytimes.com/1998/08/19/business/otto-wichterle-84-chemist-who-made-first-soft-contacts.html.

Keshavarz T, Roy I. 2010. Polyhydroxyalkanoates: Bioplastics with a green agenda. Current Opinion in Microbiology, 13(3): 321-326.

Kettering C F, 1946. Biographical Memoir of Leo Hendrik Baekeland 1863-1944. http://www.nasonline.org/publications/biographical-memoirs/memoir-pdfs/baekeland-leo-h.pdf[2018-09-27].

Kim D, Lee H S, Yoon J. 2016. Highly bendable bilayer-type photo-actuators comprising of reduced graphene oxide dispersed in hydrogels.Scientific Reports, 6: 20921.

Kim H-J, Zhang K, Moore L, et al. 2014. Diamond nanogel-embedded contact lenses mediate lysozyme-dependent therapeutic release. ACS Nano, 8(3): 2998-3005.

Kim S, Healy K E. 2003. Synthesis and characterization of injectable poly(N-isopropylacrylamide-co-acrylic acid) hydrogels with proteolytically degradable cross-links. Biomacromolecules, 4(5): 1214-1223.

Kim S, Laschi C, Trimmer B. 2013. Soft robotics: A bioinspired evolution in robotics. Trends in Biotechnology, 31(5): 287-294.

Klemchuk P E. 1968. Poly(vinyl chloride) stabilization mechanisms. Advances in Chemistry, 85: 1-17.

Klouda L, Mikos A G. 2008. Thermoresponsive hydrogels in biomedical applications. European Journal of Pharmaceutics and Biopharmaceutics, 68(1): 34-45.

Klouda L. 2015. Thermoresponsive hydrogels in biomedical applications: A seven-year update. European Journal of Pharmaceutics and Biopharmaceutics, 97(Part B): 338-349.

Ko J, Park K, Kim Y S, et al.2007. Tumoral acidic extracellular pH targeting of pH-responsive MPEG-poly (β-amino ester) block copolymer micelles for cancer therapy. Journal of Controlled Release, 123(2): 109-115.

Konieczynska M D, Villa-Camacho J C, Ghobril C, et al. 2016. On-demand dissolution of a dendritic hydrogel-based dressing for second-degree burn wounds through thiol–thioester exchange reaction. Angewandte Chemie International Edition, 55(34): 9984-9987.

Kotz F, Arnold K, Bauer W, et al. 2017. Three-dimensional printing of transparent fused silica glass. Nature, 544: 337-339.

Kumanotani J. 1995. Urushi (oriental lacquer) — A natural aesthetic durable and future-promising coating. Progress in Organic Coating, 26(2-4): 163-195.

Kumar P, Barret D M, Delwiche M J, et al. 2009. Methods for pretreatment of lignocellulosic biomass for efficient hydrolysis and biofuel production.Industrial and Engineering Chemistry Research, 48(8): 3713-3729.

Laskow S. 2014. The first soft contact lenses were created with a toy construction set. [2018-09-27]. https://www.theatlantic.com/technology/archive/2014/10/soft-contact-lenses-were-created-with-a-toy-construction-set/381070/.

Lazzari M, Chiantore O. 1999. Drying and oxidative degradation of linseed oil, Polymer Degradation and Stability, 65(2): 303-313.

Lee E, Kim D, Kim H, et al. 2015. Photothermally driven fast responding photo-actuators fabricated with comb-type hydrogels and magnetite nanoparticles.Scientific Reports, 5: 15124.

Lee K Y, Mooney D J. 2001. Hydrogels for tissue engineering. Chemical Reviews, 101(7): 1869-1879.

Lee S H, Cyriac A, Jeon J Y, et al. 2012. Preparation of thermoplastic polyurethanes using in situ generated poly(propylene carbonate)-diols.Polymer Chemistry, 3(5): 1215-1220.

Lendlein A, Langer R. 2002. Biodegradable, elastic shape-memory polymers for potential biomedical applications. 296 (5573): 1673-1676.

Li J, Nagamani C, Moore J S. 2015. Polymer mechanochemistry: From destructive to productive. Accounts of Chemical Research, 48(8): 2181-2190.

Li Y, Fu Q, Yu S, et al. 2016. Optically transparent wood from a nanoporouscellulosic template: Combining functional and structural performance. Biomacromolecules, 17(4): 1358-1364.

Li Z, Guo X, Matsushita S, et al. 2011. Differentiation of cardiosphere-derived cells into a mature cardiac lineage using biodegradable poly(N-isopropylacrylamide) hydrogels. Biomaterials, 32(12): 3220-3232.

Liu C, Qin H, Mather P T. 2007. Review of progress in shape-memory polymers.Journal of Material Chemistry, 17(16), 1543-1558.

Liu J, Martin J W. 2017, Prolonged exposure to bisphenol A from single dermal contact events. Environmental Science & Technology, 51(17): 9940-9949.

Liu P, Jin Z, Katsukis G, et al. 2016. Layered and scrolled nanocomposites with aligned semi-infinite graphene inclusions at the platelet limit. Science, 353(6297): 364-367.

Liu S, Wang X. 2017. Polymers from carbon dioxide: Polycarbonates, polyurethanes. Current Opinion in Green and Sustainable Chemistry, 3: 61-66.

Liu X, Tang T C, Tham E, et al. 2017. Stretchable living materials and devices with hydrogel–elastomer hybrids hosting programmed cells.Proceedings of the National Academy of Sciences of the United States of America, 114(9): 2200-2205.

Liu Y, Genzer J, Dickey M D. 2016. "2D or not 2D": Shape-programming polymer sheets. Progress in Polymer Science, 52: 79-106.

Lonjon C. 2017. The history of 3d printer: From rapid prototyping to additive fabrication. [2018-09-27]. https://www.sculpteo.com/blog/2017/03/01/whos-behind-the-three-main-3D-printing-technologies/.

Lu Y, Aimetti A A, Langer R, et al. 2016.Bioresponsive materials. Nature Review Materials, 2(1): 16075.

Ma S, Webster D C. 2015. Naturally occurring acids as cross-linkers to yield VOC-free, high-performance, fully bio-based, degradable thermosets.Macromolecules, 48(19): 7127-7137.

Maddah H A. 2016. Polypropylene as a promising plastic: A review. American Journal of Polymer Science, 6(1): 1-11.

Maisonneuve L, Lebarbé T, Grau E, et al. 2013. Structure–properties relationship of fatty acid-based thermoplastics as synthetic polymer mimics.Polymer Chemistry, 4(22): 5472-5517.

Majidi C. 2013. Soft robotics: A perspective—Current trends and prospects for the future. Soft Robotics, 1(1): 5-11.

Marsh K, Bugusu B, 2007. Food packaging—Roles, materials, and environmental issues. Journal of Food Science, 72(3): R39-R55.

Masuda S, Shimizu T. 2016. Three-dimensional cardiac tissue fabrication based on cell sheet technology. Advanced Drug Delivery Reviews, 96: 103-109.

Mathers R T. 2012. How well can renewable resources mimic commodity monomers and polymers? Journal of Polymer Science Part A: Polymer Chemistry, 50(1): 1-15.

Matsuda N, Shimizu T, Yamato M, et al. 2007. Tissue engineering based on cell sheet technology. Advanced Materials, 19(20): 3089-3099.

McCoy M. 2018. Succinic acid maker BioAmber is bankrupt. https://cen.acs.org/business/biobased-chemicals/Succinic-acid-maker-BioAmber-bankrupt/96/i20[2018-09-27].

McLaughlin K W, Wyffels N K, Jentz A B, et al. 1997. The gelation of poly(vinyl alcohol) with $Na_2B_4O_7 \cdot 10H_2O$: Killing Slime.Journal of Chemical Education, 74(1): 97-99.

Mialon L, Pemba A G, Miller S A. 2010.Biorenewable polyethylene terephthalate mimics derived from lignin and acetic acid.Green Chemistry, 12(10): 1704-1706.

Mianda R, Barakat M A, Aburiazaiza A S, et al. 2016. Catalytic pyrolysis of plastic waste: A review. Process Safety and Environmental Protection, 102: 822-838.

Min H K, Kim J-H, Bae S M, et al. 2010. Tumoral acidic pH-responsive MPEG-poly(β - amino ester) polymeric micelles for cancer targeting therapy. Journal of Controlled Release, 144(2): 259-266.

Miremadi M, Musso C, Weihe U, 2012. How much will consumers pay to go green? http://www.mckinsey.com/business-functions/sustainability-and-resource-productivity/ our-insights/how-much-will-consumers-pay-to-go-green[2018-09-27].

Montarnal D, Capelot M, Tournilhac F, et al. 2011. Silica-like malleable materials from permanent organic networks. Science, 334(6058): 965-968.

Morawetz H. 1995. Hermann Francis Mark 1895-1992. Washington D C: National Academies Press.

Morawetz H. 1995. Polymers: The origins and growth of a science. New York: Dover Publications, Inc.

Morimoto T, Ashida F. 2015. Temperature-responsive bending of a bilayer gel. International Journal of Solids and Structures, 56-57: 20-28.

Morris P J T. 1990. Polymer pioneers: A popular history of the science and technology of large molecules. Philadelphia: Beckman Center for The History of Chemistry.

Morton M. 1981. History of synthetic rubber. Journal of Macromolecular Science: Part A– Chemistry: Pure and Applied Chemistry, 15(6): 1289-1302.

Myers R R. 1981. History of coatings science and technology.Journal of Macromolecular Science: Part A – Chemistry: Pure and Applied Chemistry, 15(6): 1133-1149.

Mölhaupt R. 2004. Hermann Staudinger and the origin of macromolecular chemistry. Angewandte Chemie International Edition, 43(9): 1054-1063.

Nafchi A M, Moradpour M, Saeidi M, et al.2013. Thermoplastic starches: Properties, challenges, and prospects. Starch, 65(1-2): 61-72.

Nampoothiri K M, Nair N R, John R P. 2010. An overview of the recent developments in polylactide (PLA) research.Bioresource Technology, 101(22): 8493-8501.

Narancic T, Vertichel S, Chaganti S R, et al. 2018. Biodegradable plastic blends create new possibilities for end-of-life management of plastics but they are not a panacea for plastic pollution. Environmental Science & Technology, 52(18): 10441-10452.

National Conference of State Legislations. 2015. NCSL policy update: state restrictions on bisphenol A (BPA) in consumer products. http://www.ncsl.org/research/ environment-and-natural-resources/policy-update-on-state-restrictions-on-bisphenol-a. aspx[2018-09-27].

National Toxicology Program. 2008. NTR-CENHR monograph on the potential human reproductive and developmental effects of bisphenol A. https://ntp.niehs.nih.gov/ntp/ohat/bisphenol/bisphenol.pdf[2018-09-27].

Nature Materials Editorial. 2013. Bringing order to polymers. Nature Materials, 12(9): 773.

Nicolson P C, Vogt J. 2001. Soft contact lens polymer: An evolution. Biomaterials, 22(24): 3273-3283.

Novoselov K S, Geim A K, Morozov S V. 2004. Electric field effect in atomically thin carbon films.Science, 306(5696): 666-669.

O'Brien J, Lee, S H, et al.2016. Engineering the protein corona of a synthetic polymer nanoparticle for broad-spectrum sequestration and neutralization of venomous biomacromolecules. Journal of the American Chemical Society. 138(51): 16604-16607.

O'Connor J T. 1994. Sticking with Winners.ChemTech, 24(9): 51-57.

Odian G. 2004. Principles of polymerization. 4th Edition. Hoboken: John Wiley & Sons, Inc.

Okumura Y, Ito K. 2001. The polyrotaxane gel: A topological gel by figure-of-eight cross-links. Advanced Materials, 13(7): 485-487.

Overstreet D J, Dhruv H D, Vernon B L. 2010. Bioresponsivecopolymers of poly(N-isopropylacrylamide) with enzyme-dependent lower critical solution temperatures. Biomacromolecules, 11(5): 1154-1159.

Panganiban B, Qiao B, Jiang T, et al. 2018. Random heteropolymers preserve protein function in foreign environments. Science, 359(6381): 1239-1243.

Park M, Harrison C, Chaikin P M, et al. 1997. Block copolymer lithography: Periodic arrays of - 10^{11}holes in one square centimeter. Science, 176(5317): 1401-1404.

Pascault J-P, Sautereau H, Verdu J, et al. 2002.Thermosetting Polymers. New York: CRC Press.

Paul D R, Robeson L M. 2008. Polymer nanotechnology: Nanocomposites. Polymer, 49(15): 3187-3204.

Pease R F, Chou S Y. 2008. Lithography and other patterning techniques for future electronics. Proceedings of the IEEE, 96(2): 248-270.

Petrie E M. 2007. Handbook of adhesives and sealants. 2nd Edition. New York: McGraw-Hill.

Plastic Europe. 2017. Plastics – the Facts https://www.plasticseurope.org/application/files/5715/1717/4180/Plastics_the_facts_2017_FINAL_for_website_one_page.pdf[2018-09-27].

Platzer N A J. 1968. Stabilization of polymers and stabilizer processes: Preface. Advances in Chemistry, 85: vii-xvii.

Ponsford M, Glas N. 2014. The night I invented 3D printing. http://www.cnn.com/2014/02/13/tech/innovation/the-night-i-invented-3d-printing-chuck-hall/[2018-

09-27].

Puls J, Wilson S A, Hölter D. 2011. Degradation of cellulose acetate-based materials: A review. Journal of Polymers and the Environment, 19(1): 152-165.

Qi X, Ren Y, Wang X. 2017. New advances in the biodegradation of Poly(lactic) acid. International Biodeterioration & Biodegradation, 117: 215-223.

Qiu Y, Park K. 2001. Environment-sensitive hydrogels for drug delivery.Advanced Drug Delivery Reviews, 53(3): 323-339.

Rahimi A, García J M. 2017. Chemical recycling of waste plastics for new materials production. Nature Reviews Chemistry, 1(6): 0046.

Rahman M, Brazel C S. 2004. The plasticizer market: An assessment of traditional plasticizers and research trends to meet new challenges. Progress in Polymer Science, 29(12): 1223-1248.

Ramirez A L B, Kean Z S, Orlicki J A, et al. 2013. Mechanochemical strengthening of a synthetic polymer in response to typically destructive shear forces.Nature Chemistry, 5(9): 757-761.

Reddy C S K, Ghai R, Rashmi, et al. 2003. Polyhydroxyalkanoates: An overview. Bioresource Technology, 87(2): 137-146.

Reisch M S. 2018. Renewable chemical maker Avantium tries for an encore performance. https://cen.acs.org/business/biobased-chemicals/Renewable-chemical-maker-Avantium-tries/96/i24[2018-09-27].

Röttger M, Domenech T, van der Weegen R, et al.2017. High-performance vitrimers from commodity thermoplastics through dioxaborolane metathesis. Science, 356(6333): 62-65.

Roy N, Bruchmann B, Lehn J M. 2015. DYNAMERS: Dynamic polymers as self-healing materials.Chemical Society Reviews, 44(11): 3786-3807.

Roy P K, Hakkarainen M, Varma I K, et al. 2011. Degradable polyethylene: Fantasy or reality. Environmental Science & Technology, 45(10): 4217-4227.

Royce R M. 1983.Elmer Keiser Bolton 1886—1968. Washington D C: National Academy of Sciences Press.

Rubinstein M, Colby R H. 2003. Polymer physics. New York: Oxford University Press.

Sanyal A, 2010. Diels–Alder cycloaddition-cycloreversion: A powerful combo in materials design. Macromolecular Chemistry and Physics, 211(13): 1417-1425.

Schild H G. 1992. Poly(N-isopropylacrylamide): Experiment, theory and application. Progress in Polymer Science, 17(2): 163-249.

Scholiz S K, AuffarthG U. 2012. 50 years of soft contact lenses: Life and impact of Prof. Otto Wichterle. Archiwum Historii I Filozofii Medycyny, 75: 127-130.

Scott A. 2018. Europe tackles plastics waste. http://cen.acs.org/articles/96/i4/Europe-tackles-plastics-waste.htm[2018-09-27].

Sebenda J, Hudlicky M. 1999. Otto Wichterle (1913-1998): The father of soft contact lenses. Journal of Polymer Science Part A: Polymer Chemistry, 37(9): 1221-1223.

Selke S, Auras R, Nguyen T A, et al. 2015. Evaluation of biodegradation-promoting additives for plastics. Environmental Science & Technology, 49(6): 3769-3777.

Seymour R B. 1981. History of the development and growth of thermosetting polymers. Journal of Macromolecular Science: Part A – Chemistry: Pure and Applied Chemistry, 15(6): 1165-1171.

Sharuddin S D A, Abnisa F, Daud W M A W, et al. 2016. A review on pyrolysis of plastic wastes. Energy Conversion and Management, 115: 308-326.

Shen L, Worrell E, Patel M. 2010. Present and future development in plastics from biomass. Biofules, Bioproducts and Biorefining, 4(1): 25-40.

Silver S F, Winslow L E, Zigman A R. Removable pressure-sensitive adhesive sheet material: US Patent 3922464.

Silver S F. Acrylate copolymer microspheres: US Patent 3691140.

Silvestre C, Duraccio D, Cimmino S. 2011. Food packaging based on polymer nanomaterials. Progress in Polymer Science, 36(12): 1766-1782.

Skeist I, Miron J. 1981. History of ddhesives, Journal of Macromolecular Science: Part A– Chemistry: Pure and Applied Chemistry, 15(6): 1151-1163.

Slack C. 2002.Noble obsession: Charles Goodyear, Thomas Hancock, and the race to unlock the greatest industrial secret of the nineteenth century. New York: Hyperion.

Smith P B. 2015. Bio-based sources for terephthalic acid.ACS Symposium Series, 1192: 453-469.

Sommer C. 2015. Nathaniel Hayward, inventor in the shadows. http://www.theday.com/article/20150104/ENT07/301049982[2018-9-27].

Song J H, Murphy R J, Narayan R, et al. 2009. Biodegradable and compostable alternatives to conventional plastics. Philosophical Transactions of the Royal Society B, 364(1526): 2127-2139.

Starkweather H W Jr, Moore G E, Hansen J E, et al. 1956. Effect of crystallinity on the properties of nylons. Journal of Polymer Science, 21(98): 189-204.

Staudinger H. 1920. Überpolymerisation. Ber. Dtsch. Chem. Ges., 53: 1073-1085.

Stempfle F, Ortmann P, Mecking S. 2016. Long-chain aliphatic polymers to bridge the gap between semicrystalline polyolefins and traditional polycondensates. Chemical Reviews, 116(7): 4597-4641.

Stepto R F T. 2006. Understanding the processing of thermoplastic starch.Macromolecular Symposia, 245-246(1): 571-577.

Strobl G. 2007. The physics of polymers: Concepts for understanding their structures and behavior. Berlin: Springer.

Sun K, Wei T-S, Ahn B Y, et al.2013. 3D printing of interdigitated Li-ion microbattery architectures. Advanced Materials, 25(33): 4539-4543.

Sun L, Huang W M, Ding Z, et al. 2012. Stimulus-responsive shape memory materials: A review. Materials and Design, 33: 577-640.

Sun J-Y, Zhao X, Illeperuma W R K, et al. 2012. Highly stretchable and tough hydrogels. Nature, 489(7414): 133-136.

Sutton M. 2013. Paving the way to polythene. https://www.chemistryworld.com/features/paving-the-way-to-polythene-/6675.article[2018-09-27].

Tanaka Y, Gong J P, Osada Y. 2005. Novel hydrogels with excellent mechanical performance. Progress in Polymer Science, 30(1): 1-9.

The Nobel Foundation. Giulio Natta Biographical. https://www.nobelprize.org/prizes/chemistry/1963/natta/biographical/[2018-09-27].

The Nobel Foundation. Karl Ziegler Biographical. https://www.nobelprize.org/prizes/chemistry/1963/ziegler/biographical/[2018-09-27].

Thompson R C, Moore C J, vom Saal F S, et al. 2009. Plastics, the environment and human health: Current consensus and future trends. Philosophical Transaction of The Royal Society B, 364(1526): 2153-2166.

Times Staff and Wire Report. 1999. Waldo Semon; Chemist developed vinyl. http://articles.latimes.com/1999/jun/01/news/mn-43125[2018-09-27].

Toohey K S, HansenC J, Lewis J A, et al. 2009. Delivery of two-part self-healing chemistry via microvascular networks.Advanced Materials, 19(9): 1399-1405.

Trucost. 2016. Plastics and sustainability: A valuation of environmental benefits, costs and opportunities for continuous improvement. https://plastics.americanchemistry.com/Plastics-and-Sustainability.pdf[2018-09-27].

Tsou T Y, Chen H Y, Hsieh C C. 2013. Bihydrogel particles as free-standing mechanical pH microsensors. Applied Physics Letters, 102(3): 031901.

Tullo A H. 2016. The cost of food packaging. Chemical & Engineering News, 94(41): 32-37.

Tullo A H. 2018. G7 leaders sign plastics pledge. [2018-09-27]. https://cen.acs.org/environment/pollution/G7-leaders-sign-plastics-pledge/96/i25.

Tumbleston J R, Shirvanyants D, Ermoshkin N, et al. 2015. Continuous liquid interface production of 3D objects. Science, 347(6228): 1349-1352.

Van Antwerpen F, van KrevelenD W. 1972. Influence of crystallization temperature, molecular weight, and additives on the crystallization kinetics of poly(ethylene terephthalate). Journal of Polymer Science: 10(12): 2423-2435.

Velema W A, van der Berg J P, Hansen M J, et al. 2013. Optical control of antibacterial activity. Nature Chemistry, 5(11): 924-928.

Ventrice P, Ventrice D, Russo E, et al. 2013. Phthalates: European regulation, chemistry, pharmacokinetic and related toxicity. Environmental Toxicology and Pharmacology,

36(1): 88-96.

von der Assen N, Bardow A. 2014. Life cycle assessment of polyols for polyurethane production using CO_2 as feedstock: Insights from an industrial case study. Green Chemistry, 16(6): 3272-3280.

Walter C W. 1984. Invention and development of the blood bag.Vox Sanguinis, 47: 318-324.

Wang S, Lu A, Zhang L. 2016. Recent advances in regenerated cellulose materials. Progress in Polymer Science, 53: 169-206.

Wang Y, Yin J, Chen G Q. 2014. Polyhydroxyalkanoates, challenges and opportunities. Current Opinion in Biotechnology, 30: 59-65.

Wardle B. 2010. Principles and applications of photochemistry. Hoboken: John Wiley & Sons, Inc.

Weber C, Pusch S, Opatz T. 2017. Polyethylene bio-degradation by caterpillars? Current Biology, 27(15): R744-R745.

Wexler H. 1964. Polymerization of drying oils.Chemical Reviews, 64(6): 591-611.

White M A. 1998. The chemistry behind carbonless copy paper.Journal of Chemical Education, 75(9): 1119-1120.

White S R, Sottos N R, Geubelle P H, et al. 2001. Autonomic healing of polymer composites. Nature, 409(6822): 794-797.

Wichterle O, Lim D. 1960. Hydrophilic gels for biological use.Nature, 185(4706): 117-118.

Wicks Z E Jr, Jones F N, Pappas S P, et al. 2007. Organic coatings: science and technology. 3nd Edition. Hoboken: John Wiley & Sons, Inc.

Wu J, Cai L H, Weitz D A. 2017. Tough self-healing elastomers by molecular enforced integration of covalent and reversible networks.Advanced Materials, 29(38): 1702616.

Xanthos M. 2010. Functional Fillers for Plastics. Weinheim: Wiley-VCH.

Xie T. 2011. Recent advances in polymer shape memory.Polymer, 52(22): 4985-5000.

Xing Q, Yates K, Vogt C, et al. 2014. Increasing mechanical strength of gelatin hydrogels by divalent metal ion removal. Scientific Reports, 4: 04706.

Yamada M, Kondo M, Mamiya J, et al. 2008. Photomobilepolymer materials: Towards light-driven plastic motors.AngewandteChemieIntertanational Edition, 47(27): 4986-4988.

Yamato M, Okano T. 2014. Cell sheet engineering.Materials Today, 7(5): 42-47.

Yanagisawa Y, Nan Y, Okuro K, et al. 2018. Mechanically robust, readily repairable polymers via tailored noncovalent cross-linking.Science, 359(6371): 72-76.

Yang Y, Boom R, Irion B, et al. 2012. Recycling of composite materials. Chemical Engineering and Processing: Process Intensification, 51: 53-68.

Yang Y, Yang J, Wu W M, et al. 2015. Biodegradation and mineralization of polystyrene by plastic-eating mealworms: Part 2. Role of gut microorganisms.Environmental Science & Technology, 49(20): 12087-12093.

Yang Y, Yang J, Wu W M, et al. 2015. Biodegradation and mineralization of polystyrene by plastic-eating mealworms: Part 1. Chemical and physical characterization and isotopic tests. Environmental Science & Technology, 49(20): 12080-12086.

Yoshida S, Hiraga K, Takehana T. 2016. A bacterium that degrades and assimilates poly(ethylene terephthalate). Science, 351(6278): 1196-1199.

Yousif E, Haddad R. 2013. Photodegradation and photostabilization of polymers, especially polystyrene: Review.SpringerPlus, 2: 398-429.

Zhang X, Pint C L, Lee M H, et al. 2011. Optically- and thermally-responsive programmable materials based on carbon nanotube-hydrogel polymer composites.Nano Letters, 11(8): 3239-3244.

Zhang Y, Broekhuis A A, Picchioni F. 2009. Thermally self-healing polymeric materials: The next step to recycling thermoset polymers? Macromolecules, 42(6): 1906-1912.

Zhao X. 2014. Multi-scale multi-mechanism design of tough hydrogels: Building dissipation into stretchy networks. Soft Matter, 10(5): 672-687.

Zhao X E. Clarifying agent formulations for thermoplastics exhibiting very high nucleation efficacy. US Patent 6, 521, 685 B1.

Zheng W J, An N, YangJ H, et al.2015. Tough Al-alginate/poly(N-isopropylacrylamide) hydrogel with tunable LCST for soft robotics.ACS Applied Materials & Interfaces, 7(3): 1758-1764.

Zheng X G, Shi Y N, Lu K. 2013. Electro-healing cracks in nickel.Materials Science and Engineering A, 561: 52-59.

Zhou J, Turner S A, Brosnan S M, et al. 2014. Shapeshifting: Reversible shape memory in semicrystalline elastomers.Macromolecules, 47(5): 1768-1776.

Zhu J-B, Watson E M, Tang J, et al. 2018. A synthetic polymer system with repeatable chemical recyclability. Science, 360(6387): 398-403.

Zhu Y, Romain C, Williams C K. 2016. Sustainable polymers from renewable sources. Nature, 540(7633): 354-362.

Ziegler K. 1963. Nobel lecture: Consequences and development of an invention. https:// www.nobelprize.org/prizes/chemistry/1963/ziegler/lecture/[2018-09-27].

3M Company, History timeline: Post-it® notes. http://www.post-it.com/3M/en_US/post-it/contact-us/about-us/[2018-09-27].

附　录

1. 含有碳碳双键的化合物与臭氧反应的化学式，其中 R_1、R_2、R_3、R_4 表示任意结构。

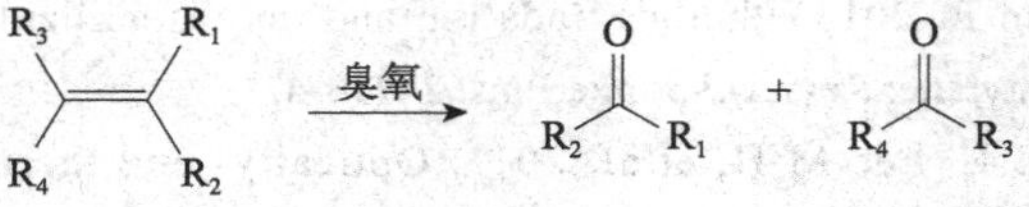

2. 聚异戊二烯（高分子）和二甲基环辛二烯（小分子）都可以与臭氧反应生成乙酰丙醛。

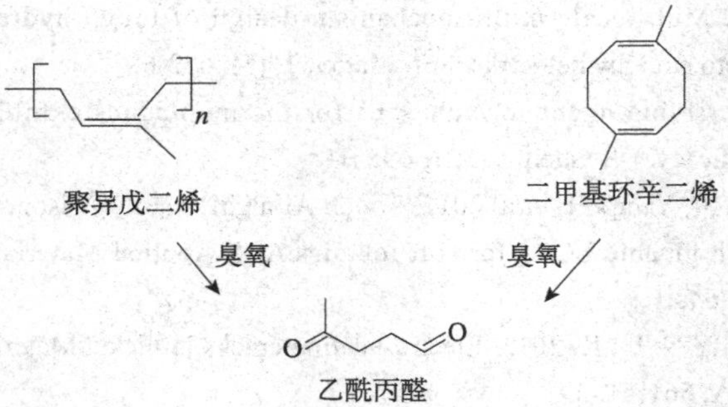

聚异戊二烯　　　　　　　　　　　二甲基环辛二烯

臭氧　　　　　　臭氧

乙酰丙醛

3. 酯化反应。

$$CH_3COOH \ + \ C_2H_5OH \longrightarrow \ H_3C-\overset{O}{\underset{}{C}}-O-C_2H_5 \ + \ H_2O$$

乙酸（一元酸）　乙醇（一元醇）　　　　乙酸乙酯（小分子）

4. 聚酯的合成过程，以聚苯二甲酸乙二醇酯为例。

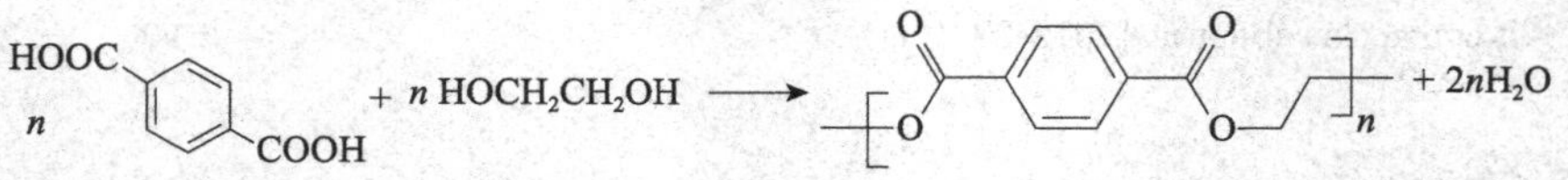

对苯二甲酸（二元酸）　乙二醇（二元醇）　　　　聚对苯二甲酸乙二醇酯（高分子）

5. 聚酰胺的合成过程，以尼龙 66 为例。

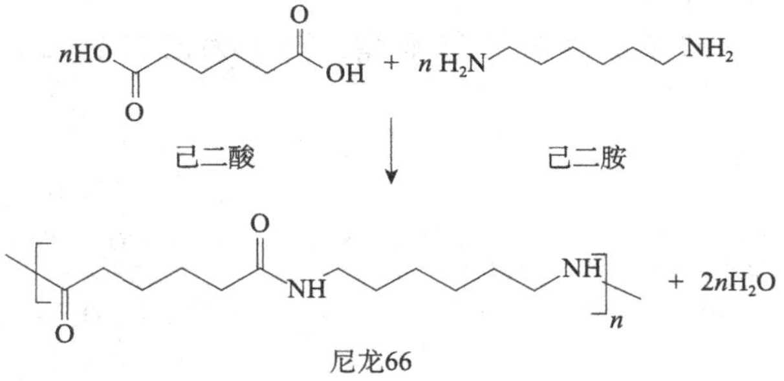

己二酸 　　　 己二胺

尼龙66

6. 含有碳碳双键的单体发生链式聚合的化学反应式，以及由此得到的一些重要的高分子材料。

R	R'	对应高分子材料
H	H	聚乙烯
H	CH_3	聚丙烯
H	Cl	聚氯乙烯
H	C_6H_5	聚苯乙烯
H	CN	聚丙烯腈（腈纶）
CH_3	CH_3	聚异丁烯（丁基橡胶）
$COOCH_3$	CH_3	聚甲基丙烯酸甲酯（有机玻璃）

7. 聚碳酸酯。

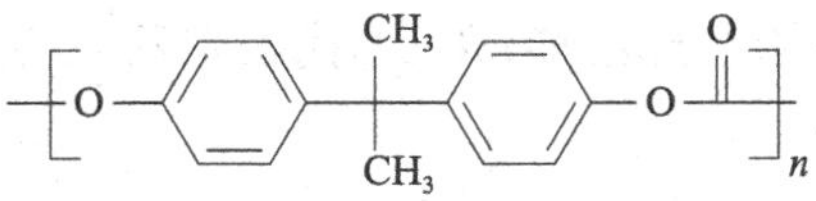

8. 部分常见的含溴阻燃剂。

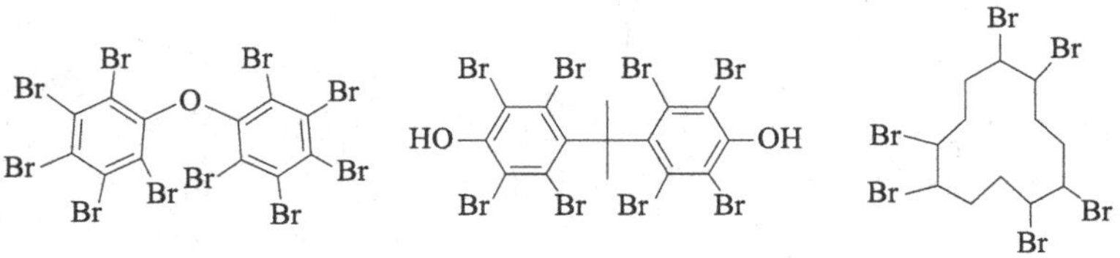

9. 几种常用于聚氯乙烯制品的增塑剂：（1）为邻苯二甲酸二（2-乙基己基）酯；（2）为邻苯二甲酸二丁酯；（3）为邻苯二甲酸丁苄酯；（4）为邻苯二甲酸二异辛酯；（5）为己二酸二（2-乙基己基）酯。

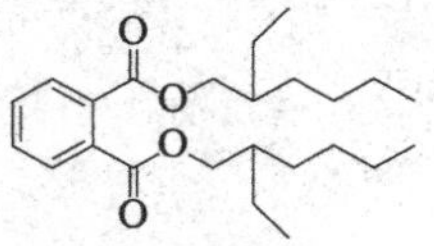

（1） 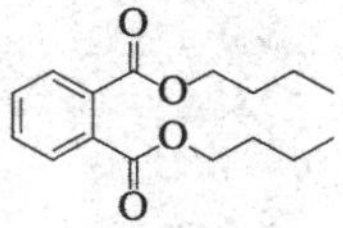　　　　　　　　（2） 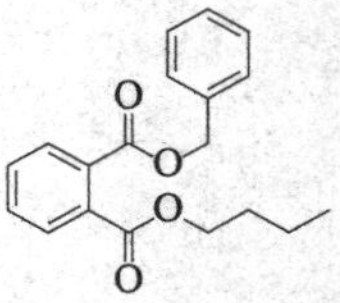　　　　　　　　（3）

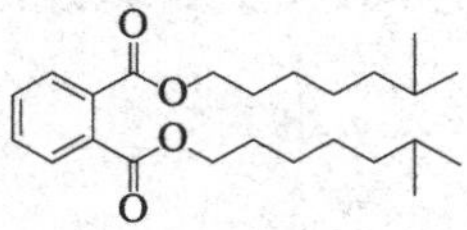

（4） 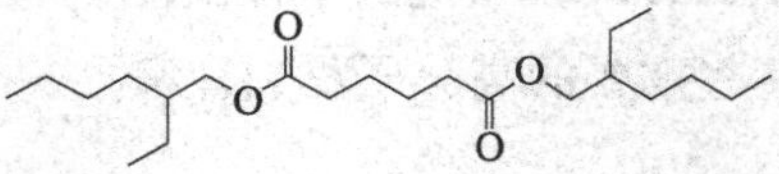　　　　　　　　　　　　　　（5）

10. "史莱姆"趣味科学实验的原理：聚乙烯醇在硼砂作用下发生交联。

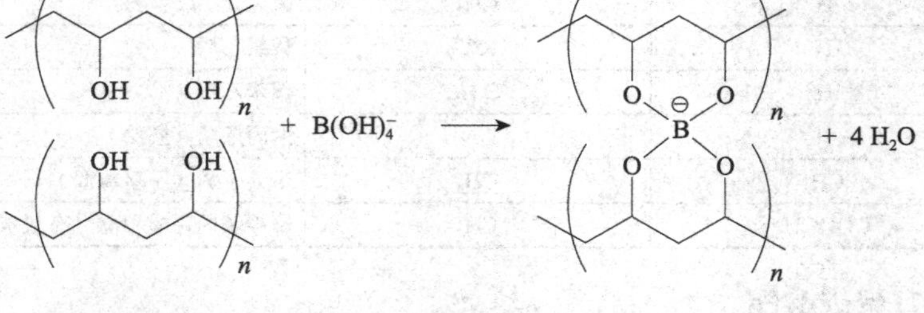

11. 经常用于形成水凝胶的水溶性高分子：（1）代表聚丙烯酸钠；（2）代表聚甲基丙烯酸羟乙酯；（3）代表聚乙二醇。

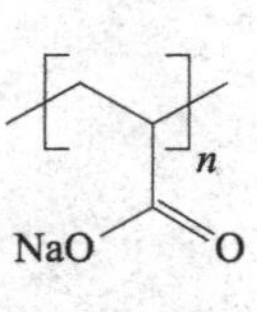

（1） 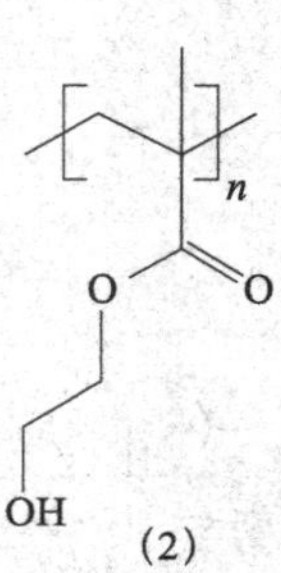　　　　　　　　（2） 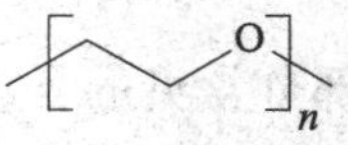　　　　　　　　（3）

12. 聚 *N*- 异丙基丙烯酰胺。

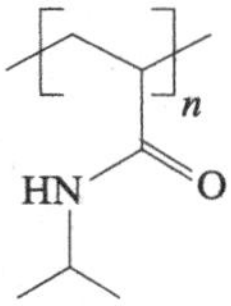

13. 偶氮苯的两种不同结构。（1）为反式，（2）为顺式。

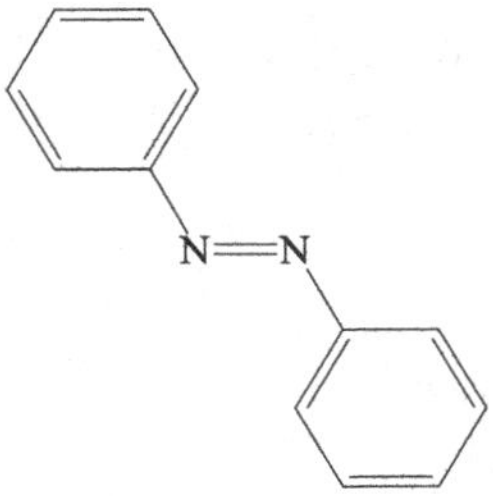

（1） 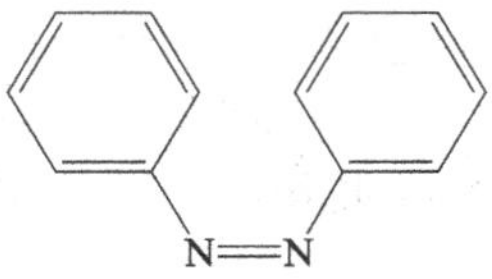   （2）

14. 形成聚氨酯的化学反应。

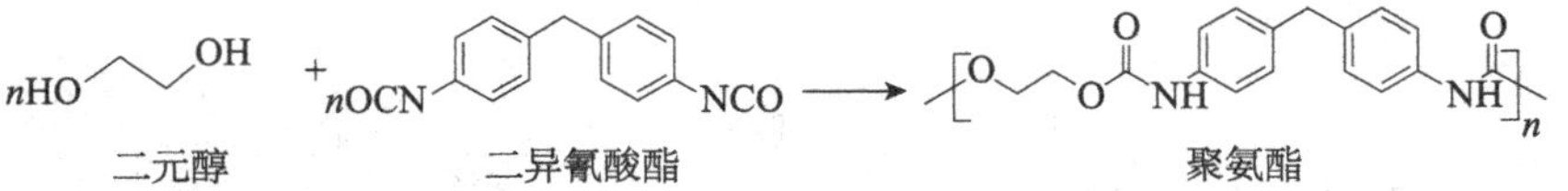

二元醇　　　　　二异氰酸酯　　　　　　聚氨酯

15. 502 胶的固化机理。

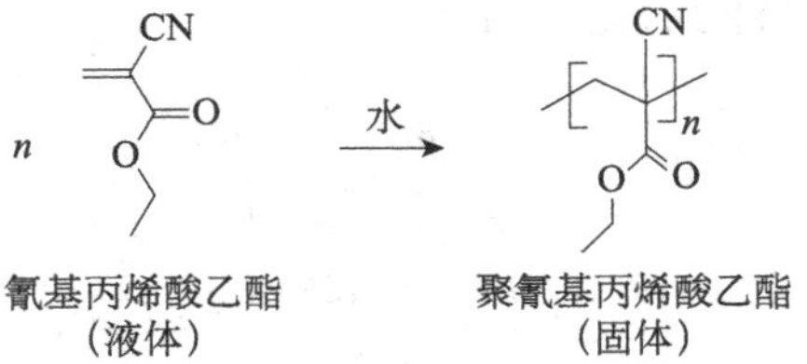

氰基丙烯酸乙酯　　　聚氰基丙烯酸乙酯
（液体）　　　　　（固体）

16. 单组分聚氨酯黏合剂的固化机理。

$$R_1\text{—NCO} + H_2O \longrightarrow R_1\text{—NH}_2 + CO_2$$
异氰酸酯　　　　　　　　　　胺

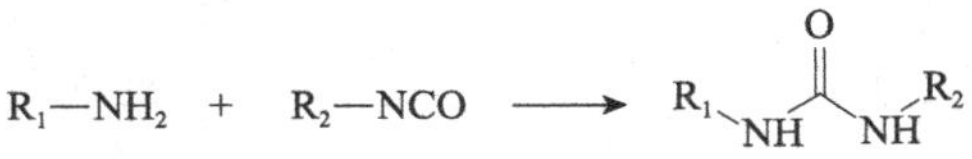

17. 乳酸聚合得到聚乳酸。

乳酸   聚乳酸

18. 2,5- 呋喃二甲酸。

19. 蓖麻油酸。

20. 二氧化碳和环氧化合物共同反应生成聚合物。

21. 聚羟基烷酸酯的化学结构式。

后 记

　　本书的创作最早可以追溯到 2013 年，那一年也是我从事科普创作的开端。在此之前，我虽然阅读过不少科普作品，但从来没有想过有一天自己会去动笔写，也不知道自己是否有足够的能力来写好科普。但这一年年初的某天，我在网上浏览他人的科普作品时，突然就萌生了自己写一篇科普的想法。正巧，之前一段时间我刚刚读过关于某一前沿研究的论文，于是我试着把这项研究用通俗的语言总结出来。写好之后，我不知道有什么合适的发表渠道，索性就发在自己的微博上。

　　现在看来，自己的第一篇科普文章其实写得相当粗糙，没想到很多网友看过之后却都称赞我的文章写得好，内容有趣。于是几周后我又写第二篇科普文章。这时科普网站"科学公园"的负责人吴兴川先生找到我，不仅希望转载我的文章，还期待我的科普创作能够继续下去。不久，他又介绍我认识了"科学公园"的其他成员。这个团体里有来自高校的科研人员，也有普通的科普爱好者。大家虽然背景和经历不同，但都有一个共同的目标，那就是为中国的科普事业尽一份力。"科学公园"虽然影响力有限，也没有任何商业收入，但是大家仍然积极地抽出时间投入科普创作，这让我深受感动。在"科学公园"诸多同道的鼓励和支持下，我开始尝试写出更多的科普文章。由于我的专业是高分子科学，高分子材料与人们的日常生活又有着密切联系，因此我的科普文章不少都是围绕这一话题展开，像书中关于水凝胶的一些章节，就是在那个时候写的。

　　2014 年年末，我的科普创作迎来了一个契机：当时在科学出版社南京分社担任编辑的孙天任老师找到"科学公园"，希望能够发掘一些有潜力的作者，"科学公园"方面就把我介绍给了他。孙老师和我交流之后，建议我准备一份图书出版的提纲。孙老师对我如此信任和期待，让我始料未及。我于是准备了一份以材料学科普为主题的提纲，其中有一部分是关于高分子材料，这大概可以算作本书最早的雏形。当时我从事科普创作时间不长，缺乏经验，因此准备提纲时只能是想到什么写什么，最终拟出的提纲像是一锅大杂烩，许多章节之前并没有很好的关联。但孙老师还是答应把我的提纲交给出版社，寻找出版的机会。

不料提纲交上去不久，孙老师就调到《Newton 科学世界》杂志社任职，出书的计划也就暂时搁置下来，但这也为我带来了另一个难得的机会：在他的邀请下，我开始不定期地为《Newton 科学世界》撰稿。每次我写好新的稿件，孙老师总是会认真审读，从选题、行文乃至配图都提出许多真知灼见。每次看到他返还给我的修改意见，我在钦佩他的专业水准的同时，也惭愧于自己在科普写作上的诸多不足之处。正是在孙老师的悉心指导和帮助下，我从一个单纯的网文写手逐渐向更为专业的科普作者转变。在之后的两年多时间里，我虽然坚持撰写科普文章，但一直没有再考虑出书的计划，一个重要的原因是觉得自己水平仍然有限，还不足以胜任大部头的写作。

转眼到了 2017 年年初，一次在和孙老师闲聊时，我无意中提到最近有不少科普作者出书。他认为我也应该认真考虑一下出书的计划，并非常热心地把我介绍给科学出版社的牛玲老师，牛老师对于我的想法也很支持。但光有出书的意向还不够，还必须有合适的内容。我思考再三，决定把之前列入提纲的高分子材料方面的科普单独拿出来成书。在过去的几年间，我又写了不少与高分子材料有关的科普文章，有了更多的积累。因此我有信心和把握在此基础之上为读者带来一部比较有系统性的科普作品。我和牛老师讨论之后，她也觉得这是一个不错的话题。于是在这一年 2 月底，我把填写好的科普书籍介绍表交给牛老师。从此，出书的计划正式排上日程。

然而当我真正开始准备书稿时，我才充分体会到了出版一本书是多么的不易。为了不影响正常的工作和生活，我只能见缝插针，尽可能挤出时间用于写作。而另一方面，我又要保证在这些零碎时间里写下的文字能够完整衔接起来，给读者带来系统的知识，因此一开始进行得并不大顺利。记得有一个周末，我好不容易说服妻子留给我几个小时的时间用于完成某一章节，但坐在电脑前面，绞尽脑汁，就是不知道该如何下笔。最终我虽然成功在规定的时间内"挤"出一大段文字，但几天后我重新打开书稿准备继续的时候，我突然意识到这段文字的通俗性太差了，只好忍痛删掉重写。书稿完成后，在出版环节中也遇到过一些波折。我几度想过放弃，但最终还是说服自己，既然选择了这条道路，就应该坚持自己的信念。我的许多好友，包括前面提到的"科学公园"的各位同道，也都热情地鼓励我不要轻易放弃。特别是好友洪渊先生慷慨解囊，为我提供了出版所需的部分资金，这让我感激不尽。当全书最终编排完毕，我在电脑上打开编辑发来的校样，突然有点不敢相信，自己的第一本书，马上就要与广大读者见面了！

在本书即将付梓之际，我要感谢牛玲老师作为责任编辑所付出的心血，感谢科学出版社科学人文分社侯俊琳社长对我的鼓励和支持，感谢其他所有参与本书编辑审校工作的老师，感谢你们让我的愿望成为现实。中国石化集团的首席科学家乔金楪研究员在百忙之中阅读拙作并为之作序，在此请允许我向乔老师致以真诚的谢意。

最后，我要感谢我的父母和我的妻子曾玮婷女士。你们一直为我在科普创作中取得的成绩而自豪，而我也一直在用你们的期待来鞭策自己。在前行的路上，有你们的陪伴，我永远不会孤单。

魏昕宇

2018 年 12 月